中国高校艺术专业技能

游戏设计

GAME DESIGN

主　编　史立新

人民美術出版社

北京

图书在版编目（CIP）数据

游戏设计 / 史立新主编 . -- 北京 : 人民美术出版社 , 2022.7
中国高校艺术专业技能与实践系列教材
ISBN 978-7-102-08803-7

Ⅰ . ①游… Ⅱ . ①史… Ⅲ . ①游戏程序－程序设计－高等学校－教材 Ⅳ . ① TP317.6

中国版本图书馆 CIP 数据核字 (2021) 第 177906 号

本册参编：边青山　王　一　孙静林　岳　洋　曾　岳　战宋琦
陈一欣　王续颖　曲美宣

中国高校艺术专业技能与实践系列教材
ZHONGGUO GAOXIAO YISHU ZHUANYE JINENG YU SHIJIAN XILIE JIAOCAI

游戏设计 YOUXI SHEJI

编辑出版：人民美術出版社
（北京市朝阳区东三环南路甲 3 号　邮编：100022）
http://www.renmei.com.cn
发行部：（010）67517602
网购部：（010）67517743

主　　编：史立新
责任编辑：徐　见
封面设计：翟英东
版式设计：战宋琦
责任校对：李　杨
责任印制：胡雨竹
制　　版：北京禾风雅艺文化发展有限公司
印　　刷：雅迪云印（天津）科技有限公司
经　　销：全国新华书店

开　本：889mm×1194mm　1/16
印　张：12.75
字　数：110 千
版　次：2022 年 7 月　第 1 版
印　次：2022 年 7 月　第 1 次印刷
印　数：0001-4000 册
ISBN 978-7-102-08803-7
定　价：82.00 元
如有印装质量问题影响阅读，请与我社联系调换。（010）67517850

中国高校艺术专业技能与实践系列教材

游戏设计

GAME DESIGN

目录 contents

第一章

游戏设计前期

第一节 游戏策划中的主题与故事

课程概况

课程内容	训练目的	重点与难点	作业要求
游戏的基本玩法 游戏的主题 游戏的故事	了解游戏前期的准备工作，掌握游戏的叙事方法	如何创作游戏的故事	整理分析一款自己喜欢的游戏的故事线

1.1.1 游戏的基本玩法

2019 年，知名游戏制作人小岛秀夫及其独立工作室出品了该工作室首款 3A 级大作《死亡搁浅》。该作是一款开放世界类型动作探险游戏，玩家既能享受到探索的自由度，也能体验到小岛秀夫游戏一贯的剧情要素，同时游戏还将提供一些在线内容。（图 1-1）

图 1-1 探险类游戏《死亡搁浅》1

玩家在《死亡搁浅》中的主要任务是：控制主人公山姆·布里吉斯从美国的东海岸通过送货物的方式一直到达美国西海岸，最终将游戏中的美国各个城市连接起来。当然，玩过《死亡搁浅》的玩家都知道，这里面还有一些战斗的要素，比如与不明生物"BT"和其他人类匪帮的射击和格斗桥段，也有一些驾驶的玩法，比如驾驶各种汽车、摩托车等交通工具，还有许多建造的环节，比如搭建各类道路、桥梁等基础设施（中国玩家尤其喜欢在游戏中建设），让玩家更容易到达某个区域。（图 1-1）

图 1-2 探险类游戏《死亡搁浅》2

但是相信没有人会把《死亡搁浅》定义为一个动作射击游戏、赛车游戏或者模拟经营建造游戏。这些战斗、驾驶、建设都是为了《死亡搁浅》的主要游戏目的服务。《死亡搁浅》这款游戏主要的玩法和目的是探索和到达，可以归在探险类游戏中。当前的一些主流体验方向为主的商业游戏，往往是由几种基本的游戏玩法综合而成的，要提炼一个游戏的最终目的，或者要在设计初期保证一个游戏的基本玩法和基本目的相对清晰，还需要设计者头脑清醒。

以下是我们整理出来的《死亡搁浅》的游戏主线：

游戏玩法

射击　驾驶　建造　资源配给　整理

探索和到达

负重行走模拟器　邮差问题　潜行　寻路

游戏故事

* 生母去世前告诉山姆他的姐姐还活着，需要他去寻找。山姆踏上寻亲之旅。

*Deadhard 给山姆下达任务。山姆开始向西海岸探索，把所有城市连接到网络中。

* 山姆在旅程中逐渐跟 bb 产生感情

……

* 山姆找到姐姐，劝说其不要毁灭世界

……

游戏主题

到达各个城市，从而拯救美国（世界）——责任

找到并拯救心心念念的姐姐——兄妹情

找出自己的父亲，解开自己的身世之谜——父子情

与 bb 结下父子情谊，完成自己的角色身份改变——父子情

当我们兴致勃勃地向朋友或者家人介绍一款新游戏的时候，大多数情况下都会这样说："来跟我玩《全景封锁》吧，你不就想玩一个多人联网的射击游戏嘛！""你玩不玩《只狼》？日本忍者砍杀系统做得很有特点，掌握之后特别有成就感！""妈，我给手机下了《开心消消乐》，三个一样颜色的小动物连一排就能消除。"由上面对话可以看出，对大部分游戏来说，基本玩法是其最大特点，也是在策划设计阶段最先需要考虑的最重要的问题。

游戏的玩法（Gameplay）就是玩家在游戏里所做的最主要的交互行为。一个游戏的基本玩法就是玩家在一款游戏当中最常用的交互方式，也是一个游戏最重要的设计根源，是一个游戏类型区别于其他游戏类型的主要特征。像上面《死亡搁浅》的例子，如果只看重其表现方式，可以有小说的《死亡搁浅》、漫画的《死亡搁浅》、动画电影的《死亡搁浅》，而只有交互才是游戏的最大特点。在游戏中，故事和主题都应该建立在交互的基础上来表现。当然，作者已经不敢说游戏的故事和主题是为交互服务的了。因为近些年来已经有很多游戏基本上跟能交互的电影无异。玩家在里面纯粹地只是做出一些选择，来触发一些不同的剧情分支。比如《底特律：变人》《超凡双生》，还有国产谍战题材的《隐形守护者》。《隐形守护者》甚至以真人直接出演游戏剧情，游戏只是由一系列剧情视频组成的影片阵列。另外也有很多玩家把视频网站上的"云游戏"当剧来看，虽然这种行为被许多资深玩家所不齿。这也是随着游戏技术发展、视听水平提升而带来的新现象。

主流游戏的基本玩法有以下几个大类别：

射击类游戏

第一人称射击游戏（First-Person Shooting Game）有《战地系列》《穿越火线》《使命召唤》等三维游戏。（图 1-3）

图 1-3 第一人称射击游戏《使命召唤》

第三人称射击游戏（ Third-Personal Shooting Game）有《绝地求生》《战争机器》《神秘海域》《古墓丽影》等三维游戏。

还有很多游戏可以在第一人称视角和第三人称视角中互相切换，如《绝地求生》类的游戏。第一人称的沉浸感更好，第三人称可以更多地看清场上形势和角色自身状态，更利于竞技。所以一般来讲，在对抗比较激烈的射击游戏中，玩家都会选择第三人称。对于以竞技为目的的游戏来说，取得好成绩比真实感更为重要。（图 1-4）

图 1-4 《绝地求生》可切换视角

横版射击游戏有《合金弹头》《茶杯头》《崩坏学院 2》等。横版射击游戏类型历史比较悠久，早年以二维为主，近年也有很多三维锁轴的横版射击游戏。（图 1-5）

图 1-5 复古风格横版射击游戏《茶杯头》

竖版射击游戏有彩晶《1945》系列、《东方》系列、《雷霆战机》等。竖版射击游戏主要以飞行射击为主，跟横版射击一样历史悠久，早年以二维为主，近年二维、三维都有。（图 1-6）

图 1-6 竖版射击游戏《武装飞鸟》

动作类游戏

格斗对打游戏（Fight Technology Game）是两个人对打的游戏，可以三维，也可以二维，如《拳皇》系列、《街头霸王》系列、《铁拳》系列等。(图 1-7)

图 1-7 经典格斗游戏 《街头霸王 5》

动作过关（Action Game）游戏有《魂》系列、《战神》系列、《鬼泣》及《波斯王子》系列等三维游戏。（图 1-8）

图 1-8 难度极高的动作游戏《黑暗之魂 3》

横版动作过关类游戏有《闪客》《地下城与勇士》及《恶魔城》系列等，三维和二维画面形式都有。（图 1-9）

图 1-9 画面极美的横版过关游戏《龙之皇冠》

竞速类游戏

赛车游戏有《极品飞车》系列及《跑跑卡丁车》《QQ 飞车》《地平线》系列。赛车游戏因其视角特点，一般来讲都是三维制作。在早年间，有一些二维模拟的赛车游戏，比如《马里奥赛车》。但显然，竞速赛车类游戏是由三维技术的发展才兴起的。（图 1-10）

图 1-10 横版游戏《尘埃拉力赛 2.0》

音乐类游戏

音乐类游戏从表现上主要分为两种：舞蹈类和节奏类。早期的舞蹈类主要是通过上下左右方位的控制模拟角色舞蹈。节奏类主要是根据音乐节奏来点击相应的节奏点（Note）。近年舞蹈类游戏逐渐向街机或者有体感输入设备的主机平台去发展。随着现在年轻人舞蹈技能越来越多，很多游戏场所里总有各种年轻女孩跳得非常好，成为一道新的风景。而音乐类游戏逐渐向手机平台转移，通过触摸屏操作，结合音乐节奏，操作也越来越多样、成熟。

代表性的音乐类游戏有《节奏大师》《Cytus》《Deemo》《钢琴块》《热舞排队》以及各种在游戏厅里叫不上名字的跳舞机等。（图 1-11）

图 1-11 深受女性玩家欢迎的游戏《舞力全开》

消除类游戏

我们熟知的《开心消消乐》、《俄罗斯方块》系列、《连连看》都算消除类游戏。消除类游戏在出现之初，一般以没有游戏尽头、玩家可以一直玩下去的方式进行。当然有诸如方块速度下降越来越快这种设定，玩家比拼的就是谁能坚持时间再长一些、分数再高一些。这种游戏类型也叫作无限游戏。如《俄罗斯方块》《地铁跑酷》《饥荒》等，这些都是无限游戏。而与无限游戏相对应的就是有限游戏。有明确的目标，比如击败某个首领（Boss），得到某个道具、得到指定分数等都算作有限游戏。而消除类游戏在发展中也逐渐加入有限游戏的设定，比如在指定游戏时间内比拼分数、消除某个颜色方块的次数及得到的分数等。消除类游戏初期上手容易，又加入了一个明确的中期目标，把无限游戏变成有限，大大提升了游戏的成就感，一下子就使得《开心消消乐》等消除类游戏变成了地铁、公交等场所的杀时间利器。另外消除游戏中整理的概念也符合人类的某种天性——把一个混乱无规则的局面变得有规则，就会让人开心。（图 1-12）

图 1-12 地铁中的最爱《开心消消乐》

解谜类游戏

此类游戏主要靠收集场景中的指定道具发现并解开谜题，从而完成任务，比如《房间》系列、《纪念碑谷》系列、《纸境》及《画中世界》等。早期解谜类游戏以侦探、冒险或者恐怖题材居多。最近几年也有很多清新风格的解谜游戏出现，甚至有类似《爷爷的房间》这种定格动画形式的解谜游戏。为了营造亦真亦幻的超现实感，解谜类游戏的画面表现方式往往也在各个游戏类型中是比较前卫大胆的。

以上只是举出几种主要的游戏玩法。还有一些类型的游戏没有一一提到，比如战略类型、模拟养成类型、恋爱类型、战旗类型、塔防类型等。有一些经典的游戏类型，在近些年已经逐渐日薄西山。比如在 20 世纪 90 年代末期称霸国内网吧、电脑房的即时战略类型游戏。当年去电脑房（还不能叫网吧，因为一些电脑房不能上外网只能玩单机或者局域网游戏）联机打《红色警戒》，是继去街机厅之后又一大游戏玩家潮流。而到了 2020 年，已经鲜有新的即时战略类型游戏出现在广大玩家的视野了。不久前，暴雪出品的《魔兽争霸 3》复刻版想借情怀分一杯羹，也在玩家一阵咒骂声中狼狈下场：一方面是确实本身复刻质量不高，另一方面也说明了有些游戏类型已经不适合现在这个所谓的“快餐”消费时代了。

单就游戏玩法来说，现在大部分主流商业游戏一般都是在保持一个主线基本玩法的基础上辅以一些其他次要的玩法，已经很难在一个 3A 大作中看到只保持一种主要玩法的游戏了。尤其是一些冠以开放世界玩法之名的游戏，更是综合多种类型的游戏玩法为一身，以 Rockstar Games 旗下的《侠盗猎车手》系列和《荒野大镖客》系列为代表的开放世界类型游戏为代表。在《侠盗猎车手》中，玩家需要通过射击、驾驶、格斗、收集、交易买卖等各种方法完成游戏任务。如果按照基本的游戏玩法来评判这种游戏属于什么类型显然就不太合适了，或者说这种游戏的类型不是射击、动作那些传统玩法，而是仿真。对于玩家来讲，仿真游戏的说法是可以接受，但对于游戏设计师来讲，仿真玩法又没有太多的普适性。看似仿真的游戏，在游戏设计师的眼里还是需要拆分成各种系统，比如近身格斗系统、驾驶系统、渔猎系统、交易系统等，这些系统由一个统一的任务系统串联起来，构成游戏主线。(图 1-13)

图 1-13 将“矛盾空间”和“低边型风格”结合的解密游戏《纪念碑谷》

而近些年比较火爆的一些新的游戏，比如以《DotA》《英雄联盟》和“国民游戏”《王者荣耀》为代表的多人在线战术竞技游戏（Multiplayer Online Battle Arena），也是随着时代发展技术进步，由一些经典游戏玩法糅合、演变而来。还有以《绝地求生》《“和平”精英》等为代表的吃鸡类型游戏和以《球球大作战》《贪吃蛇大作战》为代表的大乱斗（IO）类型游戏，也都是在一些经典玩法如第一人称射击游戏的基础上加入了更多的游戏人数和更大的游戏地图而产生的。《绝地求生》游戏的开发就是该游戏的主设计师有一天突发奇想开启了一个测试，想要尝试一下在第一人称射击游戏中同时加载 100 个玩家。因为基于网络带宽和三维模型面数的限制，之前的联网射击游戏最多也就支持二三十人游戏。令他出乎意料的是，同时加入 100 个玩家，一个非常大的游戏居然还能运行得比较流畅，于是经过一系列的技术优化，又借鉴了日本电影《大逃杀》故事中的一些规则，如孤岛中求生者随机分配出生地点、一段时间后地图出现死亡区域、让求生者越来越集中、最后只剩一个或者一队胜利者等玩法，形成了现在流行的“吃鸡”玩法的第一人称射击游戏。此类游戏在基本的射击游戏操作基础上又加入了探索、搜集、驾驶等元素。因为单局游戏玩家数量多、游戏时间较长，又有很多诸如资源获得不同地图区域等不确定因素，使得“吃鸡”类型游戏的获胜成就感比传统的单机和小队作战的第一人称射击游戏有了极大的提升。(图 1-14)

图 1-14 “国民级手游” 《王者荣耀》

相信随着硬件技术的提高，设备可以承载更多的三维多边形面数，网络带宽的提高可以支持更多玩家同时在线进行更加激烈的游戏交互，更多建立在经典游戏玩法基础上的新游戏会出现。

1.1.2 游戏的主题

《死亡搁浅》中的主角山姆（或者说玩家）在完成整个探索任务的过程中，对该故事的主题进行了展示：对外人来说，他拯救了美国、拯救了人类，对自身来说，则是拯救了亲情关系。不过大家也都知道主角山姆一开始并不想接受这个任务，他觉得 BT 已经占据了绝对优势，根本拯救不了，就算能拯救也不应该由他一个普普通通的送货员来拯救。甚至山姆对拯救亲情都不感兴趣，他并不太相信自己的姐姐还活着，也不太想冒着风险去尝试找到姐姐。他只是在一开始完成一个个小任务，随着时间和感情的投入逐渐有些被动地陷入救世主的这个身份当中。当下的影视游戏作品，好像已经很少有那种一出场就要拯救世界、拯救人类的重要角色出现了，每一个主角出场后都是被迫陷入主角这个身份当中。不光是主角，连恶人也慢慢有了这个趋势。大家都是身不由己，被形势所困。“我也不想当救世主！”“我也不想当大反派！”也许故事结束后，主角跟反派应该找一个地方喝一杯。(图 1-15)

图 1-15 《死亡搁浅》

《死亡搁浅》的整个故事随着游戏进程如抽丝剥茧，被层层展开。一个意外死了妻儿的邮递员为了寻找在自己童年有过复杂情感纠葛的姐姐，踏上了拯救人类的道路。经过一系列曲折的历程，最终延缓了人类的灭绝（也只是延缓），他也与自己的父亲相认和解，寻找到姐姐，并有了自己的孩子。

所以，如果说游戏目的是游戏的基本玩法，或者说是核心玩法，是与游戏系统相关的规则，那么主题则是在这个规则下通过游戏故事达到最终目的以后所体现出的人文情怀或者宏伟目标，是与人相关的事件。

几种比较常见的主题有亲情、友情、爱情、救赎、拯救、复仇、获得自由、发现事情的真相、打发无聊时间、寻找刺激等。

1.1.3 游戏的故事

游戏故事作用的变化

最近几年，一些视频网站中出现了一些早年间经典游戏的剧情分析视频。比如对 1993 年出品的街机游戏《恐龙快打》的剧情分析、对原来 Windows 自带游戏《弹珠台》的剧情挖掘和分析。一众“80后”玩家愿意看此类视频。看过之后，大部分人不会像看故事一样去分析其中的故事是否合理，而更多会产生“原来这个游戏还有故事、原来这几个人是这么回事”的心态。由此可见，在早年间的一些游戏中玩家根本不看重故事情节。玩家拿到一款游戏，如果有剧情交代部分，能跳过的一律跳过，能快进的一律快进，直接进入主题。也有大量的游戏没有明确的故事线索，只是开头用短短几句话交代一下时间、地点就开始了，甚至也有游戏不交代故事直接开始的（比如“80 后”玩的许多 FC 红白机游戏）。（图 1-16）

图 1-16 早期街景游戏最多只有几句对话来交代剧情

早年游戏弱化剧情有几个原因：

（1）游戏类型

商业游戏开端于 20 世纪 70 年代末，到了 20 世纪 80 年代，专门的游戏主机和游戏机房诞生，视频游戏开始风靡全球。早期的视频游戏多以动作过关和射击类游戏为主。此类游戏更多是考验玩家的操作技术和反应能力。游戏以密集的强交互为主，激烈的战斗贯穿游戏始终。在这种游戏节奏下，相对缓慢的剧情展示部分就显得与主节奏相悖。

（2）游戏硬件水平

当年的红白机游戏的容量最小的只有 24KB（千字节），大一些的也只有几百 KB（千字节）。街机游戏的容量最多也只有几十 MB（兆字节）。在如此有限的容量中需要加入游戏代码、基本的图形界面、游戏角色场景和动效，还需要加入音效和音乐，无疑不是一件轻松的事。当年程序员和美工们为了榨取游戏容量是下足了心思。而表现剧情故事的图形图像、过场插画甚至动画本身占用资源就比较大，因此就被排到了极其次要的位置。

（3）游戏环境和游戏平台

你们还记得小时候去街机厅是什么状态吗？几个小伙伴围站在机器前面，比较谁的技术好、谁得分高。游戏厅中往往人声鼎沸，热闹非凡。即便是在国外，街机在一开始也是被放在酒吧等娱乐场所里。不要说静下心来观看剧情并被打动而产生玩游戏的冲动，甚至就连仔细阅读任务简报的行为都多此一举。而街机设计的初衷就是为了让玩家快速进行游戏，快速得到游戏操作带来的刺激感，又快速投入铜板进行下一次游戏，所以相对刺激嘈杂的游戏环境下是不利于玩家安心体验游戏故事的。

而到了 20 世纪 90 年代后期，随着游戏设备性能的提升和一些主要游戏玩法的相对成熟，许多游戏设计者开始尝试在游戏故事方面寻求新的突破。这里要提到一个观点，就是关于游戏的技术和艺术两条发展线的问题。视频游戏的发展，一直以来都是以技术为先导，用技术带动艺术，艺术又推动技术发展壮大。游戏的本质是互动。世界上第一款视频游戏是 1958 年物理学家威利·希金博特姆（Willy Higinbotham）为了提高参观纽约 Brookhaven 国家实验室游客的兴趣，在一台示波器上展示了一款名为《*Tennis for Two*》的双人网球交互式游戏。随着人们发现通过操纵杆可以控制屏幕上的小亮点按照一定的游戏规则动起来，新世界的大门正式打开。从第一款“射击游戏”、第一款“卷轴动作游戏”、第一款“纵版射击游戏”、第一款“三维游戏”、第一款“双人对打格斗游戏”……可以看到，这些游戏史上的诸多第一基本上都是由游戏的玩法或者技术来命名的。新的技术带来新的游戏玩法，有了二维卷轴技术的发明，才有了基于二维卷轴技术的一系列横版动作过关游戏。有了三维引擎的发明，才诞生了真正意义上的第一人称射击游戏。包括像竞速赛车类游戏和体育类游戏，在没有三维技术之前，游戏效果也差强人意，而且都只占很少一部分市场份额。技术发展像是造了一个蓄水池，业内的所有游戏开发者都往这个蓄水池里注入新的游戏。这些游戏更像是一个个海洋球，一开始只要能在这个池子里，就有玩家看到并买单。但是随着池中的海洋球越来越多，真正能被玩家看到就需要有其特点。其中着重在故事情节上做文章，也是一个重要的发展方向。（图 1-17）

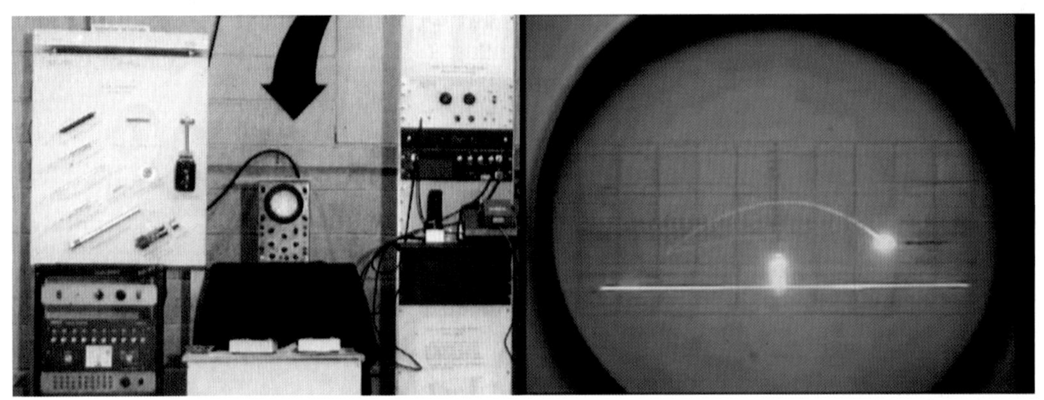

图 1-17 1958 年的电子游戏《双人网球》

从 2010 年到现在这十多年的发展来看，游戏硬件设备的发展速度明显降低。三维游戏引擎已经基本成熟，基于技术和操作的游戏玩法也相对定型。这十多年，许多主流商业游戏把游戏的设计重点放在了对视听电影化的体验上。

我们先来看看 2018 年的最佳游戏《战神 4》玩家的正面评价：

“本作可以说是我在 ps4 上玩到的画面最精良的游戏之一。”

“解密难度适中，即使是不爱玩解谜或者解谜苦手也不会担心卡个一两小时。”

“剧情结束后可以自由探索方便白金，留了九个女武神，难度都挺大，能消磨不少时间。”

“那把武器依旧有，只不过你要偏后期才能拿到，还是熟悉的味道。”

“多划船，听听船上的小故事，很有意思。”

可以看到，该作品被玩家最认可的部分还是在于其故事和角色塑造，而在游戏玩法上，许多玩家对该作品有“通关一次后，多周目耐玩度很低的印象”。凭借玩家从该游戏获得的对角色塑造、剧情叙述和世界营造的认同，此款游戏获得了 2018 年度最佳游戏（TGA BEST GAME 2018）并取得了千万套销量。（图 1-18）

图 1-18 2018 年最佳游戏《战神 4》

同样的情况也适用于其他许多 3A 大作中，比如《上古卷轴》系列、《巫师》系列、《辐射 3》与《辐射 4》（注意没有 1 和 2）、《刺客信条》系列等。还有一些作品在玩法创新和剧情叙事上都有过人之处，如《GTA5》《神秘海域》《美国末日》及《塞尔达》系列等。

甚至现在的主流 3A 游戏都具有类似好莱坞类型片的特点——用工业流水线的方式去拍电影和做游戏，类型电影是在一个相对范式的剧情模板下，套用不同的角色和世界观拍出新的故事。而现在的类型游戏也在比较成熟的动作 RPG 游戏或者在射击游戏的范本下通过替换不同的世界观和故事情节来生产新的产品，而这个产品的好坏则很可能由资本来决定。《战神 4》《荒野大镖客 2》都被冠以工业奇迹的称号。在它们之前，没有哪个游戏动用如此规模巨大的人力。《荒野大镖客》据称有 3000 人参加了开发工作，而《战神 4》则开发了 5 年。此类游戏可以说都是在玩法不弱的基础上，斥巨资通过视听和剧情的渲染吸引玩家。而运用真人甚至请一线的影视明星进行动作捕捉表演已经成了商业大作的标配。而如此大投入的游戏，实际的游戏时长却远远短于以前的以游戏玩法为主要卖点的游戏。《战神 4》的通关时长在 30 个小时左右，《荒野大镖客 2》的通关时长在 40 个小时左右。朋友们还能记得当年在《俄罗斯方块》和《开心消消乐》上花费了多少时间吗？所以可以看到现在的一些游戏大作更像是一部好莱坞商业大片，利用精良的视听或者离奇曲折的故事在短时间内让观众感到愉悦。而对一款作品来说，这种愉悦往往是短暂和难以重复的。而在商业规则的驱使下，开发者更希望玩家和观众反复、快速地投入到不同的作品中。近年来，无论影视作品还是游戏作品，都是大制作上映，大家一哄而上，然后迅速离开转到下一个话题作品。在这种话题作品迅速迭代的循环中，观众得到了短暂的快乐，商家却获得了长久的利益。

随着游戏市场的膨胀，越来越多的资本也注入其中。越是大资本注入的游戏产品就越需要在品质稳定性上有所保障。玩法系统的创新其实是风险相对较高的一个游戏创作方向，而在视听效果、故事情节上下功夫则是相对保险的方向。

如何创作游戏的故事

谈到故事，我们小时候写作文都学过，一段完整的故事需要有几个阶段：故事的起因、发展、高潮、结局。在小说、漫画、影视动画作品中，读者或者观众观看一段故事基本都是被动接受，故事的主导都是作者或者编剧。而游戏的特点是交互，是由玩家主导的，在一款游戏中把叙事和交互有机结合起来，一直是一款游戏的技术和设计要点。

当我们决定开始创作游戏故事的时候需要提出两个问题：我们游戏的最终目的是否可以创作故事？当游戏目的不足以创作故事的时候，如何通过扩充主题来让故事丰满？

比如有一个游戏的基本玩法是把场景中的指定物体放置到指定地点上（如《仓库番》《推箱子》），完成一个场景进入下一关。整个游戏包含几百个这种关卡，难度依次提高。而我们希望给主人公设计一个失恋的故事。很显然在一开始，推箱子的目的就没有涵盖失恋的主题。

接下来，我们可以尝试把游戏玩、法目的跟故事结合起来。游戏的关键目的是“整理”“归位”，于是将“整理”“收拾房间”与失恋联系起来，就比较容易得出故事情节：主人公之前是一个邋遢的仓库保管员，他的女友是仓库所在超市的经理。由于主人公的邋遢导致仓库货物总是找不到，于是女友为了教训男主人公，提出分手。除非把仓库内所有的货物都摆到正确的位置上，他才能挽回这段感情。这样游戏的目的与故事结合起来了。将游戏目的与故事主题联系到一起，剧情就很容易浮现出来了。这里的重点是将物品乱放变成了“失恋”的原因。如果简单地改为主人公因为失恋而要去整理仓库，就没有把目的跟故事联系到一起。有的时候，我们太看重剧情和故事，容易陷入越写越脱离游戏目的的怪圈，因此需要在一开始设定故事大结构的时候就把故事和游戏目的牢牢结合在一起。

图 1-19 为了爱情努力工作的仓库保管员

而当游戏的目的不足以覆盖游戏故事的时候，我们就需要尝试扩充游戏的目的。这里讲的扩充不是基本玩法的扩充，而是通过达到最终游戏的目的而体现出的人文情怀或者宏伟目标。还是以刚才的推箱子游戏来说，整理好一个房间体现的是一个整理的智慧，那整理好 500 个房间就除了智慧还体现了毅力。女孩跟男朋友谈恋爱，许多时候看的并不一定是男孩的实际能力，更多的是看男孩的态度。男孩可以很快地把一个仓库整理好，在女孩眼里可能是小聪明。但是男孩能一直保持一个努力上进的心态，靠自己的坚强意志去让仓库一直维持一个整齐有序的状态，如此体现出的上进心会更容易获得女孩的赞许。所以能把“归纳整理”这一行为升华到“意志力”的高度就相当于扩充了游戏目的和主题。主题中体现出的人文情怀和宏伟目标更有利于故事的创作。(图 1-19)

游戏故事产生的几个主要来源

(1) 从游戏目的导出故事

假设有一款“末日求生类游戏”，游戏的最终目的是从一个丧尸横行的城市中逃跑，那么我们首先会想到的就是“为什么这些人会变成丧尸”，从而推导出“有可能是敌国发动了生物战争，利用丧尸病毒妄图毁灭玩家所在城市”的游戏线索。这一线索可以贯穿游戏始终，主人公从一开始只专心逃命到逐渐发现线索找到事情的真相。在这一过程中，主人公的游戏目的也可以由逃出生天转为逃命并发现事情起因，甚至能够找到解决丧尸病毒的办法。此外，我们会想到“主人公能够逃出来吗”“主人公的身份”“有何种技能能够在丧尸横行的城市中生存”等问题，依次类推能够得到一系列的故事。(图 1-20)

图 1-20 经典丧尸求生游戏《最后的生还者》

与此同时，辅助设计游戏系统的同事也正在撰写各个游戏玩法系统的策划书，比如“游戏的道具系统”“丧尸系统”“游戏的谜题系统”。负责游戏基本操作（Gameplay）部分的同事也正在测试游戏中射击格斗部分的操作手感、各种载具的转向加速手感等。

(2) 由材料导出游戏故事

有些时候，游戏玩法已经确定（玩法一般情况下都是预先确定的，除非一些其他影视 IP 修改的游戏，有可能先有了故事再去匹配合适玩法）而迟迟写不出合适的故事匹配的时候，不妨尝试借鉴一些现有的资料。这些资料可能来源于：

A. 话题库、点子库。

B. 其他小说、游戏、影视作品、真实事件等。

C. 角色和世界本身的设定。

话题库、点子库需要我们平时的积累，需要我们准备一个“话题笔记”，在日常生活中把能想到的一些好创意和当下流行的话题都记录下来，包括在一些话题平台比如微博、今日头条等和诸如 B 站、抖音等视频网站中经常出现的趣人和发生的趣事。现今的社会简直成了一个巨大的话题事件、话题人物的制造工厂，只要善于记录和发掘，你就能在其中获得无穷的灵感。但是这些话题库往往具有很强的时效性，所以趁热打铁抓住短暂的窗口期也是经验之谈。

从其他文学艺术作品和真实事件中借鉴原型也是非常好用的办法。而现在也有许多视频创作者把历史事件提炼加工并且演播录制成短视频，非常方便观看。但是借鉴原型要注意，如果原封不动，那就容易变成抄袭。所以还是应该把已有故事与自己的游戏目的、游戏玩法结合起来，有机融合进行二次创作。

另外一些有历史地位的经典艺术作品，也比较容易被观众接受，比如莎士比亚的《罗密欧与朱丽叶》就是以亚瑟·布鲁克的叙事诗《罗梅乌斯与朱丽叶的悲剧史》为原型的。还有一个不得不提的原因就是，文学作品的版权也是有时间限制的，“致敬”一些经典的文学影视作品，相对来说是比较安全的。

故事除了来自玩法和主题本身，也可以来自角色和世界观。比如有这样一个角色设定：面对一个饱受争议的正能量大叔，人们就很容易产生“这个大叔为什么被人诟病”“善良的行为和正能量的语言为什么受到别人的非议”之类的联想。而世界观更是好故事产生的“摇篮”。比如最近几年流行的“废土世界”“赛博朋克世界”，一听到这几个词，敏感的观众脑中就会浮现出许多画面、人物和情节。

所以除了从游戏本身找故事外，使用话题库、借鉴原型、发掘角色和世界观设定也是游戏故事创作的灵感来源地。

游戏故事和主题的表现手法

大部分文学剧本创作书中都会提到一个原则：主题不要在故事中被说出来。

以《死亡搁浅》为例，主人公山姆通过在城市之间接送货物和人员来使城市连接起来，从而完成拯救国家、拯救人类的任务。但是主人公自己却没有主动喊出来“我是救世主，我要拯救美国、拯救人类”的口号，自己说出来只会让现在这些见多识广的观众感觉到“尴尬”。这里说到的主题就是通过完成一系列小的游戏操作完成最终的游戏目的从而体现出来更高的人文精神和宏远目标，是更容易让玩家去追求的高级荣誉和使命。这种使命是需要故事中的点点滴滴来体现的，如果一个游戏主角天天把这些使命挂在嘴边，只会让观众感到不适。

图 1-21 《底特律：变人》玩家在游戏中将面临许多“道德”考验

角色的选择与行为的方式可以在游戏中表现主题。比如有一款游戏，最终主题为“情感与法律的抉择”（在道德与法律的掣肘下痛苦徘徊好像是永恒不变的主题）。在《底特律：变人》中，主人公康纳通过刑侦和推理，找到一个杀人事件的真凶，但是发现凶手是两个仿生同性爱人，其中一人忍受不了嫖客对其爱人的虐待而杀了嫖客。从情感的角度来说两个人的爱情和嫖客恶行带来的死有余辜让康纳警官面临选择。（图 1-21）

最后康纳把两人围在一个街道死角，面对马上包围上来的警察和即将逃跑的同性姐妹花，康纳即将做出选择：

A. 开枪击毙凶手，完成警察职责。

B. 放掉姐妹花，跟警察谎称没抓住。

C. 阻挡警察，帮助姐妹花逃跑。

D. 拖延时间等警察来处理。

主角做出选择，故事发生改变：

选择 A 击毙凶手，完成警察使命，康纳将选择与人类站在一个阵营，与仿生人对立到底，同时他自己也是仿生人，可见结果悲惨。

选择 B 和 D 都属于立场相对含糊，故事导向在随后还有变化的余地。

选择 C 与人类和人类的法律彻底决裂，看似大快人心的选择，但是又蕴含着对于机器人可以杀人的支持。

不论哪种选择，玩家都可以从不同的角度去体验“选择情感还是选择理智”的游戏主题。

游戏的目的、故事和主题的关系

要论述这三者的关系，首先我们还是需要把当下的主流游戏做一下分类，这里的主流游戏是指投入规模相对较大的期望获得稳定市场回报的商业类型游戏。

（1）竞技型游戏

游戏玩法直接与游戏目标挂钩。比如多人 FPS 射击游戏《绝地求生》，玩家在游戏中的目标就是依靠射击这一基本玩法战胜其他玩家获得胜利。游戏过程中没有太多的中、长线目标，不需要太多的装备、道具养成，也不需要新地图的探索。

比如《绝地求生》《穿越火线》《DotA》及《守望先锋》（《守望先锋》是有很多剧情场景的，资深玩家们也都乐在其中，但是并不在游戏内体现，而是作为宣传或者用单独的渠道去播放。虽然游戏内会用非常多的彩蛋去呼应剧情，但是对新玩家来说，就算对剧情一无所知也不影响正常游戏体验）这类多人在线游戏都可以算作竞技型游戏。

（2）体验型游戏

此类游戏中，动作、射击、解谜、寻物等基本玩法只是作为游戏基础存在，游戏的最终目标往往需要更多的资源、装备、道具、场景关卡和剧情来实现。在现今一些主流商业大作里，基本玩法甚至作为次要设计要素而存在。游戏设计师甚至变成了游戏导演，更多向玩家和观众展现电影般的剧情故事。随着游戏开发逐渐进入工业化生产的阶段，国外的一些大型游戏越来越多地把开发重点放在过程体验上，在视觉、听觉、剧情方面营造有效游戏时间内的强沉浸感。工业化生产带来的游戏在视听品质上有所提升，但是重视听体验而轻交互设计的开发风气也使得近年的一些游戏大作受到了争议。比如《荒野大镖客》系列、《死亡搁浅》、《底特律：变人》以及其开发团队开发的一系列互动体验游戏，甚至没有什么玩法，只是做选择题播放不同剧情即可。这类游戏的关注点都在故事叙述和视听表现上。

竞技型游戏和体验型游戏是当今主流的两种商业游戏方向。相对大成本、大制作的商业游戏，小制作的独立游戏在近些年也得到了突飞猛进的提高。与商业游戏相比，独立游戏往往在某一方面更具探索性，比如新奇的美术风格、具有实验性的玩法设计，还有一些商业游戏不会轻易涉足的故事题材。独立游戏由于资源有限，往往把开发侧重点放在某一领域。所以相对各个方面比较均衡的商业游戏来讲，独立游戏在设计上不太具有普遍性。

那么在竞技型游戏当中，玩家往往更为关注游戏的玩法和自己的技术，而这些技术和玩法的验证对象往往是其他玩家或者某些强力怪物，所以在这种游戏中，故事更多只是起到塑造角色形象的作用。比如《守望先锋》中关于各种角色的剧情，更多是为了让玩家对自己擅长使用的角色更为了解和喜欢。（图 1-22）

在《守望先锋》中，玩家在许多角色中选取一个与其他玩家组队对抗敌方玩家。游戏的基本操作是 FPS 游戏包含的射击和团队战术执行。射击和团队合作就能直接达到游戏的最终目的——战胜敌方。该游戏也包含一系列的角色故事动画，这些动画与游戏的最终目的即战胜敌方毫无关系，只是起到了对玩家选择角色的性格、背景塑造的作用。这些作用能使玩家对角色产生情感共鸣从而更频繁地使用该角色，并购买该角色出品的一系列皮肤（游戏最大收入来源）。

而玩家在长时间的游戏过程中的主题，可以从玩家的操作行为上来体现。该游戏体现了射击游戏中的团队合作精神，或者相反，对于某些玩家来说，该游戏体现了在团队比赛中必须有那种舍我其谁的个性才能获胜的个人英雄主义精神，是玩家自我精神的某种体现。

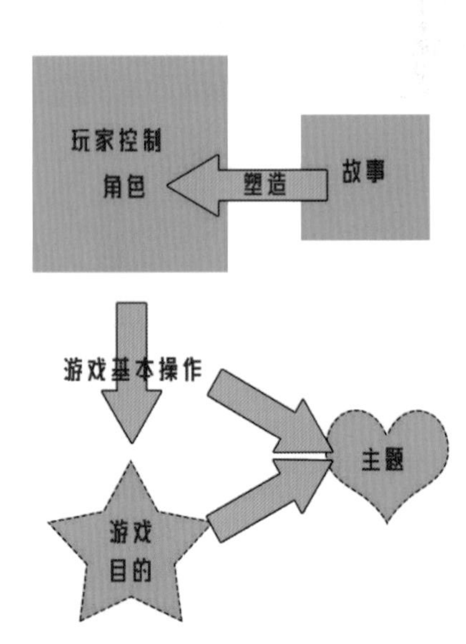

图 1-22 让玩家对自己擅长使用的角色更为了解和喜欢

相同的流程在《DotA》《英雄联盟》《王者荣耀》等多人在线战术竞技游戏和《绝地求生》《和平精英》等第一人称射击竞技游戏中也同样适用。此类游戏故事只起到辅助作用，即便没有故事情节，或者不试图通过游戏传递主题，也不妨碍玩家进行正常游戏。

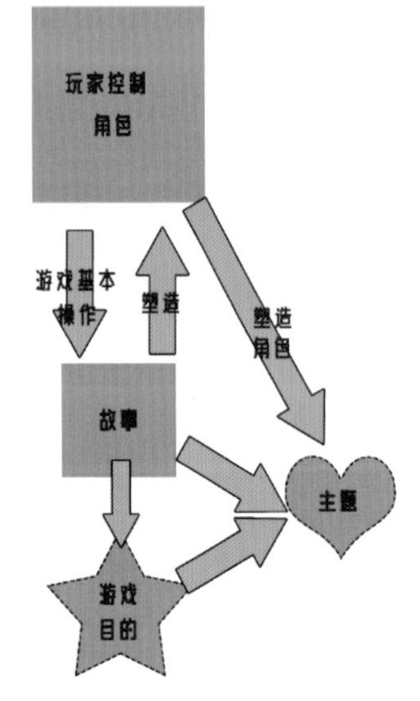

图 1-23 体验类游戏流程

体验类游戏更多时候表现为左图流程。（图 1-23）

比如《战神 4》中，玩家通过控制主角战神奎托斯和他的儿子阿特柔斯（《战神 4》也是第一款真正做到双主角同时进行的游戏）的动作战斗、收集、解密等游戏基本操作来完成游戏中的各种任务目标，并且将完成目标的过程与故事情节的起因、发展、高潮和结局牢牢结合。最终战神到达了约顿海姆，完成其妻子生前遗愿并发现了其妻子和儿子的真实身份，达到了最终的游戏目的。在这一系列的游戏过程中，主角历经万难，体现了伴侣之间的承诺和责任以及父子之间的教育和关爱的永恒主题。玩家通过剧情的带入产生了与主角的情感共鸣，也通过主角领会到了故事主题。

所以，一款游戏的故事需要起到什么样的作用，在游戏设计和体验中占有多大比重，还要根据游戏的类型在游戏设计之初做出正确的划分。

第二节　游戏策划中的角色设计

课程概况			
课程内容	训练目的	重点与难点	作业要求
游戏角色 游戏策划中角色设计要素 游戏策划中角色的定位	了解角色设计的内容 拥有设计游戏角色的基本知识和能力	游戏角色设定表 游戏角色定位	做一套完整的角色设定

1.2.1 游戏角色

游戏角色的定义

角色，最初是由拉丁语 rotula 派生出来的，这一概念最初在学术著作中出现是在 20 世纪 20 年代社会学家格奥尔·齐美尔的《论表演哲学》一文中，当时他就提到了“角色扮演”的问题，但直到 20 世纪 30 年代，“角色”一词才被专门用来谈论角色问题。在此之前，角色一直是戏剧舞台中的用语，是指演员在舞台上按照剧本的规定所扮演的某一特定人物，但人们发现现实社会和戏剧舞台之间是有内在联系的，即舞台上上演的戏剧是人类现实社会的缩影。美国社会学家米德和人类学家林顿则较早地把“角色”这个概念正式引入了社会心理学的研究，角色理论也就成为社会心理学理论中的一个组成部分。

本文主要以“角色扮演游戏”（Role-playing Game，简称 RPG）中的角色为讨论目标。“角色扮演游戏 ”是一个游戏类型。角色扮演游戏的核心是扮演。在游戏玩法上，玩家扮演一位在一个写实或虚构的世界中活动的角色。玩家负责在一个结构化规则下通过一些行动令所扮演角色发展 。玩家在这个过程中的成功与失败取决于一个规则或行动方针的形式系统。角色扮演游戏是剧情、角色最为完整和丰满的一种游戏类型，也是市场占有率最高的一种游戏类型。角色扮演游戏近些年也和其他类型游戏融合衍生出偏向动作、偏向策略、偏向开放性剧情和玩家互动等不同类型。另外一些多人在线战术竞技游戏、第一人称射击类型游戏、集换式卡牌类型游戏虽然在剧情上可能不如角色扮演游戏那么完整，但在角色设定上也可以借鉴和参考角色扮演游戏角色设计原则，增强游戏的代入感和玩家对游戏设定的认同感。

游戏角色的魅力与行动原则

◇◇◇◇◇◇◇◇◇◇◇◇◇◇◇◇◇◇◇◇◇◇◇◇◇

对于大部分游戏尤其是角色扮演类型来说，游戏中的角色一定要有魅力才能吸引到玩家。那么，什么样的角色才算有魅力呢？这问题要是有明确答案，这世上恐怕也就没什么难题了。但至少我们知道，平庸的角色是无法让玩家代入感情的。

特别是对于游戏而言，主人公大多与玩家同化，所以其行动原则绝对不可以牵强，不然，玩家会觉得跟不上节奏。牵强的行动原则多源于编剧创作剧本时的投机取巧。有些时候，没有向玩家提示足够的关键信息也会引发这一问题。

所以在游戏创作角色的时候要注意以下三点：

A. 角色有魅力且富有个性。

B. 在不同角色的定位上多花心思 (避免角色定位重复)。

C. 角色的目的、意志、感情和行动都要与故事联系起来。

第一点是角色设定的相关问题，第二点是角色定位的相关问题，第三点是角色与故事关联性的相关问题，所以这三点是十分重要的。

1.2.2 游戏策划中角色设计要素

游戏角色设定表

◇◇◇◇◇◇◇◇◇◇◇◇◇◇◇

创作角色时，为了提升工作效率，建议将与角色相关的一些项目列成表，逐一填写信息。这张表称为《游戏角色设定表》或者《游戏角色表》。（图 1-5）

在游戏开发过程中，角色设定表能有效帮助原画师设计角色形象。这是因为，有了角色设定表，原画师即便没有通读剧本，也能获得设计角色形象时所需的绝大部分信息。也就是说，即便剧本尚未成型，我们也可以让原画师开始设计角色形象。毕竟在游戏开发过程中，让原画师设计角色形象时，往往没有已完成的剧本可供参考。不光是这种略显消极的理由，其实角色形象设计的完工对正在创作剧本的编剧而言也是一种良性刺激。角色经设计师之手“可视化”后，编剧能够透过角色重新审视故事。这样做能刺激编剧的灵感，增加写出新创意或更有趣的剧情的可能性。

名字：
年龄：
职业：
相貌：

图 1-5 为了提升工作效率，将与角色相关的一些项目列成表

有关角色设定的项目因游戏内容而异，下面是一些基本的项目（图 1-6）

头发：
体格：
服装：
性格：
特技：
弱点：
口吻：
剧本上的设定：

图 1-6 有关角色设定的项目因游戏内容而异

（1）名字

人们常说“人如其名”，可见名字能有效体现角色的特征。现实中，很多艺人的艺名其实也是为了让名字与形象更加一致。如 Angelababy 原名杨颖、玛丽莲・梦露原名诺玛・简・莫太森、张国荣原名张发宗、舒淇原名林立慧、杨钰莹原名杨岗丽，他们的艺名都比本名更能体现本人的个性。

名字能够决定角色印象的重要原因之一就是“发音”。比如阅读外国故事时，对于一些初次听到的名字，我们也能感到“像是个女性的名字”或者“这人一定很强”“听名字就聪明”“一听就是坏人”等。《哈利・波特》系列中的“伏地魔”一听就让人觉得恐怖，而主人公的“哈利·波特”这个名字，即便是初次听到也会觉得亲切。可见，即便是不熟悉的外语的名字，也能使角色给人们带来一定的印象。可以认为，名字并不是通过“意思”而是通过“发音”左右着我们对角色的印象。

名字与角色形象一致，能更好地帮助玩家记忆角色的名字。名字之于角色，大概和标题之于作品同等重要。当然，不符合上述规律的名字也有很多。当角色本身个性足够鲜明、给人带来强烈印象时，也就无所谓名字如何了。这种时候，反倒是角色为名字附加了额外的形象。

记住和名字相关的这些问题对进行角色设定或情节创作有很大帮助。有些时候，给一个角色起好名字，就能牵出一个完整的故事。所以好的名字本身能赋予角色形象，并且角色的发音也会影响玩家对角色的印象。另外还有很多大型网络游戏需要玩家给自己的角色起名，那就又是另一番风景了。

（2）年龄

设定游戏中角色的年龄有两个关键点，一是“表明角色之间的关系”，二是“赋予角色年龄本身具有的形象”。

A. 表明角色之间的关系

假设可以按照自己的喜好随意设置某游戏登场角色的年龄，比如将妹妹的角色设置成 15 岁、将姐姐的角色设置成 14 岁，这时我们会发现“这个角色是妹妹，年龄应该比姐姐角色小才对”，于是就需要调整年龄，这是因为年龄的“大”“小”“相同”影响着角色之间的关系。

“年龄相差多少”也很重要。相差 15 岁的兄弟和相差 1 岁的兄弟，其关系自然不同。另外，如果游戏设定里规定“这个世界 15 岁成人”，那么对于 15 岁以上、15 岁以下和正好 15 岁的角色，对其的描绘方式、其他相关角色的态度、与其他角色的关系也都会不同。

B. 赋予角色年龄本身具备的印象

“年龄本身具备的形象”指特定年龄给人带来的特定印象。比如 14 岁给人带来的印象，首先并不是大人，但也算不上小孩，十分难以界定。另外，17 岁与 18 岁之间只差了 1 岁，给人印象却大相径庭，这也许与 18 岁成年有关。然而，62 岁与 63 岁就没有多大差别。但是 59 岁与 60 岁的差别给人的感觉要比 62 岁与 63 岁的差别大一些，大概是因为 60 岁是法定退休年龄。2980 元与 3000 元的差距和 2250 元与 2270 元的差距比较起来，我们会觉得前者差价更大，因为同样是 20 元的差距，但千位数由 2 变成 3 时，让人觉得差价更大一些。这同样也适用于年龄。

可见，“年龄本身就能让玩家联系到某种形象”，因此创作剧本时一定要注意。游戏角色中的年龄可以表明角色之间的关系并赋予角色年龄本身具有的形象。而且游戏角色的年龄也与其自身能力息息相关。想象一位白发冷峻少年，却有着 500 岁的年龄，其在游戏中的战斗能力就不言而喻了。

（3）职业

主人公具备以下设定时，你会给他安排什么职业？

“放荡不羁。平时看钱办事，关键时刻重感情。花花公子，有些玩世不恭，但该认真的时候很认真，头脑也灵光。有远大的梦想……”

若设定为现代，“私家侦探”“自由摄影师”可能比较适合这类角色。世界设定为奇幻或者时代设定为中世纪的话，“佣兵”“独行的盗贼”或许不错。这些职业本身就很符合“放荡不羁，平时看钱办事……”的形象。

可见，职业带有明显的印象，或者说先入为主的观念，给角色设定职业就是要利用这些印象或先入为主的观念。如果把角色设定成大家都熟悉的职业，那么人们就很容易将该职业原本带有的印象套在角色身上。可以按照职业带有的印象刻画角色，也可以反其道而行，突出反差。职业设定要学会利用既有印象和先入为主的观念。同时，在游戏剧情推进过程中，如果主角做出一些与其职业相悖的行为，那就往往意味着角色有了成长，而这种成长往往可以带来主题上的升华。

（4）相貌

描绘相貌时，有一些技巧可以用。比如描绘年幼的角色时，眼睛占脸的面积要大一些，而描绘大人的时候，眼睛占脸的面积就相对较小。又比如在描绘性感的角色时，嘴唇可以厚一点，嘴角或眼角可以放一颗痣等。

当然，这些就是原画师的工作范畴了，如果游戏策划过分插手这一部分，那就相当于在否定原画师的存在价值。游戏策划需要告诉原画师的信息，更应该是角色“性格温柔”“怕老鼠”“前半部分是好人，后半部分背叛了主人公”等。原画师会根据这些信息来创作角色形象，而不是说“鼻子小一些，眼睛占脸的面积大约这么大，嘴唇厚度是……”

不过，与故事相关的相貌特征还是必须提及的，比如“一只眼是假的，眼睛是黄色，很在意自己不够挺拔的鼻梁”等信息。所以游戏策划中对角色相貌的设定主要是描绘其与故事相关的特征。游戏发展到现在，很多玩家心中都有一个“不成文”的角色相貌与能力对照表，比如：高大威猛壮汉往往是游戏中力量型、近战型角色，代表着防御力；可爱小萝莉是游戏中的法术远程型角色，代表着高伤害和控制；性感御姐往往匹配速度和敏捷，代表着高难度操作和高攻击速度。能正确利用玩家心中的“对照表”，能让玩家对角色迅速产生认同感。

（5）头发

在明确角色外在方面，头发的地位举足轻重。在角色扮演界，角色装扮的好坏很大程度上取决于头发。其实在大量漫画或动画中，某些角色其实相貌都是相同的，只有发型不一样。在现实世界中，人们的脸型、长相各异，甚至只靠眼睛和眉毛都能识别出来一个人，但是在二次元的卡通动漫世界中，由于造型的抽象、提炼和概括，人物面部特征相对就不那么明显，所以发型除了体现人物性格外，还有着重要的识别作用。

其实只给角色换一个发型，角色给人的印象就能有十分大的差距。长长的刘海遮住眼睛就会给人偏阴郁的印象，而扎着蝴蝶结的角色看上去就很好说话、性格开朗，短发显得健康活泼，像个假小子。此外，立起的刺头给人活泼或者具有攻击性的感觉，柔顺的秀发带来优雅、智慧、聪颖、干净的印象，而乱蓬蓬的头发则体现出角色的邋遢。

可见，发型能够表现角色的变化。现实世界中也是一样，白发多半是老人的形象。如果年轻人头发花白，则表示此人十分辛劳，或者遇到过重大变故，让人同情。黑发人一夜白头也经常是故事中引用的桥段。在游戏中，每个角色用不同发色表现是很平常的事。这是在用发色来如实地区分角色。发色与发型的变化可以很好地表现角色的内在、性格及其变化。（图 1-7）

图 1-7 其实在大量漫画或动画中，常会发现某些角色相貌都是相同的，只有发型不一样

（6）形体

形体能直观地表现出角色形象，展现角色的年龄层以及状态，比如弯腰驼背的是老人，女性挺个大肚子就是孕妇等。

佝偻显得人性格内向、阴郁、狡诈，挺直腰板让人联想到军人、舞蹈家或者某领域的高手。不过，有些时候形体设计太过老套也会欠缺趣味性，比如胖角色就一定是贪吃鬼，就显得陈词滥调了。这里要记住的是，角色体格的设定与相貌一样，是最直接地体现角色性格的手段。这是因为现实生活中的经验告诉我们，形体直观体现了角色的年龄、状态、生活习惯、性格等特征。由于游戏玩法的特性，一些游戏采用离角色较远的“上帝”视角。在这种视角下，想要快速、准确地识别出角色，角色的形体和动作就十分重要。

图 1-8 形体直观地表现出角色形象

（7）服装

游戏角色的服装能帮助我们清楚地掌握角色的详细信息，如角色的性别、年龄会变得清晰，穿裙子的基本是女性，穿方形木屐的可能是男人。职业也可以通过服装预测，穿西装的很可能是商人，穿校服的很可能是学生，穿工装裤的很可能是建筑装修工人。不仅如此，服装、兴趣、爱好、性格、思维方式也能展示角色，穿带金属皮夹克的人可能富有攻击性，轻柔褶边服饰搭配蝴蝶结的多半是少女，厚重的露指手套配防弹背心多是军事迷，裤子皱巴巴、衬衫脏兮兮的人可能性格懒散，衣着朴素的人可能性格也朴实。

不过，这些都是以常识性、先入为主的观念为基础的。当设定角色时，该做的应是想办法打破常规，创造出新类型的角色。穿工装裤的职场精英、穿休闲夹克的军事迷、褪色牛仔裤配崭新白罩衫的流浪汉都是可以尝试的。

另外在一些奇幻题材的游戏中，服装也往往与角色的战斗能力挂钩。能正确反映其战斗能力和战斗特点的服装道具设定也是很多游戏原画师在单纯的美学考究之外更要在乎的设计重点。

（8）性格

性格有善良、开朗、冷酷等，它们能够表现角色情感或行为的倾向。设定性格的时候，建议同时考虑“角色为什么会是这种性格”。设置“善良”的角色时，要想他为什么善良。比如因为被善良的父母养大，所以他善良，或者小时候是个欺负人的坏孩子，后来被欺负，体会到了被欺负的感觉，于是变得善良，总之要有根据。所以考虑性格的成因能更好地关注角色的个人成长史，这对将来创作故事非常有帮助。另外，性格对角色的说话语气与对白设计也会带来影响。事先考虑好角色性格的成因，可以让角色台词更有深度。这样创作出来的台词与直接写出来的台词或许意思上是一样的，但肯定更加贴合角色。

对于一些设定较为开放的游戏，玩家也可以根据自己的偏好做出不同的游戏选择来改变游戏人物性格，而性格的转变往往可以触发不同的游戏剧情。

（9）定位型性格

设定性格可以使角色之间的关系更加明显。特别是像设定“父亲般的性格”“母亲般的性格”“姐姐般的性格”这样，把家庭成员的身份投映到角色性格上时，人际关系呈现将非常直观。现实世界中，也总有那些本来年纪相仿、看上去却像“母亲”一般的朋友。比如《航海王》的“白胡子”爱德华·纽盖特是“父亲般的性格”，以某一家族成员来定位角色让角色的立场更加直观。

使用这种方法，很大程度上是因为人们的心中本就对各个家庭成员的定位有着固有印象。说到“父亲般的性格”，人们会想到一家之主、顶梁柱、严格等印象；说到“母亲般的性格”，则想到稳重、保护、温柔、包容；“哥哥般的性格”或“姐姐般的性格”，则给人可以依靠、可以撒娇的印象。

这种固有印象跟性格的绑定不只限于家庭内部，公司里可以有“总经理般的性格”，皇族可以有“公主般的性格”，动物界可以有“狮子般的性格”“猎犬般的性格”等。这种某团体内特定立场带给他人的固有印象就称为“定位型性格”。设定“定位”除了剧情发展需要外，在游戏过程中也往往有着辅助玩家了解游戏世界、设定和完成游戏目标的作用。

A. 利用定位型性格的变化阐明角色立场

定位型性格的变化可以直观地体现出角色在故事中的立场。假设故事主要讲主人公的成长，可以先赋予主人公“弟弟般的性格”，然后随着故事发展，让定位型性格转变为“哥哥般的性格”。“弟弟般的性格”包含无知、娇气、幼稚以及成长的潜力，给人以单纯的印象。将这种“弟弟般的性格”转变为具有可靠的、经历了成长等印象的“哥哥般的性格”，可以直观地表现出故事的发展。

可见，让定位型性格产生变化是一种向玩家表现角色成长和变化的有效手段。通过改变角色的定位型性格，可以改变其与其他角色之间的关系，另外可以直观体现出角色的成长和变化。

B. 利用定位型性格让角色更具说服力

定位型性格是赋予角色的某种让人形成固有印象的性格。这里，我们进一步详细讲讲“固有印象”。

假设现在有一个会通灵的少女，这个少女说“我爷爷能通灵，所以我或许多少也有这方面的能力”，那么即便我们不知道她爷爷到底有多厉害，也会觉得这个理由有说服力。这是因为人们对“爷爷”的固有印象与高僧、道长、隐士这种神仙般的存在给人的印象类似，另一种原因可能是它唤起了我们对隔代遗传的印象，觉得少女应该是隔代遗传了爷爷的通灵能力。

定位型性格的设定就是为了利用一般人心中的自然印象。这一方式如果运用得当，角色的说服力将得到飞跃性提升。

C. 定位型性格在设定上的要点

设定定位型性格的时候，如果完全按照“这个角色是父亲，所以用‘父亲般的性格’；这个角色是弟弟，所以用‘弟弟般的性格’”来设定，那么可能会显得过于刻板，会减少故事的魅力。

于是，我们可以故意给父亲角色安排一个“母亲般的性格”，以造成反差。并不是说父亲不能是父亲般的性格，只是具有母亲般性格的父亲更具新意。如果平时给角色安排一些错位的性格，到关键时刻让“母亲般性格”的父亲突然表现出“父亲般的性格”，那就更能营造出激动人心的场面。

总之，定位型性格的使用方法不能一概而论，要具体情况具体分析。严格按照角色定位套用定位型性格会显得老套，有时需要刻意安排错位的性格。

（10）特殊技能

给角色安排某种特殊技能，可以凸显出其与其他角色的不同。《航海王》的主人公路飞吃了橡胶果实，身体能像橡胶一样伸缩自如。利用这一特性，路飞可以施展出各种“特技”攻击敌人。在与使用雷系技能的敌人战斗时，路飞那绝缘的橡胶身体还为他带来了很大优势。可见，特殊技能是个很好用的东西，只要使用得当，就能与故事产生化学反应。

特技不一定非要是攻击技能。《航海王》中，山治的厨艺、乌索普的发明、乔巴的医术、妮可罗宾的考古学、娜美的航海术……特殊技能的设定五花八门。另外，特殊技能还可以是角色在故事中用以实现目标的有效手段。

在游戏的过程中，学习、使用升级、更换技能也是必不可少的游戏内容，这些角色身上的技能也就是游戏系统玩法本身的有形载体。

（11）弱点

弱点是角色的短板、禁区（不愿被别人触及的东西）、恐惧对象等。怕爬虫类、恐高、不喜欢狭窄空间、怕母亲、怕男人（女人）或者不会游泳所以怕水，以及奥特曼变身超过 3 分钟计时器报警后会变回人类……相当多的角色都设定了弱点。为什么呢？设定弱点有什么用呢？这是因为给角色设定弱点能使玩家更容易把感情代入角色。

弱点能增加角色的亲近感，是感情代入的切入口。强大和善良这样的特点值得赞赏，能唤起共鸣，但会给玩家带来些许距离感。

任何人都有自己的弱点，所以，当角色有弱点时，能让人觉得更有亲近感。有亲近感表示能够代入感情。玩家把感情代入角色后，会觉得剧本中的角色更加鲜活。另外战斗类型游戏的角色，在其设定上也都有侧重，有的侧重防御，有的侧重治疗，有的侧重攻击，有的侧重控制。有侧重的同时势必在某些方面就要有短板。准确找到角色能力的强弱平衡点，是每一个优秀游戏角色策划需要完成的必备功课。

（12）口吻

口吻能直接体现角色的个性，所以角色设定里建议加上口吻。如果所有的角色张嘴说出来的话都是一个味儿，那就说明我们的角色设定很可能存在重复之处。

另外，给角色添加口头禅也是个不错的做法，可以让角色更加真实。角色的声音在有些时候往往比角色形象还能给人带来深刻印象。还记得我们小时候用各种游戏人物发动技能时喊出的技能名称来给人物命名吗？

1.2.3 游戏策划中角色的定位

游戏角色定位

（1）为什么要有角色的定位

单有角色设定并不能让角色在剧本中活起来，因为角色在故事中的“定位”还没有定下来。

所谓定位，就是分配给故事中各个角色的身体和立场，比如主人公、敌人、主人公的师傅等。对角色进行定位可以明确角色之间的关系，帮助玩家清楚掌握各个角色在故事中应当采取的行动，认清每个角色该做些什么。

比如下面这种角色设定。（图 1-9）

图 1-9 给角色定位可以明确角色之间的关系，认清每个角色该做些什么

每个角色已经通过角色设定被赋予了个性，但我们尚不知道他们在游戏世界中应该做些什么。（图 1-10）

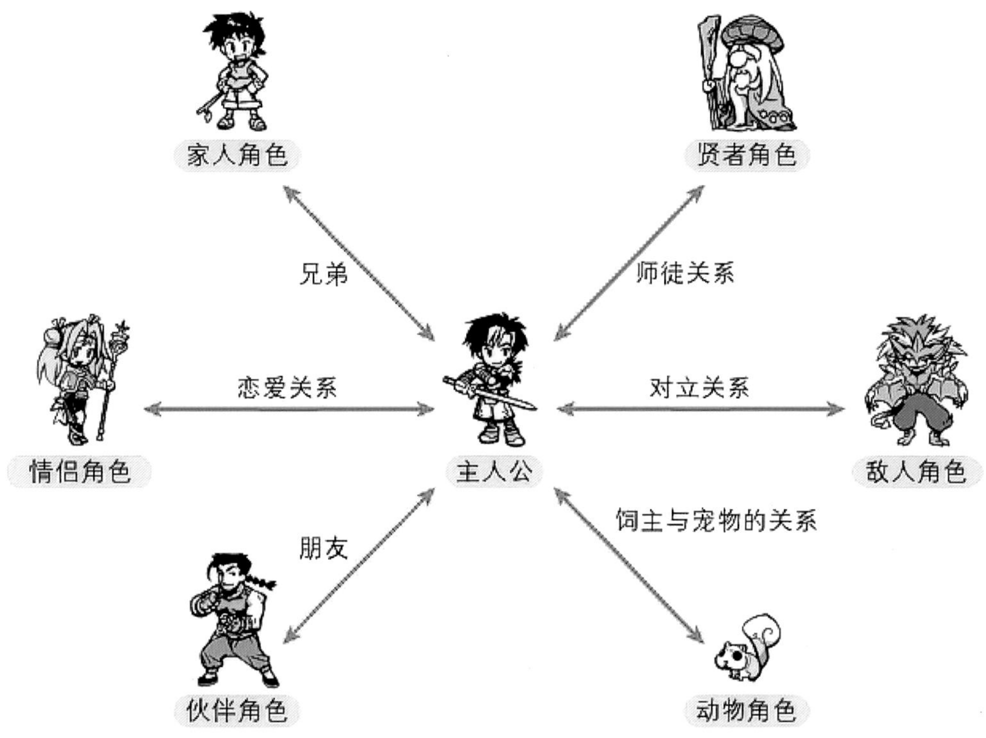

图 1-10 通过角色设定赋予人物个性

（2）角色重复

出现相似角色时，称“角色重复”，这多见于定位重复的情况。反过来，只要定位有明显的区别，即便外表上很接近，人们也不会觉得两个角色“重复”。

以《星球大战》里的两个机器人 C-3PO 和 R2-D2 为例，如果让这两个机器人拥有相同外观会怎么样？各位可以想象一下二者乍看上去完全一样的情景，也就是“外观重复”的状态。

然而，即便二者的外观发生了重复，相信也很难出现“角色重复”的情况。因为二者的定位有着鲜明的对照。C-3PO 办事利落，略有些神经质，性格懦弱，属于相声中的捧哏；与之相对，R2-D2 胆子大，不拘小节，属于行动有些古怪的逗哏。要是它们面前突然出现了大反派达斯维达，估计一个会找地方躲起来，另一个则会冲向敌人。可见，就算外观重复，只要定位不同，角色就会产生明显区别。两个机器人一个高挑一个矮胖的不同外观，只是为了进一步凸显定位的不同而已。

（3）五种定位

游戏剧情中相对重要的角色定位主要可以分为以下五种。

它们分别是几乎所有游戏都必不可少的定位（与游戏系统有直接关联的定位）、推动游戏剧情发展所需的定位（与主人公对立的定位、与主人公同阵营的定位）以及辅助剧情发展的定位（给故事带来变化的定位、补充和强化故事的定位）。进行角色定位时，可以参考这个分类，看看现在哪些定位已经被填满、哪些定位仍然人手不足。

角色定位完成后，如果发现有部分角色定位重复，还可以参考上述分类灵活地重新调整。（图 1-11）

与游戏系统有直接关联的定位
- 主人公
- 待攻克对象
- 系统角色

给故事带来变化的定位
- 契机角色
- 救星角色
- 叛徒角色
- 贤者角色

与主人公对立的定位
- 敌人角色
  - 恶人角色
  - 敌对角色
- 难关角色
- 竞争者角色

补充和强化故事的定位
- 缓冲角色
- 深论角色
- 动物角色
  - “妹妹”角色
- 闲杂角色

与主人公同阵营的定位
- 情侣角色
- 伙伴角色
- 家人角色

图 1-11 通过分类进行角色定位

（4）定位的用法

一个角色可以拥有多个定位。越是重要的角色，拥有的定位就越多。比如女性“伙伴角色”兼任“贤者角色”，为男主人公指点迷津，同时还作为主人公恋爱的“待攻克对象”存在。

另外，如下图所示，可以随着故事的发展，根据角色之间的关系让定位发生变化。（图 1-12）

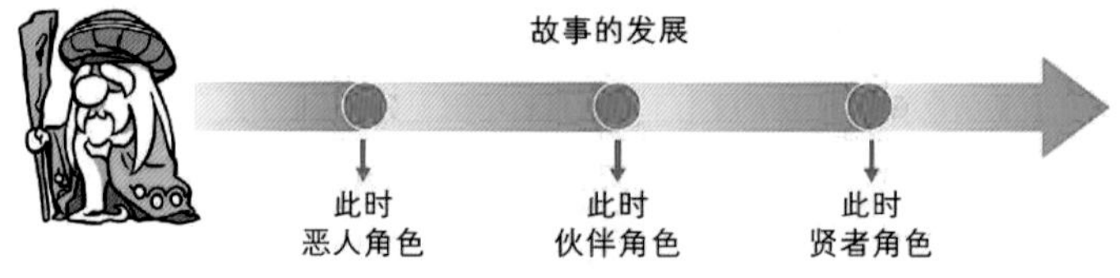

图 1-12 随故事发展，根据角色之间的关系让定位发生变化

与游戏系统直接关联的定位

与游戏系统有直接关联的定位包括主人公、待攻克对象、系统角色等，这些是游戏或游戏系统中必不可少的定位。只有让这类定位的角色在各种情境中活动起来，游戏系统才能发挥功能。

（1）主人公

主人公的定位是以玩家的视角推动故事发展。绝大部分情况下，主人公是玩家操作的角色，所以可以视为玩家的分身。因此，主人公的行动和选择必须尽量尊重玩家的意志，保证玩家对主人公的感情代入。

（2）主人公的描绘方式

主人公的个性越丰富，玩家越难以代入感情，所以主人公的形象要以没有特征的方式描绘，让人从主人公身上感觉不到个性。比如用长刘海遮住眼睛，让人看不清相貌，服装选择沙滩短裤加 T 恤衫等常见搭配。比如初代《恐怖惊魂夜》里，包括主人公在内的所有角色均用轮廓画呈现。此外，还可以在系统中加入选择机制，让玩家从几种服装和相貌类型中选择主人公的外观，或者干脆直接设置几个不同类型的主人公供玩家选择。

允许玩家自定义主人公的名字也是让玩家尽可能对主人公代入感情的手段之一。单是其他角色用玩家自定义的名字称呼主人公，就能极大缩短玩家与主人公之间的距离。

台词方面，主人公说得越多，形象就越固定，所以尽量不让主人公随便开口为妙。最简单且最保险的方式就是像《勇者斗恶龙》一样，让主人公一句话不说，只表达“是”和“否”。

另外，不能强制玩家接受主人公的个性，而应该给主人公选择一个容易让大多数人接受的个性。

可见，为促进玩家对主人公代入感情，主人公角色的外观、名字、台词和行动都应尽量让玩家来选择。这算是描绘主人公角色时的基本要求。

另外，像《三国无双》这种有很多角色可以选择的游戏，由于玩家有机会扮演诸多类型的角色，所以能够在保持客观性的同时对主人公代入感情。想感受那样的人生、想变成那样的造型、想说说那样的台词、想要耍那样的武器……这种感觉就像是 Cosplayer 玩角色扮演时的心情。

所以，主人公可大致分为两类：一是像《勇者斗恶龙》系列以及多数文字冒险游戏那样，让主人公角色贴近玩家；二是像《最终幻想》系列、《三国无双》以及选手实名登场的体育游戏那样，让玩家积极地贴近主人公。

（3）待攻克对象

待攻克对象的定位体现着游戏的目的。玩家想要攻克并且攻克他直接关系到达成游戏目的的角色就是待攻克对象。比如恋爱冒险游戏里的恋爱对象角色、侦探游戏里的犯人角色等。

待攻克对象体现的目的既包含游戏的最终目的，也包含单个章节的阶段性目的。一般的角色扮演游戏中，游戏的最终目的是击败最终 Boss，阶段性目的是击败中级 Boss。

在游戏中设置几个待攻克对象，能给游戏带来适度的紧张感与乐趣。（图 1-13）

但一定要仔细检查故事的各个关键部分，保证待攻克对象的数量不要过多。数量过多时，应以时间错开的方式出现，或者删减一部分。重要的是，要让玩家时刻清楚地认识到谁才是当前的待攻克对象。（图 1-14）

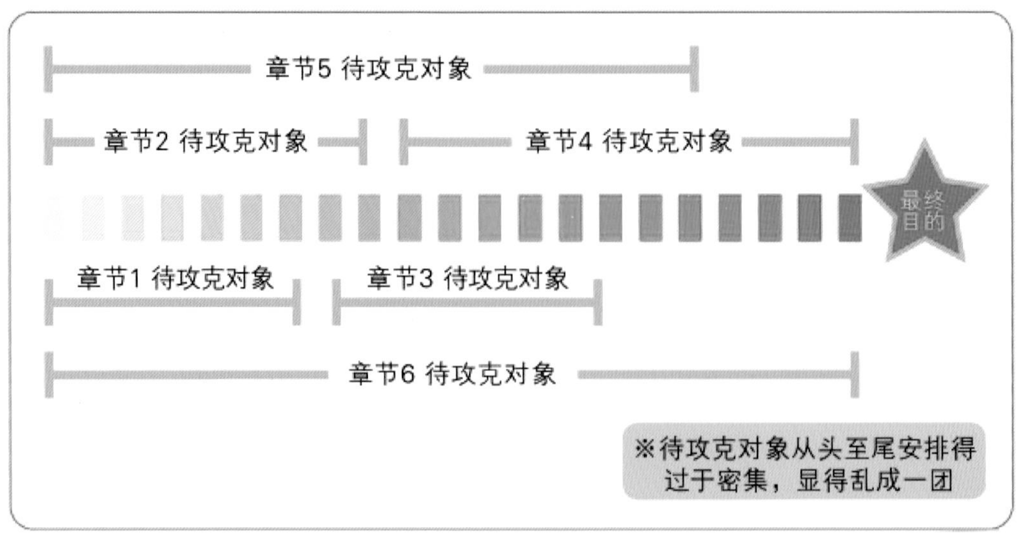

图 1-13 在游戏中设置几个待攻克对象，能给游戏带来适度的紧张感与乐趣

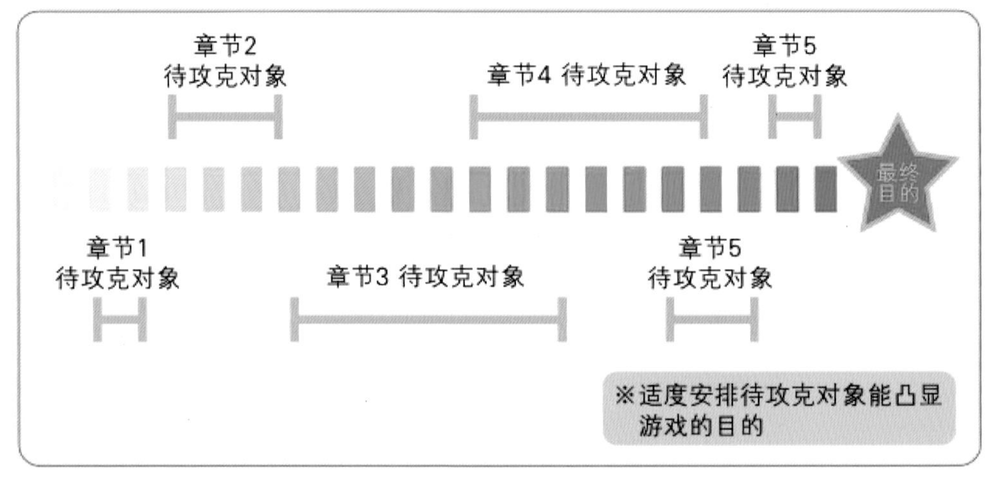

图 1-14 保证待攻克对象的数量不要过多

待攻克对象的角色设定应细致考虑。这类对象被描写得越有魅力，玩家的攻克欲望就会越强。另外，待攻克对象还将是故事创作的得力助手。

（4）系统角色（NPC）

系统角色（NPC）是负责让玩家与游戏系统进行交互的角色，比如角色扮演游戏里在城镇贩卖道具的角色、存档时对话的角色（如《勇者斗恶龙》里的神父）等。

系统角色是游戏系统与玩家之间的纽带，是保证玩家顺畅地玩游戏的角色，所以一般不会给系统角色分配重要的定位。安排这些角色的主要目的只是让游戏系统发挥功能而已。

向玩家介绍游戏玩法的时候也会提到系统角色。这些角色居于玩家与游戏系统之间，为玩家介绍游戏系统或者提供推进游戏的提示。一般情况下，我们称其为“新手教程”。角色扮演游戏里经常出现讲解战斗系统、介绍角色成长系统的角色。

可见，系统角色在游戏系统与玩家之间起到的是纽带中介的作用。所以一般来说，这些角色对主人公的态度不会出现变化，即需要与主人公保持一种不变的关系。

不过，有些时候也会让系统角色参与到故事之中，让其放弃系统角色的身份，发挥其他定位的作用。这样能使故事产生戏剧性变化。比如常住旅店的系统角色其实是杀手，突然趁夜晚偷袭等。这种手法利用了系统角色不会产生变化的惯性思维，反其道而行之。但是，手法再好也不能滥用。频繁地让系统角色参与故事，一是会让玩家长时间处于紧张与不安的状态之下，二是容易让玩家适应这种变化，发挥不出其应有的戏剧性效果。

与主人公对立的定位

让角色对立便于创作故事。与主人公对立的定位主要有敌人角色、难关角色和竞争者角色。

（1）敌人角色

敌人角色的定位是与主人公敌对，妨碍主人公达成目的。

让故事有趣的最基本的方法就是安排敌人角色。敌人角色既可以与主人公敌对、威胁主人公、挫败主人公达成目的的意志、妨碍主人公达成目的，还可以与主人公有相同的目的从而形成竞争，或者对主人公怀恨在心并意图消灭主人公。

将敌人角色赋予这种定位是为了强化主人公达成目的的意志，燃起玩家消灭敌人的热情。对于以达成目的为最终目标的游戏而言，如何在达成目的的漫长过程中安排敌人来捣乱、如何生动有趣地描写这一过程，是决定故事是否有趣的关键。

敌人角色的描绘方法还将影响到主人公给人的印象。因为敌人角色是能跟主人公直接比较的对象，所以人们会对比二者谁更强大、谁更聪明。经常可以在作品中看到进行着头脑攻防战的主人公和敌人角色。其中，敌人角色被描绘成绝顶聪明的角色，这可以使得战胜他的主人公显得更加耀眼。

敌人角色大体上可以分为恶人角色和敌对角色两类。

A. 恶人角色

恶人角色体现的是“绝对恶”。他们的定位非常单纯，就是“绝对的坏人，理所应当被讨伐的人”。《星球大战》里的达斯维达、《勇者斗恶龙》里的龙王、《龙珠》里的比克大魔王都属于恶人角色。这些角色都是一登场就惨无人道地大肆屠杀百姓，让世界陷入恐慌。

这里“惨无人道地大肆屠杀百姓”和“让世界陷入恐慌”是恶人角色“绝对恶”的条件。除此之外，独裁者的横征暴敛、杀人魔的残虐、疯狂科学家创造武器毁灭世界等，这些“在任何人看来”都是恶行的行为也体现了恶人角色的“绝对恶”。

善恶的基准因人而异，设置恶人角色的时候，既要以现实世界里的价值观作为基准，又要通过设置游戏“世界”里的价值观以及角色设定来补充和强化。善恶的基准由世界设定和其他角色来补充和强化。

恶人角色体现的是“绝对恶”，首先要有一副可怖的外表。容貌和衣着可怖是恶人角色的外观特征，一般玩家都会通过这些特征来判断恶人角色。可以利用这一“常识”给拥有恶人外观的角色分配其他定位，创造具有意外性的角色设定。

B. 敌对角色

敌对角色并不像恶人角色那样是“绝对恶”的，他们通过与主人公敌对的行为实现敌人角色的定位，就像篮球和足球中的对手、战争中的敌人等。这种时候，是体育的竞技性和战争的斗争性让对手成了敌人。所以，游戏系统能多大程度上将体育和战争融入游戏，并从中体现出趣味性，影响着玩家对敌人角色的认可程度。

可以说恶人角色原本就是“恶人”，所以会做出恶行；敌对角色则是因为做了“恶行”而变成了恶人。恶人本身就拥有敌人的性质，而敌对角色必须有常理中被认为是“恶”的行为或思想，才能看上去更像敌人。

（2）难关角色

难关角色的作用是在故事中设置非打败不可的“难关”。像斯芬克斯这种答不上问题就不让通过的怪兽就是典型的难关角色。在角色扮演游戏中，守护贵重道具的怪兽等属于难关角色。这些角色会拦住主人公的去路，测试主人公的实力，阻止故事继续发展。只有战胜了他们，故事才能继续向下发展。

通过让难关角色在故事的各个关键部分出场，可以测试主人公的实力，或者在主人公击败难关角色后赐予主人公新的能力或物品，从而让故事进一步发展。

难关角色败给主人公之后，往往会转变为伙伴角色。之所以这样做，是因为敌人角色在被击败的瞬间即完成了身为敌人的作用，此后如果不重新赋予其定位，该角色将处于被挂起的状态。因此，需要给他们一个伙伴角色或者其他角色的定位。如若不然，就只能通过死亡、失踪、突然消失等方式把他们从故事中抹去。

难关角色的好用之处在于能让流水账一般的故事产生起伏。比如恋爱游戏中，主人公与女主角（待攻克对象）之间的恋爱顺风顺水，剧情发展如下图所示。（图 1-15、图 1-16）

图 1-15 恋爱如流水账般的故事走向

这里，我们让难关角色登场，妨碍恋情的发展，如下图所示。（图 1-16）

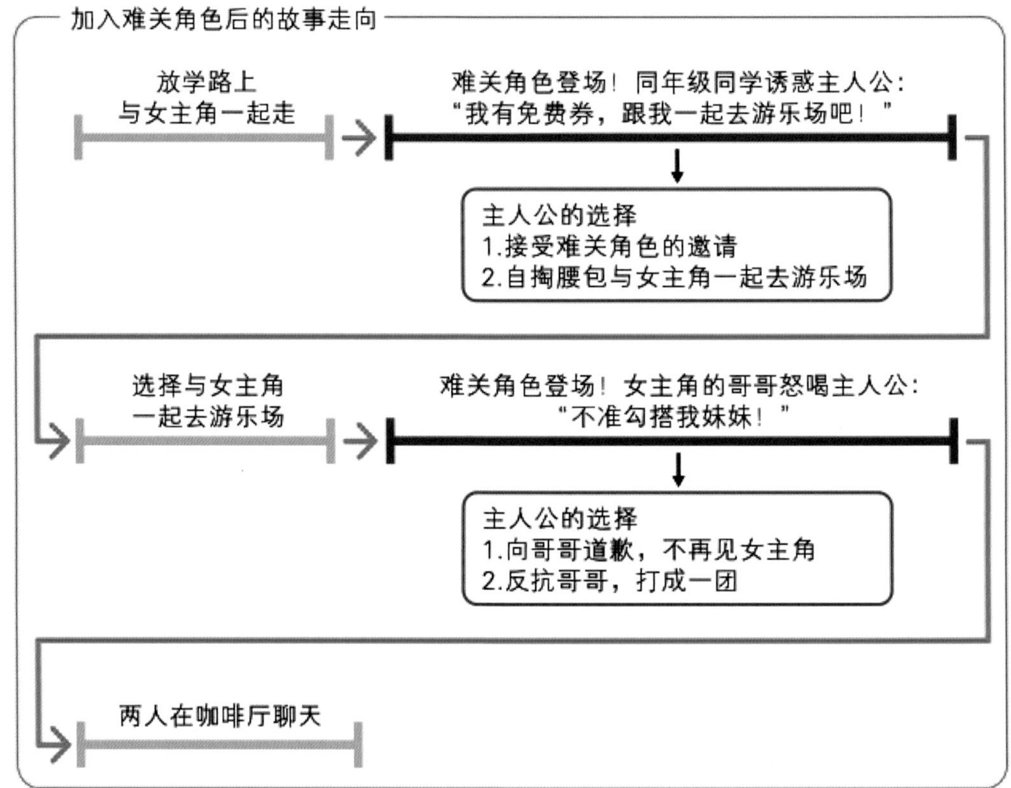

图 1-16 加入难关角色后的故事走向

可见，在玩家对游戏有些腻烦的时候安排一个难关角色，能让他们再次感到紧张。另外，与难关角色的对峙还能促进玩家对主人公代入感情。

（3）竞争者角色

竞争者角色以竞争对手的身份出现。竞争者角色的作用是通过与主人公竞争让玩家感受到“竞争带来的满足感”。通过与竞争者竞争，主人公的成长过程也会更直观。

如《精灵宝可梦》中，大木博士的孙子就是主人公的“竞争者”。在游戏中，主人公要多次与其交战，从而阶段性地向玩家展示主人公的成长。另外，主人公唯有成长才能击败竞争者，于是竞争者就成了玩家的“竞争对手”。

创作竞争者角色的关键，是给他一种容易让主人公产生嫉妒心理或对抗心理的设定。为此，要让竞争者角色与主人公拥有不相上下的能力、类似的特点或者相同的目的，此外，还要将竞争者描绘成让玩家恨得牙痒的角色，例如赋予其令人厌恶的性格等，这样可以唤起玩家“不想输给竞争者”的心理。

《最终幻想 X》中的希摩尔是主人公提达在恋爱方面的“竞争者”。《最终幻想 X》中的主人公提达与希摩尔在角色设定上存在着对立，如下图所示。（图 1-17）

提达		希摩尔
流浪者	⟷	掌权者
不知世界为何物	⟷	尽知世界上的知识与秘密
不知道自己是谁	⟷	知道自己是谁
不安	⟷	确信
少年	⟷	成年男子

图 1-17 《最终幻想 X》中的希摩尔是主人公提达在恋爱方面的“竞争者”

可见，为了相同目的而与主人公对立的竞争者在角色设定上与主人公形成了鲜明对照。

《火影忍者》中的佐助对主人公鸣人而言是竞争者，二者在角色设定上存在对立点，但同时也存在相同点。鸣人和佐助都是孤儿，此事在二人心中形成了不同的纠葛，影响着二人人格的形成。这种给竞争者赋予相同属性的做法也能提升竞争者之间斗争的激烈程度。

与主人公同阵营的定位

与主人公同阵营的定位是帮助主人公达成目的的定位。这一定位能够让故事顺利发展下去。另外，还可以利用这一定位给主人公附加一些“枷锁”。所谓枷锁，指束缚主人公行动的东西。所以，这个定位对主人公而言既是帮手，又可能是负担。

（1）情侣角色

情侣角色是伙伴角色的一个变种，特指伙伴角色中与主人公有恋爱关系的角色，或者有可能发展出恋爱关系的角色，即对男性角色而言的女主角或对女性角色而言的男主角。

情侣角色在故事中的作用首先是为主人公带来动力，因此，情侣角色基本上都是俊男美女。这样一来，情侣角色一登场，玩家就会下意识地期待恋爱情节，玩游戏的动力也会提升。给情侣角色附加待攻克对象的定位、以与情侣角色终成眷属为目的的游戏，就是我们说的恋爱冒险游戏或恋爱模拟游戏。就算不是以恋爱为主题的游戏，情侣角色也能给主人公的目的赋予更强的说服力，比如在《超级马里奥兄弟》中，马里奥就是为了救出碧琪公主而去挑战库巴的。

除此之外，给情侣角色安排特别的境遇也是一种提升玩家游戏动力的方法。比如情侣角色是王家血脉、财阀的千金或少爷、无依无靠的孤儿等，他们在故事中的特殊境遇能够引起玩家的关注。对于《灰姑娘》里的辛德瑞拉和《人鱼公主》里的人鱼公主，情侣角色“王子”都是因身份或种族相异而遥不可及的。

还有一种方法，就是给情侣角色添加特别的内在设定，可以是保守着不能说的秘密，也可以是背负着必须完成的使命，这样能激发玩家对情侣角色的兴趣，促使玩家主动关注情侣角色。或者让情侣角色与主人公保持特别的关系，比如儿时玩伴、没有血缘关系的寄宿者、某个秘密的共有者等。

可见，将情侣角色描绘成对主人公而言是“特别的人”，能够强行提升玩家对情侣角色的关注程度以及继续玩游戏的动力。

提升情侣角色所带来的游戏动力的方法:

A. 给情侣角色安排特殊的境遇。

B. 让情侣角色保守秘密。

C. 为情侣角色和主人公设置特殊的关系。

这些设定在唤起玩家兴趣的同时，也为发展恋爱关系设置了障碍，同样能提升玩家玩游戏的动力。

在游戏中设置情侣角色，玩家或多或少都会对这段恋情有所期待，所以即便故事并不以主人公的恋爱为主线（情侣角色并不是待攻克对象），最好也要有主人公与情侣角色发展恋情的副剧情，可以给故事增添深度。

（2）伙伴角色

A. 伙伴角色的分类

伙伴角色的定位分以下三种：帮助主人公达成目的的“战友”、让主人公吐露意志或感情的“倾听者”、让主人公更显眼的“衬托”。

a. 帮助主人公达成目的的“战友”

主人公达成目的需要诸多能力与条件，然而，要是把所有能力和条件都放在主人公一个人身上，那就失去了很多乐趣，于是需要让伙伴角色登场并以“战友”的身份为主人公提供能力或条件。也就是说，需要在达成目的的过程中让玩家感觉到“还缺少某种东西”，然后请拥有这种“东西”的伙伴角色登场。

可见，伙伴角色的必备条件是拥有主人公不具备的能力及其加入能让主人公能力大增。角色扮演游戏的队伍里，如果主人公是魔法师，那就不需要另一个拥有相同魔法能力的角色，而更应该让剑士、向导等拥有不同能力的角色登场。

b. 让主人公吐露意志或感情的“倾听者”

我们不能让主人公总是自言自语，所以要安排一些伙伴角色与之对话，以伙伴角色来当作主人公的倾听者能让主人公吐露想法与感情。

这样一来，主人公的想法、烦恼、心情等就可以通过对话或行为体现出来。作为倾听者的伙伴角色能够给垂头丧气的主人公以鼓舞，为不知如何抉择的主人公提供建议。同时，对话的表现能力要比自言自语强得多，所以倾听者的出现能比让主人公自言自语表现出更加生动的感情。

让主人公与伙伴角色获得相同体验能够使他们的感情产生共鸣。通过感情共鸣，主人公的感情可以更加细腻地表现出来。与没有伙伴角色的时候相比，有伙伴角色能够更加清晰地表现出主人公击败敌人、达成目的时的喜悦之情。

c. 让主人公更显眼的“衬托”

假设我们创作了一个魅力非凡的伙伴角色，这个角色越是喜欢主人公，主人公就被衬托得越好。如此有魅力的角色与主人公成为伙伴，甘心屈居主人公之下，或者对主人公爱慕有加，那就说明主人公肯定拥有某种足以吸引伙伴的魅力。伙伴角色的魅力让主人公的魅力得以放大。

另外，给伙伴角色赋予与主人公截然相反的性格也能对主人公形成衬托。安排性质截然相反的伙伴角色登场，能够进一步衬托主人公。这一方法还可以加以发散。除了应用在伙伴角色和主人公之间，还可以通过给任意角色安排一个性格完全相反的角色，让角色活起来，从而增强角色给玩家留下的印象。

B. 如何创作伙伴角色

a. 在成为伙伴的过程中做功课

在成为伙伴的过程中做功课时，最好用的手法就是先让角色以与主人公敌对的身份登场，之后再转变为伙伴。这一模式的重点在于，在角色成为伙伴之前，要将玩家想收其为伙伴的心情撩拨得足够高。要设置“想拉他为伙伴的理由”，可以是“非常强”，也可以是“对主人公很热情”。在成为伙伴之前，把他的“价格”提得越高越好，让伙伴角色最初以敌人的身份登场，能够提早向玩家展示他们自身的能力或魅力，提升玩家对伙伴角色的评价，将玩家“想收其为伙伴”的胃口越吊越高。

b. 避免“好好先生”

想让伙伴角色充分发挥作用，就要令他们尽量与主人公对立。这句话看上去似乎有矛盾，但事实并非如此。伙伴角色不能变成“好好先生”，因为一旦伙伴角色对主人公言听计从，那么整个故事，特别是面临达成目的的关键选择时，故事的发展将太过顺风顺水。让伙伴角色学会说“不”，反而可以使故事有机会变得更加有趣。

c. 不要让角色变成“死角色”

伙伴角色的可怕之处在于，成为伙伴之前的过程好写，成为伙伴以后的故事难写。很多时候，一个角色成为伙伴之后显得不是很强势，其存在感就会变得很薄弱。在角色扮演游戏里，这类角色虽然在伙伴列表之中，却很少有人真正把他们招揽进队伍。这样的角色是有问题的。既然把他创作出来，我们当然希望他在成为伙伴之后也能发挥一定的作用，不然，他就成了“死角色”。

伙伴角色成为伙伴之后，在故事上拥有三类功能，即“帮忙达成目的的战友”“倾听者”“衬托”。不过，还有一些方法能让其在故事中更加鲜活。下面介绍两种有代表性的模式，一是“牺牲”，二是“变脸”。

“牺牲”这种模式，属于在故事发展过程中添加一个戏剧性的转折点。借由这个转折点，可以让主人公获得强烈的悲伤感或愤怒感，为行动带来巨大动力。“牺牲”可以是在主人公身处险境时舍身相救，让玩家觉得“当时如果没有伙伴，主人公可能已经死了”，从而进一步认识到敌人的强大实力。与此同时，伙伴牺牲能够让主人公产生自责、后悔、愤怒、哀叹等巨大的感情波动。

“变脸”，就是突然改变角色的定位。比如玩家以为某个角色是伙伴角色，但实际上他是“叛徒角色”或者“贤者角色”。这样一来就不必害怕伙伴角色变成“死角色”，反倒是“死角色”更能体现出“变脸”时的冲击感。

C. 给敌人角色安排伙伴角色

给敌人角色安排相应的伙伴角色可以提升敌人的存在感，这与给主人公安排伙伴角色的效果相同。“敌人的伙伴角色”越是有魅力，敌人本身的存在感就越强。

让敌人角色的伙伴“倒戈”帮助主人公也是个非常有趣的手法。这就像下日本将棋，可以将被吃掉的敌人棋子当作自己的棋子来用。此外，这样做还显得主人公比敌人角色更加有魅力、更加正确。

(3) 家人角色

以任意角色为基准，与该角色有血缘关系或婚姻关系，或者双方互相认可对方为家人的角色就互为家人角色。如果以主人公为基准，其双亲、配偶、子女、养父母、养子女等就都是家人角色。

总的来说，家人角色的作用就是以社会基本观念为基础给角色套上枷锁。这个枷锁与讲情侣角色、伙伴角色时提到的枷锁相同，但家人角色的优势在于其可以不是同阵营的角色，只要有血缘关系，就能为角色套上这层枷锁。家人角色是一种可以无视故事而且效果极强的定位。

让故事产生变化的定位

如果不加以处理，故事很容易发展成一条直线。一条直线的故事在来龙去脉上虽然没有不合理之处，但往往太过单调，缺乏趣味性。有几种角色可以打破这种倾向，分别是契机角色、救星角色、叛徒角色和贤者角色。

（1）契机角色

契机角色的作用是在故事发展上给主人公创造某种契机（图 1-18）。契机能给主人公的意志、行动、感情带来变化，可以是工作的委托、情报的泄露、事件的诱发等。在推理类的故事中，契机通常是解决案件的委托。在奇幻类故事中，契机则多是国王委托主人公救出被魔兽掳走的公主，或是听村民说西边的洞窟里有宝藏等。

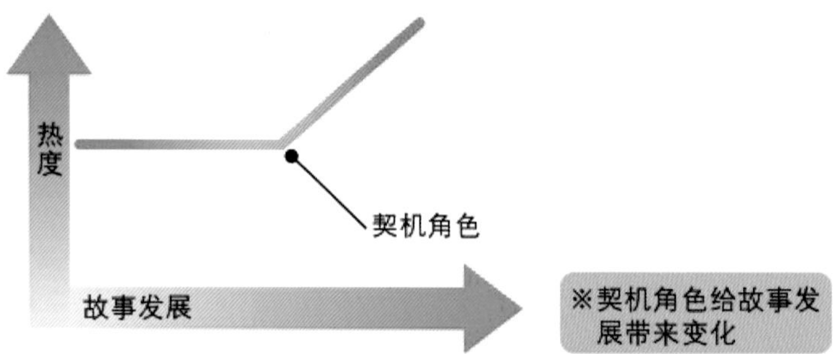

图 1-18 契机角色的作用是在故事发展上给主人公创造某种契机

事件有时可以用作契机，比如“主人公在路上遇到了昏倒的旅行者，而旅行者留下一句不明不白的话就死去了。为探寻这句话的真相，主人公踏上了旅程”。某个间接的行为最后也可能变成契机，比如“朋友催着主人公还钱，主人公无奈之下开始寻找临时工作，而这份工作便是故事的开始”。“昏倒的旅行者”和“朋友”这两个角色为主人公的行动创造了“契机”，契机角色可以只在创造契机的时候登场，也可以由主要角色兼任。这类角色的作用虽然非常有限，却是故事发展中必不可少的。

推理类故事的契机角色是被凶手杀害的人。被害者的角色设定需要二选一，一个是该得到同情的角色设定，另一个是死有余辜的角色设定。

（2）救星角色

救星角色是在主人公需要帮助时恰好出现的角色。安排这种定位的角色登场可以有效打破窘境和僵局。（图 1-19）

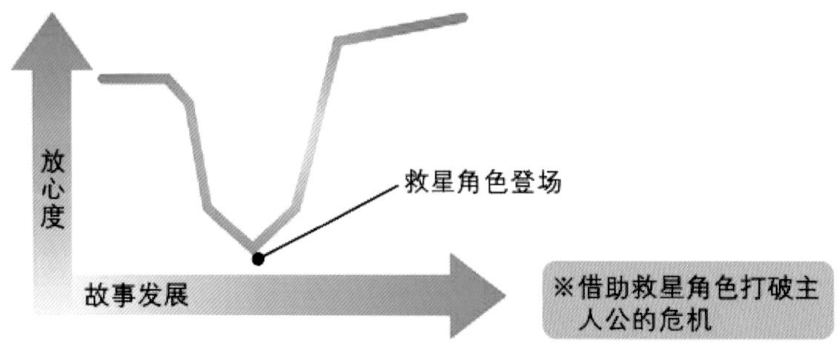

图 1-19 救星角色是在主人公需要帮助时恰好出现的角色

这是一种能够在剧本发展上收放自如的好用角色。不过，如果滥用这种角色，让主人公每逢困难总有救星登场，就未免太投机取巧了。在万般无奈的绝境之下，由主人公自己变成救星角色来打开局面的模式是避免投机取巧的一种好办法。

（3）叛徒角色

叛徒角色就是要背叛主人公一方的角色。在故事中，要想让“叛徒”的形象成立，首先要将“叛徒角色”塑造成“怎么看都不像会叛变的角色”。

另外，还可以让叛徒角色与主人公共同拥有某种特殊的秘密或者计划，这样能让主人公对叛徒角色深信不疑。信赖感越深，背叛的时候冲击感就越强，给玩家心理带来的影响也就越大。好朋友实际上是敌人，这就非常有冲击感。

（4）贤者角色

贤者角色的作用是给故事增添分量与说服力（图 1-20）。在创作故事时，偶尔会感觉到内容欠缺说服力，比如讲述“传说”或“教诲”的场景。这种时候就需要贤者角色登场，用带有分量的发言或行动给故事添加说服力。

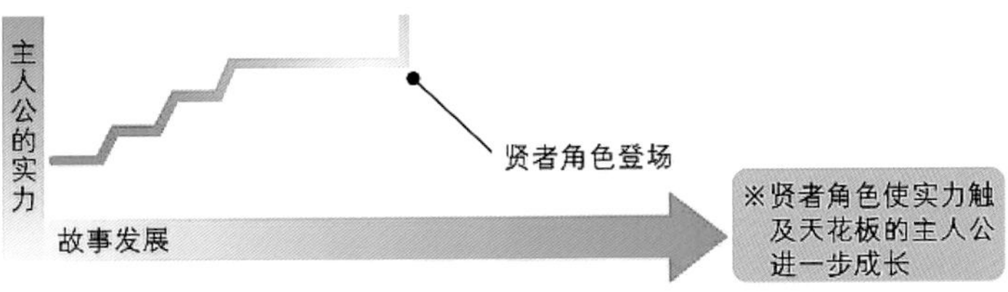

图 1-20 贤者角色的作用是给故事增添分量与说服力

另外，贤者角色还负责给予主人公宝贵的知识和道具，或者让主人公经受磨炼，斩获新的能力。电影《星球大战》中的尤达大师、《指环王》中的甘道夫、《龙珠》中的龟仙人以及各大角色扮演游戏里登场的贤者、仙人、高僧等角色都在此列。

贤者还兼具令主人公的实力飞跃性提升的责任。他们在主人公实力触及天花板时登场，教导主人公修行，从而提升其实力。

A. 贤者角色必备的性质

具有渊博的知识，同时还虚怀若谷、具有更丰富的人生阅历、精通各种事物、德高望重……这些都是贤者角色必备的特质。有了这些特质，贤者角色的语言和行动才会对玩家产生说服力。正因为如此，贤者角色大多以老人的形象出现。当然选择以女教官、医生、妖精、小孩、神等形式来创作贤者角色也未尝不可。

B. 贤者角色不亲自行动

另外，贤者角色是一种稳定、静态的角色，不会自主成长、发生变化。相对地，他们拥有促使主人公变化、成长的职责。因为负责传授知识、技能的角色，贤者自己理应登峰造极，早已越过了成长阶段，否则“传授”这一行为将失去说服力。况且，一旦贤者角色积极地采取行动，角色间的关系性就会遭到破坏，同时游戏内世界的价值观也将受到影响，让人觉得故事没有章法。

C. 贤者的上帝视角

有些时候，贤者角色还拥有掌控超能力、魔法、奇迹、命运等的超自然神秘力量。游戏中，主人公（即玩家）有时会遇到一些难以逾越的阻碍，拥有上帝视角的角色可以光明正大地将主人公引导至正确方向。

此外，与游戏制作者相关的就是贤者角色可以体现游戏创作人员的意志。比如编剧想说的话可以通过贤者角色说出来，或者通过其行动表达出来。

补充和强化故事的定位

补充和强化故事的定位可以让故事内容更具可信度、更简单易懂。玩家跟不上故事发展时，或者希望主题更具说服力时，就要设置补充和强化故事的定位。

设置这种定位的角色有缓冲角色、深论角色、动物角色、闲杂角色。

（1）缓冲角色

缓冲角色的作用是给故事增添趣味性。

缓冲角色作为丑角登场，调整过度的悲剧性，让跟不上悲剧节奏的玩家找到节奏，发挥一个调节平衡的作用。也可以让主人公兼任缓冲角色，以控制剧本中容易偏伤感的部分。

“感动类”文字冒险游戏的主人公多待人冷淡、不拘礼数，也是有意无意地在追求“让更多玩家跟上剧情”。

（2）深论角色

深论角色的作用是对发生的事件或者某人的发言提出反驳之声。这样做是为了利用深入讨论，对玩家跟不上的部分加以解释。

（3）动物角色

动物角色通过在“宠物”和“野生”之间变换来实现其作用，比如“家养的狗对主人很热情，但是会咬小偷”。借助动物角色的反应，能够表现出一个角色是好角色还是坏角色。

动物角色也可通过在“宠物”和“野生”之间变换来表明其他角色的“好坏”。“好坏”的基准常常是非常模糊的，不过，从剧本的观点来讲，其界限还是有章法可循的。

可见，动物角色的作用是沿着故事想要表达的方向性来展示各个角色的好与坏。正因为有动物角色来做好与坏的裁判，作者才能隐性地向玩家传递故事中“好与坏”的基准。

（4）闲杂角色

游戏剧本里登场的角色不必全都有扎实的角色设定和精准的定位。有些角色属于放在那里就可以的，闲杂角色就是其中之一。所谓闲杂角色，顾名思义，就是“其他人”“临时角色”“路人”等。他们只是负责提供情况或信息的角色，被摆在那里就有意义。

之所以把闲杂角色作为一个定位来讲，是因为明确闲杂角色的存在，可以避免创作与故事发展没有关系的角色。

将角色设定与故事关联起来

给角色添加设定，再分配一个前面介绍的定位，一个角色就算创作完成了。不过，要想完全发挥出角色的魅力，还必须将角色设定与故事关联起来。

再有魅力的角色，没有能发挥其魅力的故事也是白费。发挥角色魅力的关键，在于有一个能让角色活起来的故事。为此，必须学会设置角色与故事的衔接点。

（1）将角色身上的元素与故事关联起来

假设创作了“右臂是植物的主人公”这样一个角色，故事是“主人公消灭坏人给世界带来和平”，此时，下面两个情节中，哪个的角色与故事存在衔接点呢?

A. 右臂是植物的主人公消灭坏人，给世界带来了和平。

B. 右臂被坏人变成了植物的主人公消灭了坏人，给世界带来了和平，也让自己的右臂恢复了原状。

这里显然应该选情节 B。情节 A 里主人公的右臂是植物和故事并没有什么关联。也就是说，角色的特征与故事没有联系在一起。与 A 选项相对，情节 B 中，两者则存在关联。这两个情节的不同之处在于，情节 B 给了主人公一个在个人层面上消灭敌人的理由（动机）。（图 1-21）

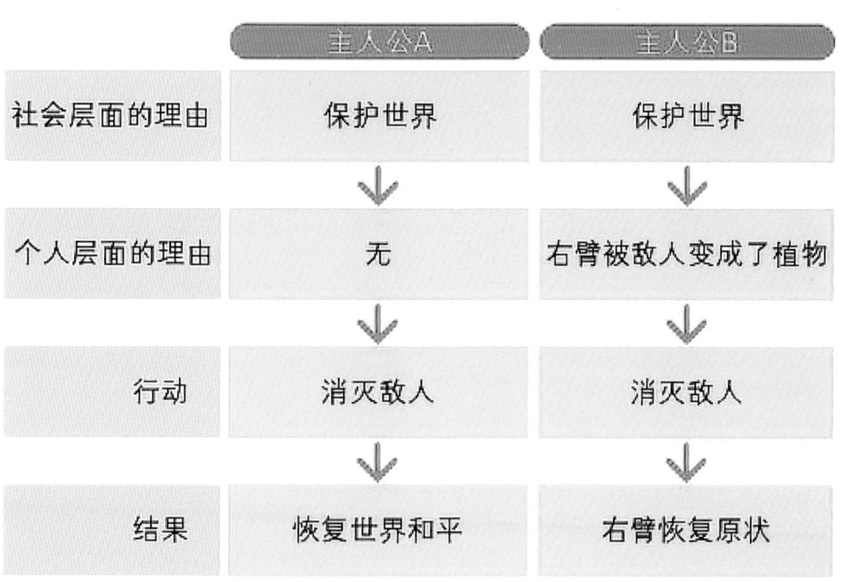

图 1-21 将角色身上的元素与故事关联起来

相较于泛泛的一句“保护世界”，“让自己右臂复原”这种个人层面的理由更能促进玩家代入感情。

第三节 游戏世界观的设定

课程概况			
课程内容	训练目的	重点与难点	作业要求
游戏的世界观 构成游戏世界观的关键要素 不同文化影响下游戏世界观的初建 搭建游戏世界观的“金字塔逆推法”	掌握架构游戏世界观的基本能力	搭建游戏世界观的“金字塔逆推法”	结合第二节“创作的角色”，为其构建一个统一的世界观

1.3.1 游戏的世界观

世界观

世界观是指处在什么样的位置、用什么样的眼光去看待与分析事物，是人对事物的判断和反应，是人们对世界的基本看法和观点。

世界观是哲学的朴素形态。世界观建立在一个人对自然、人生、社会和精神的科学、系统、丰富的认识基础上，它包括自然观、社会观、人生观、价值观、历史观等。世界观不仅仅是认识问题，还包括坚定的信念和积极的行动。

游戏世界观的定义与认知

一款游戏的世界观设定对游戏的成败有着十分重要的作用。不管是游戏玩家还是游戏的制作者，只要接触到游戏本身就能够感觉到游戏世界观对他们的影响。游戏玩家经常被游戏中丰富的剧情、众多种族之间的恩怨情仇所吸引，而丰满的角色性格特征、符合角色气质的服装和武器等也使得玩家沉浸于游戏的世界中。以上提到的这些都包含了很多游戏世界观的内容。在很多游戏策划案中，游戏世界观的设定被放到了开篇位置，是整个游戏策划最重要的组成部分之一，可以想见世界观在游戏中的重要地位和作用。

描述性是游戏世界观的特点。讲述是表达游戏世界观的重要方式，它是在利用一切手段来告诉玩家：游戏中的世界是什么样的，它是从何而来又是如何发展到现在的。现在很多游戏都会在开篇引用CG动画来描述游戏的世界观。CG动画可以更直观地向玩家展示游戏的画面风格以及游戏角色的着装、武器和角色与角色之间的关系。这些世界观的讲述有利于玩家更加深入理解游戏，并帮助玩家更快地融入游戏。当然在进入游戏后，世界观的描述更是随处可见，如Bethesda Softworks开发的角色扮演游戏（RPG）《上古卷轴》系列，其在世界观的搭建上是相当完整的，几乎现实生活中的任何要素在其中都有反映，比如历史、政治、宗教、军事等，而这一切的组合构成了一个有机的、逼真的游戏世界。

当玩家进入到游戏中时，所见的事物及元素几乎都是由世界观推导出的视觉组成。小到游戏中角色的种族和职业的划分、不同角色造型的特点及性格，大到游戏中的宇宙是平行宇宙还是假想世界，游戏世界的政治、经济、文化、宗教等信息的真实与否，抑或游戏画面的风格是写实还是抽象，甚至游戏中的色彩、音乐等，都是构成游戏世界观的要素。

电子游戏是人类创造的产物，游戏的制作者在制作一款游戏的时候都会在一个特定的环境中制定一些规则。在这个过程中，游戏制作者的主观假设必然会融入其中，否则游戏是无法成型的。而无论是玩家还是游戏创作者，也都会将自己的主观思考带入游戏之中，对游戏中的假设作出回应，这种互动是游戏的本质属性之一，同时也是游戏世界观产生效果的表现。所以任何一款电子游戏都会有世界观的设定，没有世界观的电子游戏是不存在的。

创造有质感的游戏世界观

（1）世界观背景设定的完整性

在游戏世界观的设定中，构架出一个完整的世界是十分重要的。这个“完整”的概念特指的是相对的完整性。它并不一定需要从“创世”开始详细记录文明是如何从发展到毁灭再到重生这个完整的发展历程，而是要明确这个世界的自然地理结构、文明程度、人文结构（文化、信仰、习俗）、政治结构、经济结构等设定的完整性，也就是说，要设计所有和世界相关的完整的规则。

在构建游戏世界观的时候，实际上就是在创造一个世界。其实增加游戏世界观的质感与真实性，实际上指的就是和现实世界的拟合程度以及游戏世界所传达出来的“世界感”。尽管游戏中所创造的世界是多种多样的，但这些世界或多或少都存有现实世界的影子。现实的世界由很多元素构成，但可以归纳为两类：一类是可见物，包括自然地理环境、生物种群、矿产资源、建筑等生态元素；另一类是不可见物，包括种族文明、宗教信仰、政治经济体系等。其中可见物构建出了世界的骨架，而不可见物则构成了这个世界的血肉和魂灵。类比到游戏世界也是一样的：可见物的设定越加完整，这个游戏的世界就越稳固；不可见物的设定越完整，这个游戏的世界就更加有血有肉。总而言之，游戏世界观的质感是不能脱离完整的游戏世界观设定而存在的。

如《巫师》《魔兽世界》等游戏，无一例外对世界观的架构是极其重视的。在设计上，设计者甚至对每一个怪物和每一类植物的来历、生活习性、偏好等都进行了完整的设计。以《魔兽》为例，设计者对每一个阵营的文化、信仰、种族制度都进行了完整的设计。正是因为这种近乎面面俱到的设计，才使得《魔兽》在表现上不会显得空洞无物。所有展现出来的画面背后都有着一个精彩而完整的故事，这个故事包含了角色个人的爱恨情仇，包含了这个角色背后阵营的矛盾，包含了这个世界的制度、文化信仰等之间的冲突，也都有着属于它在矛盾碰撞中抉择的艺术高度和思维高度，而它的感染力，追根究底也自然来源于此，而所有这些背后的东西都是来自最初的设定。

（2）世界观剧情框架的合理性

对于构建有质感的游戏世界，世界观的完整性仅仅是最基础的一环，设计出具有“合理性”并且“完整”的世界观才能构建出一个有质感的游戏世界。

在游戏世界里，虽然设计了很多东西，但一个事物的出现是不符合常理和判断逻辑的，那它就不是正确的，称不上完整。我们一直讲的“完整的意义”，实际上在这里看来是指“合理而完整”。而“合理而完整”的定义，根据世界观的构成可以把它分为两个部分。

首先是游戏背景故事与现实生活的合理性联系。

这里所提到的与现实生活的合理性联系，指的是在游戏世界观的设定中，一些大的规律是要与现实生活中的规律尽量保持一致的。当然，这里的“一致”并不是说游戏中的世界观不能有所创新，而是要保留一些最基本的对现实世界的认知规律和原则，让玩家更容易接受游戏中的世界，大到如种族的发展必定带来文明、阶级的分化注定带来矛盾的升级等，小到渴了就要喝水、遇见敌人就要战斗或躲避、物品坏了就要修理、遇到困难就要想办法解决等。游戏的世界观设计只有建立在这些最基础的认知规律和原则之上，再进行创新，才能让游戏中的世界更容易让玩家接受，让其有更强烈的认同感和归属感。

其次是在游戏世界中发生的故事的合理性。

在游戏中，所有的世界观及背景故事都是通过玩家对游戏任务的探索而展现在玩家面前的。随着游戏任务的不断完成，玩家会更深入地了解游戏的背景故事。那什么样的游戏剧情才是合理的呢？只有在游戏中的世界背景下发展的故事才是合理的。

合理的游戏剧情故事应该直接反映出游戏世界里的政治、经济、人文、地理等诸多信息，并能完整地表达出这些大关系背景下种族与种族之间、角色与角色之间的复杂关系。正因为这些合理性关系的存在，游戏中的故事才更有感染力，质感才更加强烈。

构建一个真实、有质感的游戏世界观，主要要做到两点：一点是建立合理的角色关系，另一点是制定合理的规则关系。只要做到这两点，游戏世界中存在的所有元素就都是合理的。如《黑暗之魂》与《巫师》系列游戏都拥有十分庞大的世界观，但无论是世界的起源还是游戏中角色的处事方式都可以让玩家感受到是建立在合理的规则关系内，有理可依。

（3）整个游戏世界观的拓展性

一个成功的游戏世界观一定具有发展的动力并不断地向前推进。这种动力可以归纳成两点，大家可以理解为推进性和包容性两大属性。

A. 推进性

世界是不停向前发展的，当然游戏中的世界也不例外。这种推进性指的是游戏中世界向前发展的方向。这个方向可以是游戏的终极目标，也可以是达到游戏终极目标后所引出的世界发展方向，可以简单理解为结束游戏中当前的大事件，如终结混战、完成统一，或是完成更深层次的目标，如改变文明进程等。所以，一款游戏的世界观必定要拥有推进性，它既可以让游戏创作者拥有创作的方向，也会让游戏有一个完整的事件来进行收尾。

如《塞尔达传说：旷野之息》的故事发生在海拉鲁王国灭亡的 100 年后。曾经一场大灾难袭击了海拉鲁王国使之灭亡，主角林克在地下遗迹苏醒。追寻着不可思议的声音，林克只得在冒险中重拾记忆并最终去完成属于自己一百年前的使命。在游戏中，其最终目标明确，而每一个分线也都是朝着这个目标去设计的。所以游戏制作者在预设好的最终目标框架内进行剧情设计，紧紧抓住玩家的情绪与心理变化。玩家在游戏中可以明显地感觉到剧情的起伏。明确的游戏目标与发展预期也大大增加了玩家的代入感。

B. 包容性

一款成功的游戏世界观必定是具有良好包容性的。如果说游戏的世界观是一个托盘，那么游戏中的系统、玩法、剧情、角色等元素就是托盘上的水果。这个游戏世界观的包容性越强，托盘就越大，能放在上面的东西就越多。所以游戏世界观的包容性是十分重要的，这直接决定了游戏中元素的丰富性。

如何能让世界观中的元素丰富起来呢？世界观元素的丰富性主要体现在哪几个方面呢？

a . 角色的多样性

在设计不同角色的时候应尽量全面地去考虑角色的多样性，如不同的外貌、不同的性格特点、不同的个人喜好、不同的种族与职业、不同的社会阶级等。

b. 事件的多样性

故事是事件的集合体，而对于游戏剧情而言，事件的丰富与否是评定游戏剧情好坏的一个重要因素。适合的阶段需要适合的事件去推动，这样的事件，无论是在规模、程度上都需要和游戏阶段相匹配，也就是说剧情的节奏要和游戏的节奏相互拟合。

然而，游戏节奏的松弛也会迫使剧情节奏松弛，在剧情节奏放缓的前提下，需要大量的相同程度横向事件作为填充，而这种横向事件，就需要大量的人物来支撑。而在紧张且跨阶段的游戏节奏下，为了适应游戏节奏的变化，就需要不同程度的纵向事件设计，而这种纵向的事件需要的是目标的更迭。

实际上这些都可以归结为一点，就是世界观的横向上限和纵向上限。上限不够，很容易导致世界观炸裂的情况。

在游戏长线运营的背景下，“周目式剧情 + 离散式剧情”崛起的今天，对游戏剧情的拓展性要求更高。人物的安排、事件的拆分，都是对剧情策划的一个重要考验。

c. 能力的丰富性

好的世界观能够包容下不同的能力，这一点对大型多人在线游戏来说尤为重要。在多职业设计中，职业特色最优解就在于具备有能力的特色，比如剑士和魔法师，这是最经典的职业设计，它们经典的原因，实际上可以归根为能力的定义：一个是近战，一个是远程；一个是靠体术和武器，一个是依靠魔法。进攻方式让他们各具特色，一眼就能记住，但能力的不同才是让他们辨识度高的基础。因为进攻方式，也是根据能力来设计的。

以国内大部分的大型多人在线类游戏为例，就算是单一的能力体系设定，也会在这样的能力体系下布置多种分支，以避免单一的战斗感受。

除了职业的设定以外，能力设定对游戏故事来说也是具有非常大的影响的。能力体系的丰富程度能够极大增强战斗的戏剧性和观赏性，也能增加事件的多样性，同时也能够促进游戏剧情的拓展。

（4）世界观的趣味性

有趣才是吸引人的开始。什么叫有趣？给人带来乐趣的东西，可以称之为有趣，我们姑且可以这样理解。但是，有一个问题就出现了，这样的有趣，是来自于哪里呢？

A. 在设定层面来解析，主要有以下几点：

新鲜——奇特而稀罕、怪异而传奇

从未见过谓之新鲜。新鲜的事物总会叫人觉得新奇，而新奇则是有趣的一种表现。一直所说的创新在某种意义上实际所追逐的就是这种新鲜感。

所谓的新鲜感主要来源于三个字：新、奇、怪。一个是创造层面，这主要是“新”字；另一个是改造层面，这个层面主要为“奇”和“怪”字。

从创新层面来讲，“新”可以解析为见所未见、闻所未闻，有开创之意。为什么会说这一点是创造层面呢？所谓的“新”并不是翻新之意，而是创新、创造，自己另辟蹊径、开宗立派。

如果从纯粹的故事作品来说，从“新”这一点来下功夫，无疑是最出彩的地方，但是，从游戏剧情来说，并不建议从“新”这一个角度来切入。游戏剧情承载的东西是有限的，当然，冒险游戏等剧情类游戏除外。如果是其他品类的游戏，在这一点上深入反而会耗费非常大的精力，并不利于项目的开展。毕竟，从“新”这一点上来下功夫，不光需要创作者有非常宽泛的知识储备，还要有非常优异的发现、总结能力。创造一个东西比改造一个东西要难很多。还是原来那句话，创造一个东西，那么相对应的，你需要建立一个与之相适应的完整的认知逻辑，否则，就是四不像。

从改造层面来讲，“奇”可以解析为奇特，部分悖乎常理，但第一感觉符合认知逻辑，不荒诞。

“奇”从字面解释上来说，是特殊、不常见的意思。但凡能称得是“奇”的，都是具备一定特殊性的，都是寻常所难以见到的。

实际上，一直所强调的“有创意”一说很大层面上是来自于这一点。设定的奇可以是老题新作，可以大致认为是对常见设定的一种改造，使常见变成特别，并允许部分悖乎常理。在这里举个例子方便大家理解：《英雄联盟》中，对艾欧尼亚和瓦斯塔亚有这么一段设定：在德玛西亚，人们建造房屋，需要砍伐树木并将其做成木板来建造成自己想要的建筑；但是在艾欧尼亚，人们不会砍伐树木，一旦破坏森林，人们会被树灵所驱逐。艾欧尼亚人建造房屋的方式很特别，人们需要像制作树木编织品一样，通过与树灵沟通，使树灵生长成自己想要的房屋的样子，然后搬进去居住。在艾欧尼亚，人们和树木一起生存、一起成长。有时，你会发现自己的书架变高了；有时，你会发现自己的梯子变长了；或者某个时候，你一觉醒来，会发现因为某根树干的变动而使你困在了房间里……建造房屋，是一个非常常见的设定了，然而，经过对原来的制作方式的一种改良，融入魔法的认知逻辑以后，一切就变得新奇而富有特色了，这就是“奇”。

从改造层面讲，“怪”指怪诞、荒诞，可以理解为完全悖乎常理，允许第一感觉不太符合认知逻辑。

如果说“奇”是在常见的基础上加以改造，使之出现部分悖乎常理的情况，那么“怪”就是在常见的基础上加以改造，使之完全悖乎常理。而这一点最大的特点就在于，玩家第一感觉甚至会觉得这不太符合认知逻辑。将之理解为悬疑设定也无妨，毕竟这一点在设定上和悬疑设定很相似。为什么“怪”能作为趣味性之一呢？实际上，这就要归功于人类的“猎异心理”。

B. 深度——以文化承其重，建立高雅意趣

将文化内涵融入设计中，通过整体展现出的文化氛围来展现趣味和精彩程度，这种趣味性来源于文化的厚重感和归属感，以深度来满足观众的特殊癖好。

深度设计一般不太会直接出现在用户的视线内，它更多是在细节上带有特殊的文化标记，需要人去发掘。但实际上，要有足够的趣味性，这一点也是可以作为切入点的，用特殊的文化符号和文化印记架构出来的文化深度与文化内涵在相当的程度上也一样能令人拍案叫绝。

融合文化内涵确实是以文化的厚重来塑造趣味性的一种方式，但这种手法多用于设定大背景，比如主城的背景、门派的背景、家族的背景等。从文化内涵来切入，不光需要创作者有一定的审美力和驾驭力，也需要用户有一定的审美力，否则，曲高和寡，所谓的趣味也就不存在了。

设定的多重含义——文有所指，有所寓意，经得起推敲，回味无穷。

好的设定一定是有多重含义的，经得起逻辑推敲的同时，还能引人探究，这才是好的设定，才能带来沉浸感。所以，要想做得有质感、有趣，那设定就不能仅仅只是一个光杆的设定，还需要加入很多东西，融入文化内涵是增加深度的一大手段，而加入多重含义则都是增加探究性和趣味性的一种手段。

多重含义如何营造趣味性

就设定而言，设定的趣味性并不会直观展现在用户面前，而是会展现在对设定进行探究时的用户面前。试想一下，如果看见一个很普通的东西，然而却出人意料地发现它背后有一个丰富的故事，而且这个故事还可能带有教化、带有寓意……你是不是会觉得有趣呢？建立多重含义，无非是需要增加设定之间的关联性，以一种恰到好处的关联、暗示来满足观众的探究欲，使观众回味无穷。

1.3.2 构成游戏世界观的关键要素

设计游戏世界观，其本质就是讲述一个故事。游戏世界观的设计，与故事设计一样，包含三个基本要素：背景、人物、事件，即在什么时间地点、谁、发生了什么。

世界背景

世界背景，有时候也称为狭义的世界观设计，是指描述“这是一个怎样的世界”。与之相对，广义的世界观设计则指包含了世界描述、人物设计及当前世界中主角正在经历的事件等一切文案内容的设计。

（1）世界背景的形成

A. 世界起源

就如同《圣经》中第一句“起初，神创造天地”那样，我们需要一个起源。无论是神创造也好，还是天地自然孕育也罢，都要给世界诞生一个缘由。我们暂且将这个世界称作“Temporary”（临时），这是个有光明黑暗、水火风土的世界。有了“Temporary”是不够的，没有生命气息怎么行，这时候需要创造生物，大到称霸天空的巨龙，小到微生物细菌，一个生态平衡链创建完毕。但这些不是重点，因为这些生物极少有智慧或者无法统治这个世界，于是神又创造了“人、精灵、野蛮人、矮人”等几个有智慧的、有各自擅长的种族，他们是神创造出来管理这个世界的。创造完这些，神就可以退居二线了，真正的故事就由这些管理者开始。

其实世界的起源是由你用来承载世界观的载体决定的。举个例子，如果要制作一个玄幻类游戏，那么显然需要建立一个以玄幻为主导的世界观：这个世界的力量是遵照什么原则运作、各自有哪些规则、它们在物质上的载体是什么。

接下来考虑时代和空间，这两者也同时决定是要借助已有的体系还是建立一个新的体系。比如时代是洪荒时代的东方，可以参考三皇五帝、蚩尤等的传说；如果是西方，需要看看希腊神话，或者北欧神话。

一般来说，再完善的世界观也是能看出其他一些成熟体系的影子的，比如《云荒》借用了《山海经》，《天下》借用了洪荒神话，《魔兽世界》的种族设定也借用了北欧神话、巴比伦神话等。一般而言，自己凭空造出一个全新的世界观犹如凭空建高楼，是比较困难的。

B. 地理要素

地理要素即一个世界的地图，其中包含地形、生态、景观、国家分布等。一个世界不同的地貌如沙漠、海洋、森林、山脉、平原、河流等都需要一个细致的地图及分布来表示。比如矮人生存的山脉、人类生存的城市、精灵生存的森林、野蛮人生存的荒野，各类生物的分布都需要进行一个细致的规划，然后在地理志里标明。

地理要素包括但不限于气候、地形、水文、矿产，甚至还有重力、空气含量或者魔法元素等，这些直接决定了之后的工作，所以要越精细越好。因为如果细节设置得不够真实，不但后续剧情会出现漏洞，真实性和代入感也会大打折扣。一个地区的社会发展水平和状况，与这个地区的自然条件是分不开的。最简单的例子就是世界几大古文明中，古希腊的海洋文明与埃及巴比伦两河文明在经济、政治制度、文化艺术方面都是迥然相异的。

因此，设定的这个世界中，必须先构思好所有的地理条件。海洋的位置、山脉的位置直接影响气候，而气候则影响植被，影响矿藏，甚至也会影响到这个地区的民风。这一步是非常必要的，如果做得足够精细，后期就基本水到渠成，可以省去很多精力。

C. 社会结构

社会结构即一个世界中有意识的生命体经过各种演化而形成的生活状态，比如种族、国家、组织、门派、势力等，通过描述其外形特征、生活习惯、信仰文化、权力体系、经济体系、社会分工等方方面面，来呈现出一个鲜活、可信的世界。

如前所述，如果地理要素做得足够精细，这一步则可以非常自然地做好，基本需要把握的原则有两个。

a. 一切为剧情需要服务。如果是一个关于流浪冒险的故事，则地图首先要够大，其次各地应该足够有特色且会有各种不同的首领（boss）等着主角，那么政治或者经济则显得不是那么重要。但如果写的是权谋纷争或征战讨伐，那么每个国家种族或势力内部和相互之间则需要设置很多复杂的纠葛，使故事更加好看。

b. 不要偏离当时的时代背景和地理要素中的自然设定。不能要求一个到处都是小桥流水、黑瓦白墙、交通便利的城镇上居民个个都要去当农民，并且每个人都操着一口粗俗的方言。同样，如果是生活在矿藏丰富但交通闭塞的山区，也不要指望里面的女性角色性格会多么娇羞柔弱，其多半是彪悍且一身蛮力的女汉子。

（2）世界背景设计所承载的作用

A. 定基调，从而指导美术风格。一个严肃写实或欢乐可爱的游戏与一个西方科幻或东方武侠的游戏，两者美术呈现风格是全然不同的。

B. 搭舞台，从而给予角色及剧情发展的空间。角色的性格与行为与其所处的世界有千丝万缕的联系，而主线故事发展的契机和矛盾也早已隐藏在铺设好的背景之中。

C. 增强代入感。游戏的最终目的是让我们相信自己成为另一个人，从而获得虚拟世界中预设的体验。一个真实可信的世界会大大加深这种体验。

世界背景的设计可以极尽详细和庞大，且需要大量的历史、地理、社会学等知识作为储备，往往无法单凭一个人的想象完成。这个过程的设计，几乎离不开众多参考资料的帮助。《冰与火之歌》的架构也有不少取材于中世纪欧洲历史。那么，参考资料能够给我们提供的帮助到底是什么？仅仅是完成“量”的积累吗？事实上，一个虚拟世界是否真实可信，最重要的在于其世界运转的规律是否符合逻辑，比如一个干旱的世界应该是什么样子？生活于森林中的种族其习性如何？三权分立的政治体系会催生何种社会形态？诸侯割据的乱世会如何演变？

世界或许千变万化，或许仅存于幻想，但是万事万物的发展规律已经潜移默化地扎根于人们的脑海之中。天地之道是亘古不变的，如果背离了这种规律，所设计的世界便会有严重的违和感、割裂感，其努力营造的真实性也会大打折扣。对参考资料的研读、揣摩，本质上是试图去理解、摸清、掌握这种规律，并以此指导对虚拟世界的创作。

那么，背景的设计是越详细越好吗？理论上虽然是这样，但事实却并非如此。受众对游戏背景的了解有一个再学习的过程，且这个过程几乎仅仅附属在杀怪闯关的游戏间隙中，而非一心一意专门阅读了解。越详细的设计意味着越繁杂的学习内容，易催生更高的学习门槛，并且更易产生信息传递过程的损耗。同时更详细的设计也要在游戏中寻找到更多的载体去传达，若一个游戏本身体量有限，强行植入大量的背景知识反倒会破坏游戏风格的一致性，割裂游戏体验。

事实上，以一般大众的接受效果来看（注意这里两个词，“一般大众”指对游戏题材没有特殊偏好而仅仅想尝试一款游戏的普通大众玩家，而非科幻等专属题材用户，而“接受效果”指一个普通人抱着普通的关注度开始尝试一款新游戏时，同等投入时间内更容易感受和理解的世界观内容多少），架空世界观当然也有其优势，但使用户最快地理解、感知世界观，是一切世界观传达的前提。

以历史或现实为基础改写的世界观，熟悉的题材、人物、元素会大大降低受众的接受门槛和学习难度，更快地留下印象点并产生兴趣。熟悉的文化背景，其中蕴含的深厚意味和所能产生的联想浩渺无边，更能唤起共同文化下的情感共鸣，可以有更多空间专注于叙事与情感塑造。

游戏世界观中角色的要素

（1）种族

记录不同种族的历史与发展，对种族诞生、种族繁衍、种族的文明及每个种族的核心价值观、种族的首领、所处的地域等进行描述。

（2）阵营

阵营代表着冲突，有冲突才能让这个世界鲜活起来。游戏中各阵营之间的关系分分合合，错综复杂，让人荡气回肠。

（3）生物

对除主要角色外各类生物生存的地域、生物特性、强弱、与各种族的关系进行描述。

（4）角色

这个世界需要英雄，也需要秩序的破坏者，阵营间的敌对并没有确切的对错，利益是贯穿阵营的要素。但是，总会有一些让人们感动的存在，如《魔兽世界》提里奥·弗丁所说：“种族并不能说明荣耀，对于自己不同的存在，人们不应轻率作出判断。”或许如此伟大的人物也抵不过历史长河的侵蚀，但是他们的精神会与这个世界共存。整个世界进程的关键人物、各个种族的首领、传奇人物、反派人物都需要一一描述。

游戏世界里有着各种各样的职业，包括游戏剧情为角色设定的“工作”、玩家对角色的“成长”或“定位”偏好以及团队协作中不同成员的“分工”等。正是因为游戏世界观中对角色不同职业的详细描述，才让玩家在游戏中更能身临其境。

而不同的职业与社会阶级的差异又催生出形象各异的角色形象。通过外形的描述，用户可以很直观地了解角色的形象特性。在描述时可以根据角色的职业和所处的社会阶层来考虑角色拥有明显的身体特征，比如疤痕、发型、肢体残疾等。尽量去避免使角色设定太过古怪，除非故事需要这样。过多的个性特征可能导致角色变得不着边际而不可信。

角色的多样性又体现在角色不同的性格与癖好描述上。角色的身份背景决定了角色的行为特征，其本身的性格特征也必将影响行为习惯。区分哪些是职业性的、哪些是共同性的、哪些是独特个性的，只有这样才能设计出个性鲜明符合需求的角色来。例如角色的细节特点描写，如少言、说话打嗝、口头禅、结巴等，那么角色的对白就需要根据其细节描述进行设计，一来有章可循，二来备忘，三来可以保证人物对白特点前后一致。

值得注意的是，游戏世界观中的角色设定一般需要遵循下面几个原则：

A. 设定要能够和人、物、世界相互串联，不可独立存在。

B. 设定和设定之间要相互勾连，尽量避免单独的设定存在。

C. 设定要具备一定的发展性，设定的发展性决定着由设定衍生事件的发展性。

D. 设定要能暗示相关角色的性格、命运、事件的某种发展方向。

E. 设定要能有所象征，即有所寓意，这种象征可以是信仰，可以是理念，也可以是某种哲理。

大事件编年史在微观层面上是整理人物关系、构思人物前后史、写出人物小传，在宏观层面上是构思世界、国家、种族前史和之后走向，以编年体写出来。

从世界诞生到游戏开展的年代，总会有一些大事件发生，而大事件是贯穿世界发展的一条重要的线。种族之间开始战争、种族开始想要霸占整个世界、某个种族发现了改变世界的力量或者道具，这些就是编年史的主要作用。另外，如果有游戏世界开展的关键人物，那么他在编年史里也要留下浓重的一笔。

如果游戏世界观的设定已经到达这一步，则基本可以设置出一个比较完备的世界观了。写人物小传的功能相当于做细小的齿轮，需要极有耐心地梳理他们的境遇与性格间的关系，而他们的性格又导致了与其他人的关系。这些小齿轮又一定程度上决定了整个世界的宏观历史走向。因此只要遵照大概的轨迹往下运行，则基本可以做好整个世界的设定。

当一个游戏有了完备的世界观之后，就需要用故事把它呈现出来，并且不断用故事使它发展下去。如果需要写出一个史诗式的故事并将它完整地呈现在观众面前，则需要一个大长篇来奠定基础。如果需要用细节使它更加真实，可以将放大镜置于历史走向中的一隅，以一些中短篇来使它更为丰满。写作的后期，还需要根据一些新的想法和状况来调整之前的世界观设定。

但必须要注意的是，在之前的每一步中，都必须对一些大的、比较成系统的设定十分肯定，否则如果在后期发现漏洞或者想要修改的话，则会牵一发而动全身，不仅工作量非常大，同时也影响整个世界的完整感。

做世界观设定是一件非常辛苦的事，但如果真的能做出一个完整的世界观，并将其毫无保留地呈现在游戏玩家面前，那么成就感会是非常大的。每个人都有创世情结，只是并不是每个人都愿意花费时间和精力去做。

1.3.3 不同文化影响下游戏世界观的初建

古老的神话传说

在早期的人类文明中，神话是一个很重要的艺术创作。通常神话都是以诗歌的形式被记录与传承的，是研究早期人类艺术文化生活的重要资料，也是后期人类信仰与文艺创作的一大源泉。

（1）西方

西方魔幻类游戏的世界观多是基于《圣经》、古代文献、欧洲古典神话和欧洲中古时代的历史故事发展而来。复杂的宗教体系、众多的种族纷争都给欧洲魔幻题材游戏提供了大量的设计素材。其中，希腊神话、北欧神话、克苏鲁神话等是西方魔幻类游戏世界观常见的参考素材之一。

A . 希腊神话

希腊神话即一切有关希腊的神、英雄、自然和宇宙历史的神话。它是原始氏族社会的精神产物，是欧洲最早的文学形式，大约产生于公元前 8 世纪以前。它在希腊原始初民长期口头相传的基础上形成，后来在《荷马史诗》和赫西俄德的《神谱》及希腊的诗歌、戏剧、历史、哲学等著作中被记录下来，后人将它们整理成希腊神话故事，分为神的故事和英雄传说两部分。

希腊神话情节曲折生动，篇幅巨大，角色关系复杂有十二大神，几乎代表了自然界的所有属性。

希腊神话中的神与人同形同性，既有人的体态美，也有人的七情六欲，懂得喜怒哀乐，参与人的活动。神与人的区别仅仅在于前者永生，无死亡期，后者生命有限，有生老病死。希腊神话中的神个性鲜明，没有禁欲主义因素，也很少有神秘主义色彩。希腊神话的美丽就在于神依然有命运，依然会为情所困，为自己的利益做出坏事。因此，希腊神话不仅是希腊文学的土壤，而且对后来的欧洲文学有着深远的影响。

B. 罗马神话

罗马神话原本只有原始信仰，没有文学作品。一直到罗马共和国末期，罗马的诗人才开始模仿希腊文学，为罗马的神话编写文学作品。

罗马神话没有像希腊神话中那样的神之间斗争之类的传说。罗马神话不是故事，而是神与神以及神与人之间错综复杂的关系。罗马初期的宗教后来被增加了许多有时甚至彼此矛盾的新内容，尤其是改编了希腊、埃及等神话的很多部分。今天我们对罗马神话的知识不是来自当时的记载，而是来自后来一些试图将那些古老的传统保留下来的学者的描述，比如出生于公元前 116 年的玛尔库斯·提伦提乌斯·瓦罗。

一些其他的罗马作家，比如奥维德在写作《变形记》时，受到希腊的影响非常深，他经常引用希腊神话来填补罗马神话中的空缺。

罗马的祈祷仪式和官方祭司将他们的神分成两类。第一类是罗马原始的神（di indigetes），第二类是在罗马历史上某一个确定的时间为了应付某一件大灾难而引入的（de novensides）神。第一类神在罗马历史上很早的时候就已经有他们自己的祭司了，在日历中他们有固定的庆祝日，这一类神一共有三十个。除了这三十个大神外，罗马从很早开始就还有一群特别的神，他们各有各自特殊的任务，比如主管收割的神。部分古老的在耕种或播种时要做的仪式显示在每个操作的过程中总是有一个神参与其中，一般这些神的名字也是由这个操作的动词演变而来的。这些神可以被称为是主神的助神。早期的罗马信仰不是真正的有许多神的多神论，这些神往往只有一个名字和一个作用，而他们的神力（numen）也是非常专一的。

早期神殿中最高的神除朱庇特、玛尔斯和奎里努斯（他们的三个祭司是罗马地位最高的）外，还有雅努斯和维斯塔。这些早期的神没有什么个性，他们没有个人的经历、婚姻或儿女，不像希腊的神，因此关于他们的活动没有多少记录。罗马的第二位国王努玛・庞皮留斯常被说成是这种古老的祭祀方式的开创者，据说他的伙伴和助手是罗马掌管泉水和出生的女神埃杰里亚。后来的文献将埃杰里亚称为一个水仙。不过很早就有新的东西被加入了。据说塔克文家族引入了朱庇特、朱诺和米诺娃三大神，他们后来在罗马宗教中占据了最重要的地位。其他新的引入包括亚芬丁山上对狄安娜的礼拜和西卜神谕篇——一本预言世界的书，据说它是塔克文在公元前 6 世纪末从一个女预言家手里买来的。

随着罗马对周围地区的占领，附近的神也被吸收了。罗马人对被占领地区的神也同样尊敬。在许多情况下，这些新引入的神在一个专门的仪式中正式被邀请到罗马为他们建立的新的圣地。公元前203年，代表西贝莱的一个圣物正式被从它的原地引入罗马。此外，罗马的扩大吸引了外国人，他们被允许继续崇拜他们自己的神。密特拉就是这样来到罗马的，他在军队中很受欢迎，因此对他的崇拜就这样一直被带到了不列颠。除卡斯托和波卢克斯外，狄安娜、米诺娃、海格立斯、维纳斯和其他一些小神也是随着罗马对意大利的征服来到罗马的。这些神有些是意大利本土产生的，有些来自希腊文化。后来每个罗马主要的神都找到了一个相应的、更加人性化的神，加上了他们的属性和神话。

C. 北欧神话

北欧神话，又称挪威神话（Norse Mythology），是斯堪的纳维亚地区所特有的一个神话体系，其形成时间晚于世界上其他几大神话体系，其口头传播历史可追溯到公元1至2世纪，首先在挪威、丹麦和瑞典等地方流行，公元7世纪前后随着一批北上的移民传至冰岛等处。

地理学上的北欧，包括今日的瑞典、挪威、丹麦、冰岛和芬兰等国，但一般所称的北欧神话并不包括芬兰，因为芬兰有自己的神话。北欧神话中有许多部分十分特别，大部分的神话都会描写创世的荣光，但北欧神话却着力描述世界的毁灭。神话中的神是会老死的，也是不完美的。这是北欧神话和世界其他神话最不一样的地方。同时，北欧神话相信，当万物消亡，新的生命将再次形成，世界上的一切都是循环的。

中世纪时，基督教在整个挪威盛行，由于在政治上强力打击，大部分记载北欧神话的作品被认为是异端邪说而被付之一炬（此处有争议，北欧诸国改信天主教后，其自身与传统神话的断绝是较为彻底的，不能单纯地归结于天主教会对传统神话的打压）。

而事实上，很多北欧神话内容得以保存至今，要归功于当时部分北欧天主教教士对其的整理保留，以北欧神话为背景的著作至今保留较为完整的有冰岛史诗《埃达》、日耳曼史诗《尼伯龙根之歌》以及由古挪威语写成的诸多《萨迦》等。

北欧神话是一个多神系统，大致上可分成五个体系：巨人、诸神、精灵、侏儒以及凡人。其中巨人创造了世界、生出了众神，以主神奥丁为首领的阿瑟加德神族（阿西尔部落）以及以大海之神尼奥尔德为首领的华纳神族（瓦尼尔部落），其中主要神有十二个。精灵及侏儒属于半神，他们为神服务，属于日耳曼地区一特殊的创造。北欧神话中的整个宇宙共由九个世界所构成，并区分为三层。贯穿联结这九个世界的是一株巨大的梣树。它萌生于“过去”，繁茂于“现在”，延伸到无限的“未来”。这棵巨大的梣树是宇宙万物的起源和载体，它生机盎然，茂密的枝叶覆盖了整个天地。有三条巨大的树根支撑着世界之树，树根之旁有泉水涌现，滋养着树根。

北欧神话中有许多十分特别的部分，如人类的创造。首先被创造出来的是女人，而且创造的材料不是大多数神话中所示的泥土，而是一根树枝。由于斯堪的纳维亚半岛地处北极地区，终年寒冷，因此冰霜巨人在神话中的地位很高，其常常令众神感到头痛不已。其次，关于灭亡与重生的观点影响最大。不像其他神话体系，北欧神话中的神是不完美的，其本身也要面临灭亡的命运，如奥丁为了获得知识牺牲了左眼，被吊在树上九夜，饱受创伤后才得到了象征其力量的长枪。但同时，北欧神话相信当万物消亡，新的生命将再次形成，世界上的一切都是循环的。

《战神》是一款2018年由索尼旗下圣莫尼卡工作室制作的第三人称动作角色扮演游戏。游戏以北欧神话为背景，主角奎托斯将摆脱神的影子，作为普通人隐居北欧神话中的新大陆。为了他的儿子以及新目标，奎托斯必须为生存而战斗，踏上了前往由北欧神话的诸神掌管的阿斯加尔德之地的旅途，对抗威胁他全新人生的强大敌人。

《战神》中大量引用了北欧神话中的元素。如“赫尔海姆”在北欧神话中为冥界之地，北欧人认为“赫尔海姆”在极北的寒冷黑暗之地要走上九天九夜的崎岖道路方能到达。冷色调的处理更加突出了北欧冥界之地的寒冷与恐怖。

而“华纳海姆”的场景用色则更加梦幻多彩。“华纳海姆”是北欧神话中华纳神族的居所，此神族通晓许多连奥丁都不知道的神秘咒法，天地之间万物的生养繁殖、海洋和风都归华纳神族控制。所以“华纳海姆”的场景用色已经脱离了北欧真实场景的寒冷之气，整个场景不再被冰雪覆盖，七彩的花朵遍布整个地面，巨大高耸的树干上点缀着蓝色的树叶，橘粉色的天空更凸显出“华纳海姆”的梦幻感。

D. 凯尔特神话

凯尔特神话（Celtic Mythology）是广泛流传于欧洲的古典神话，在欧洲与希腊神话和北欧神话并列。早期的凯尔特人保持了多神和自己的宗教结构，后来很多神话故事受到了古罗马和基督教影响。如今凯尔特人的后裔多居住在欧洲的西海岸，他们主要居住在威尔士、苏格兰、爱尔兰以及布列塔尼、康沃尔和马恩岛（Isle of Man）地区。在很长一段时间内，凯尔特神话只能通过口头流传，所以一个故事有许多版本，同时很多凯尔特著作因罗马帝国灭亡而流失了不少精彩的内容，其中最广为人知的就是亚瑟王与圆桌骑士的故事。

E. 斯拉夫神话

斯拉夫神话是斯拉夫民族（包括俄罗斯、白俄罗斯、乌克兰、前南斯拉夫、波兰、捷克、斯洛伐克等地区）特有的一个神话体系，包括斯拉夫民间信仰在内，已传承了超过 3000 年以上。在斯拉夫民族改信基督教以前，他们所信奉的就是所谓的斯拉夫神话中的神明。按地区来分，斯拉夫神话大略可分为东斯拉夫神话与西斯拉夫神话。东斯拉夫神话主要流传在俄罗斯、白俄罗斯、乌克兰。西斯拉夫神话则主要流传于波兰的北部地区，邻近波罗的海。

一般来说，欧洲魔幻题材游戏的架空世界观可以分为三类：第一类是拥有独立宇宙的封闭世界，在那个世界中，所有的风俗、年代、场景地貌等与我们的世界有相似之处，但又同现实世界的联系是非常模糊的；第二类是描绘距离我们遥远的过去世界，如古希腊神话引申出的故事；第三类为模拟多种族共存的世界。魔幻类游戏的架空世界观使游戏中角色的种族与职业更加丰富，场景设计的灵活性更大。

（2）东方

A. 中国神话

中国神话以故事的形式表现远古先民对自然、社会现象的认识和愿望，是“通过人民的幻想用一种不自觉的艺术方式加工过的自然和社会形式本身”。神话通常以神为主人公，他们包括各种自然神和神化了的英雄人物。神话的情节一般表现为变化、神力和法术。神话的意义通常显示为对某种自然或社会现象的解释，有的表达了先民征服自然、变革社会的愿望。只有当人类可以凭借语言来表达自己的感情、表达对自然和社会的领悟的时候，神话才有可能产生。

a. 上古神话

中国狭义的上古神话指中国夏朝以前直至远古时期的神话和传说，广义的上古神话则包括夏朝至两汉时期的神话。因为上古时代没有直接的文字记载，那个时候发生的事件或人物一般无法直接考证。这些事件和人物也往往带有神话色彩。

上古神话是原始先民在社会实践中创造出来的，它的内容涉及自然环境和社会生活的各个方面，既包括世界的起源，又包括人类的命运，努力向人们展示“自然与人类命运的富有教育意义的意象”。上古神话在后世仍然具有文学魅力，同时也启发了后世的文学创作。

中华文明数千年传承不断，所以上古神话就是如今中国神话的基础和主体，比较有代表性的如《山海经》等，人物有我们熟知的伏羲、女娲、炎黄等，也可以看作是历史的一部分，因为没有文字，历史就是由神话来承载、传承的。上古神话从产生的时间来讲，无疑是中国古代文学各形态中最早的，但它却持续影响着中国古代文学。单在《诗经》《左传》《庄子》等先秦古籍中就记载了比较丰富的古代神话以及神话内容的变形和发展。如《诗经》中周部族史诗的代表《大雅·生民》、商部族史诗《商颂·玄鸟》等篇目就带有浓厚的神话色彩，其中包含了部族起源神话中的母题类型。再如《庄子》

一书中也有许多上古神话内容的演变，像鲲鹏之变、黄帝遗玄珠等都是在上古神话基础上的变形。“上古神话”的思维方法和主题内容是后世文学的先驱。

中国上古神话的知名故事有盘古创世、女娲补天造人、精卫填海、夸父逐日、大禹治水、嫦娥奔月、后羿射日、共工怒触不周山、三皇五帝、神农氏尝百草、仓颉造字、刑天舞干戚等。

b. 宗教神话

神话也是宗教信仰的基础，成熟的宗教必有一套完整的神话体系世界观。比如道教神话就是由道士不断编撰整理出来的，如葛洪的《神仙传》、陶弘景的《真灵业位图》等。道教神话体系有一套明确完整的传承基础。

除了熟知的三清玉帝之类先天神仙之外，道教神话还有很多凡人修炼成仙的例子，还会吸收一些历史名人进来，佛教也都是一样的。佛道神话本质都是在中国上古神话的基础框架上添加自己想要表达的世界观、宗教观。道教作为中国的本土宗教，其教义与中华本土文化紧密相连。道教吸收和继承了古代巫术咒语和以天神、地祇、人鬼为基础的神灵系统，此后神仙方术与修仙思想皆为道教所承袭，神仙方术更发展为道教的修炼之术，神仙方士演化为道士。仙与道的融合本身就是道教的基础，大量的民间故事和神话传说被道教所吸收，所以以仙侠为世界观的游戏场景设计都极具浪漫主义色彩。仙神、法术、天庭、神兽……这些天马行空的想象极大地拓展了时空领域，丰富了传统文化的表现内容。

关于中国宗教神话的知名故事有老子得道、八仙过海、钟馗捉鬼、妈祖传说、狗咬吕洞宾、三清四御、五老六司、七元八极、九曜十都、神女瑶姬、干将莫邪、盐水女神与相王、廪君与盐水女神、酒仙杜康、龙女拜观音、月老牵红线、天鹅仙子和蛤蟆神、泰山石敢当除妖避邪、四大神兽等著名神话故事。

c. 民间传说

中国民间的传说故事是老百姓自发的、口口相传、津津乐道的故事，有地域性的特点。在中国几乎每个县、乡都能挖掘出不同的传说故事，有的逐渐出名，在全国也有影响力，如《白蛇传》等。

其实很多不起眼的、小地方的民间传说故事，可能已经传承了千年不止，很有研究价值。当然，流传久了，这些传说早已面目全非，所以民间传说并不是上古神话。老百姓喜欢的只是一种朴素价值和一定趣味性，这就属于民俗范畴了，不属于真正意义上的神话。

关于中国民间传说的知名故事有天仙配、白蛇传、牛郎织女、吴刚伐桂、孟姜女哭倒长城、钻木取火、黑狗食月、梁山伯与祝英台、愚公移山、洛神宓妃、穆王西游、麻姑献寿、丹朱化鸟、智斩独角龙、百灵除龙、望帝啼鹃、相思树、济公、除夕传说、十二生肖、鲤鱼跃龙门、摇钱树和聚宝盆、杨家七兄弟、五兄弟、天书、端午节传说、日月潭传说等。

d. 文学神话

中国文学神话一般是在上古神话、宗教神话甚至民间传说的基础上糅合加工的产物，属于原创神话。如《西游记》《封神演义》等文学著作，其完整的剧情发展、丰满的角色塑造，为以后的游戏世界观提供了源源不断的灵感。

关于中国文学神话的知名故事有《封神榜》《西游记》《劈山救母》等著名故事。

中国还有一些少数民族神话，如满族神话、羌族神话、藏族神话等。

B. 印度神话

印度神话的形成与其本身的历史关系密切。公元前 3000 年前后，印度河流域出现文明。公元前 2000 年前后，一支南迁的雅利安人侵入印度，经过无数次战争后，他们的势力从印度河流域进入恒河流域，并大肆奴役当地的土著人。至此，印度河流域的土著文明遭到破坏和改变。

公元前 1500 年至前 600 年，《吠陀经》问世，这是印欧语系诸民族中最古老的一部文学著作，内容是祭祀用的圣歌和祷词。其中，印度神话初次较为系统地组合起来。吠陀神话里所描述的最大的神是因陀罗，他是天帝，是众神之首。据记载，因陀罗原本是带领雅利安人入侵印度的英雄，死后成为神，其神格化可以看作是吠陀诗人对权力的一种附会。与它相关的注解文献有《梵书》《森林书》《奥义书》。吠陀神话中歌颂的主神是天帝因陀罗以及水神伐楼拿、死神阎摩、风神伐由等司掌自然的大神。吠陀文化后期，印度产生了婆罗门教，种姓制度的出现是其权力更为集中的一个体现。

公元前 6 世纪前后，各方面快速发展的印度进入列国时代，经济腾飞、战争频繁、思辨高涨是这个时代的三大特征。这一时期，宗教方面，出现了耆那教，其艺术和哲学价值也是最高的。印度神话对佛教影响也非常大，比如佛教中毗卢遮那最初是某阿修罗王的名字，各种明王来自湿婆的愤怒相，阎罗王是阎摩，四大天王来自印度的四方护法神（惧毗罗、伐楼拿等），韦驮是卡尔提克亚，吉祥天是罗乞什。印度神话最著名的要算《罗摩衍那》和《摩诃婆罗多》。这是两篇非常庞大的诗史。《摩诃婆罗多》中最有名的则是鼎鼎大名的人类英雄黑天。

其实与印度神话相关的书籍还很多，其中最著名的要算“往世书”系列。通常，“往世书”分为“十八大往世书”与“十八小往世书”。这些书应该算是众神的个人传记和专题介绍，比如《梵天往世书》《毗湿奴往世书》《湿婆往世书》《大鹏往世书》等。

C. 波斯神话

在文化史上，古波斯属于美索不达米亚文化地域，也就是今天的西亚文化地域。考古学者的研究表明，远古时期，古波斯人和古雅利安人原来同属印欧语系中的一个分支，居住地在今天的南俄罗斯草原。因为草原特殊的地理自然环境，古波斯人和古雅利安人依靠游牧来维持生活。随着时间的流逝，他们逐渐分化成波斯—雅利安人和印度—雅利安人，这种分化直接影响到民族宗教和神话传统的形成。

公元前 2000 年，古波斯人逐渐摆脱游牧部落的生活方式，并产生了早期的宗教活动。在当时的宗教活动中，最为古波斯人所敬重的是一种古老而神秘的祭祀仪式，这种祭祀仪式实质上是一种原始的自然崇拜。在大自然的灾害面前，古波斯人感到无所适从，不仅没有办法应对，而且产生了深深的恐惧。这使古波斯人非常迫切地需要一种信仰来消灭他们的内心恐惧，于是波斯神话中最古老的保护神产生了。因为古波斯人认为，世界上的一切灾难和恩赐都由天上的神明来掌管，如果他们找到了合适的保护神，并且不断地向他供奉祭品以及虔诚地祷告便可以免除一切灾害，过上无忧无虑的生活。

在保护神产生后，一些关于保护神的传说也开始出现了，古波斯人把关于保护神的各种传说以口头形式渐渐传播到各地。当神的传说以口头形式在各地传播开后，这种原始的传播形式很快就由于文字的出现而被打破。文字的出现让古波斯人找到了另外一种记载神明传说的方法。同时随着原始文明的发展，他们将一些神明形象刻在了各种器物上面，或者以原始的绘画形式将神的故事绘在岩壁上，甚至用简单的方法将神的形象塑造出来，供奉在殿堂中。古波斯人不论是遇到自然灾害或是丰收之年，都归结于保护神的作用，他们认为在凡人不可抵达的神界，自有神明将人类世界主宰，也自有神明掌管着世间的万事万物。正是在这种观念的驱动下，更多被崇拜的神明降临在古波斯人的生活中，波斯神话的体系逐渐地完整起来。

公元前 6 世纪，波斯人琐罗亚斯德创立了琐罗亚斯德教，其教义提出了一神论和二元论。琐罗亚斯德教所遵奉的唯一的神是伟大的善神阿胡拉·玛兹达，其敌人是恶神德弗，善神与恶神之间永远进行着斗争。

在古波斯历史上，随着琐罗亚斯德教的产生和成熟，善与恶之间的争斗变得愈发激烈，因为琐罗亚斯德教崇尚的是二元论，它的教义是将世界上所有的事物都划分为对立的二元，包括善良与邪恶、光明与黑暗，所以波斯神话中才有了代表着光明和正义的至高善神阿胡拉与至高恶神安格拉之间的战争。两者之间的战争持续了整整三千年。在这场战争中，至高善神阿胡拉·玛兹达创造了世界上的万事万物，并最终击败了至高恶神安格拉·曼纽。

至高善神阿胡拉·玛兹达所创造的世界上第一个人——原始人凯尤莫尔滋在他的协助下，建立了举世闻名的波斯王国，并且成为第一任国王。

（3）其他地域

A. 古埃及神话

古埃及神话同时也是古埃及宗教，指基督教和伊斯兰教传播以前古代埃及人所信仰的神体系与宗教。因为古代埃及人的信仰差不多有 3000 年的历史，其中出现多次大变化，埃及神话与希腊或罗马神话最大的区别是埃及神话中大部分的神明都是人身动物头。古埃及宗教的三大主题是自然崇拜、法老崇拜和亡灵崇拜。动植物崇拜隶属自然崇拜，在自然崇拜中占有重要地位。对动植物崇拜的原因、表现方式及其影响的探讨是研究埃及文明的重要内容。

埃及人的象征性思维集中体现于神的形象上。供奉在神殿中和日常生活中常见的神像，或者是动物的头颅加上人的身躯，或者是人头加上动物的身体，如鳄鱼、各种鱼类、青蛙和多种鸟的身体或头颅出现于尼罗河沿岸的石碑上，特别是文字神托特（Thoth）偏爱的神鹳鸟。狮子、蜣螂、蝎子、眼镜王蛇这些沙漠中凶猛的动物更成为埃及人敬畏的圣物，雄鹰和秃鹫则是专门保护法老和女王的飞禽，而公牛、羚羊以及象征母亲神哈托尔 (Hathor) 的长角水牛都代表着埃及人对家庭人丁兴盛的祝福。古埃及人认为，各类植物的树干、枝叶、花果中也隐藏着生命之能源，树枝中居住着保佑水和空气清新的神灵，莎草花和莲花代表着尼罗河流域富饶的土地。国王统一上下埃及的画面经常出现于王座的两侧，画面上分别代表上埃及和下埃及的荷花和芦苇联结在一起，象征埃及的统一。而荷花和芦苇茎的尽头则捆绑着努比亚人和西亚人，言外之意埃及的统一是与外族的被征服和奴役相辅相成的。多籽的石榴在古埃及是丰产的象征。在神庙中，埃及人专门为那些代表神灵的动物和植物留下相应的空间。

古埃及人认为，人生由生界和冥界组成。由于认为人死后是以另一种方式存在的，所以埃及人注重冥界，为此他们大肆修建陵墓和金字塔。为了让尸体不腐，他们制作木乃伊。被崇拜的动物死后，它们的尸体经过专门的处理，涂上油脂、裹上绷带，被制成木乃伊埋葬在专用的墓地里。由于动物和人的亲密关系，他们不仅在金字塔前雕塑巨大的动物雕像，而且还希望死去的人在另一个世界里同样受到动物神灵的保护，希望在冥界仍然五谷丰登，享受植物提供给人们的物质供给。所以对在人生中占据重要位置的死亡，古埃及人将其看成是进入另一个世界的重要过渡时期，在这段时间里，生者需要对死者的身体进行认真细致的处理，以便使神赋予其力量并能继续在冥界生活。正因为如此，制作木乃伊的工作显得尤为重要。在剥离除心脏之外的所有内脏之后，遗体被清洗干净、脱水并添加香料，再用亚麻布包裹起来。制作木乃伊的每一步都得到胡狼神阿努比斯的保护，护身符和棺椁上绘制的神灵也保佑着死者的亡灵。墓室内的壁画再现了死者生前的日常生活，各种用品特别是家居用品、食物和衣物也被放置在遗体周围，以便死者在冥界能够继续享受他在人间的同样生活。正是借助埃及墓葬习俗保存的这些大量文物，现代人能够在几千年之后再现尼罗河两岸当时的日常生活场景。

B. 印第安神话

印第安神话是美国原住民的神话与故事。由于原住民神话深受萨满巫术文化影响，因此印第安主要信仰与大自然的神灵相当接近。印第安人不仅敬畏神明，也敬畏大自然中的一草一木，相信即使是植物也拥有自己的灵魂，因此尊重植物。对动物神灵的崇拜，也衍生出了图腾崇拜的信仰。

在欧洲文明入侵美洲大陆以前，印第安人在这块几乎与世隔绝的孤独的土地上，用他们的勤劳和智慧创造了辉煌灿烂、令同时代欧洲人折服的古老美洲文明。就文学而言，丰富的古印第安神话传说作为一个反映其生活方式、风俗习惯以及民族精神的整体，不仅是古代美洲印第安人的难以再造的艺术典范，而且表现了古代印第安人认识世界、征服自然和思考自身生存的方式。

印第安神话包括三大体系：

a. 玛雅神话：玛雅人崇信太阳神，他们认为库库尔坎（即带羽毛的蛇）是太阳神的化身。他们在库库尔坎神庙朝北的台阶上，精心雕刻了一条带羽毛的蛇，蛇头张口吐舌，形象逼真，蛇身却藏在阶梯的断面上。只有在每年春分和秋分的下午，太阳冉冉西坠，北墙的光照部分，棱角渐次分明，那些笔直的线条也从上到下变成了波浪形，仿佛一条飞动的巨蟒自天而降，逶迤游走，似飞似腾，这情景往往使玛雅人激动得如痴如狂。

至今许多印第安部落还延续着“杀神”仪式。在新神祭祀典礼上，将一些过时的或被征服部落的神祇名标在动物上，将它们杀了吃掉，并且认为他们最终所选择的神是所有神中最重要、最高尚和最权威的。在印第安神话中，神对世俗的统治权并非一成不变的，而且神的职司也会时常更动。他们会死，会退休，会更替掌权。根据阿兹特克人和印加人以太阳周期计算世界年龄的方法，最后一个印第安太阳时代（第五个）从公元 1043 年算起，此前的老神祇大都早已淹死在大海里了，于是他们拥戴许多新神来代替古代的神。玛雅神话构思上的奇特，出人意料地精彩纷呈，动物神祇掺入人世的活动更增加了神秘的色彩。

在这里，神没有上帝那样神通广大、无所不能、无所不在、说造人就造人。印第安创世众神可谓费尽心机，屡遭失败，最后历经千辛万苦才造出了人。拉美流传极广的“玉米人”的传说，其典故即出于此。在这里也可看到，并非所有的人对神都崇拜得五体投地。有些部族不仅敢于与神抗争，而且还设法通过各种计谋甚至不惜对神施以美人计这样别出心裁的手段企图赢得与神的战争。这在世界上各民族的神话中也是极罕见的一段佳话。

b. 印加帝国神话：印加帝国自始至终，上到印加王，下及普通百姓都尊奉太阳为唯一的主神，并通过多种形式崇拜。印加王族及所有赐姓印加的人均尊称太阳神为“太阳我父”，自承太阳之子奉神命执掌世俗事务；为其建庙宇且全部嵌以金箔，为其敬献多种祭物，供奉大量金银珠宝，以感谢神的赐予，把帝国全部耕地的三分之一以及土地上的出产作为太阳神的财产施惠给国民，以便帝国之内没有冻饿乞讨之人，还为建造深宫幽院，供那些永葆童贞的妻子（太阳贞女）居住。

除太阳之外，他们还从内心里崇拜“帕查卡马克”为不相识的至高无上的神，对其的尊敬胜过太阳，但不敬献祭物，也不建造神庙，他们虽未看见帕查卡马克，帕查卡马克也从未现身，然而他们却相信其存在。总之，除以上一位看得见和一位看不见的两位神之外，印加诸王不崇拜别的神。维拉科查神——这位太阳之子在印加帝国中期显示诸多圣迹之后才被奉为新神，级别稍高于印加诸王。

除此之外，风雨雷电被视为太阳的仆役而得到陪祭，月亮则被视为太阳的妻子和姐姐以及印加王的母亲并得到敬重，星辰则因为是月亮和太阳宫中的侍女和女仆得到礼遇。所有这些都通过法律晓谕整个帝国，以至于这些神话深入到生活的方方面面，从政治生活到对外征伐乃至普通百姓的生活，和历史现实交织在一起，殊难分辨。印加人数百年的历史就是这样在神话中度过的，直至在神的诅咒和启示的阴影中灭亡。

c. 阿兹特克神话：阿兹特克人信奉许多的神，诸神形貌在雕刻和绘画文书中都留下了记录。他们认为神是产生自然现象的根本力量，同时，神界与世俗间的关系也按照宇宙论的方式构成，因而尽管有着众多的神祇，但仍能在一位“未为人知，未为人见”的唯一至高无上的神的统合之下形成诸如印加的很完备的神话体系。

除了这位无相之神以外，主要的神可大体分为与天、狩猎和战神有关的一群、与大地和农耕相关的一群以及居间协调矛盾情形的一群。在与天有关的诸神之中，以战神惠齐洛波契特利与鹰结合为白昼太阳的象征，以黑暗之神狄斯克特里波卡与美洲虎（豹）结合而为夜晚太阳和世俗王权的象征，以及居间化身万千时而为风神、时而为守护神、时而为金星神、时而为创造神、时而又化身为文化神或文化英雄神的种种介于对立关系之中的羽蛇神奎兹尔科亚特尔这三位神最受崇拜。阿兹特克人相信，奎兹尔科亚特尔神与狄斯克特里波卡神之间的争执已造成世界的四度创造与毁灭。

所以，阿兹特克人的神话充满了创造世界的欣喜与洪水滔天的恐惧交结之下的末世情结，这也许与他们崇尚战争又渴望和平的深刻矛盾以及用活人献祭的嗜血性有关。阿兹特克帝国从这种无可调和的神话矛盾中产生，又在渴望调和的神话矛盾中消亡。就阿兹特克人而言，历史与神话是否与此攸关呢？这有待专家探讨。

平行的架空世界

（1）蒸汽朋克

蒸汽朋克是一个合成词，由蒸汽“Steam”和朋克“Punk”两个词组成。蒸汽自然是代表了以蒸汽机作为动力的大型机械。朋克则是一种非主流的边缘文化，是用街头语对白书写的文体，它的意义在于题材的风格独立，而非反社会性。蒸汽朋克的作品往往依靠某种假设的新技术，如通过新能源、新机械、新材料、新交通工具等方式，展现一个平行于 19 世纪西方世界的架空世界观，努力营造它的虚构和怀旧等特点。

简单地说，蒸汽朋克的世界观落后与先进共存、魔法与科学共存，精神上追求乌托邦的理想。大部分蒸汽朋克作品的时代背景都是维多利亚时代的英国。瓦特改良的蒸汽机使人类社会向前迈了一大步，它的诞生开创了人类的蒸汽时代，使人类社会开启了以蒸汽机的广泛应用为标志的第一次工业革命。新能源石油和电能已经开始被大量开采或使用。体型更加庞大的机械开始出现在西方世界的视线中。这一切使西方文明的生产力得到巨大发展。生产力大幅攀升，也使得社会形态发生了变革。生产力的发展、产品结构的复杂化、设备的更新、资金的需求，都要求生产规模必须扩大，设备与资金更加集中。在这样的要求下，自由资本主义开始向垄断资本主义即帝国主义过渡，垄断组织也就应运而生。技术革命时代也是技术革新盛况空前的时代。研究高技术革命的科学天才们将无数的新奇事物带到了这个世界上，而他们自己也受到了无数人的追捧，发明和商业结合的模式也让他们获利颇丰。

科学技术的迅速发展，拓宽了人们的物质世界，也拓宽了人们认识的深度和广度。这期间，旧观念的修正和新意识的建立，从蒸汽机到青霉素，从蒸汽船的明轮到电灯泡的钨丝，种种壮丽的景象都有实现的可能。

虽然蒸汽朋克具备一定的科学成分，但是并没有拘泥于此。蒸汽朋克就是在工业革命的基础上，展现在现实中不存在的空间，让玩家看到不曾看到的事物并产生愉悦的题材。它的真正价值就在于给玩家提供了广阔的想象空间，刺激他们的想象力，并给予他们这方面的熏陶。

蒸汽朋克描绘的世界观的一大特点就是承前启后。现代科学刚刚走进人们的视野，许多常识问题并没有得到解决。相对于今天，当时的人多少有点儿愚昧。不过正是这种落后，使设计师有更多的素材可选择。中世纪的魔法鬼怪，可以在作品中找到非常妥当的位置。而在某些方面，发达的科技甚至可以和今天相抗衡，设计师又可以把今天的某些科技素材加入自己的作品当中。总之，蒸汽朋克世界大大增加了设计师能够使用的素材，也丰富了作品的想象力。

在蒸汽朋克的世界里，先进和落后共存，科学和魔幻共存，如有人在乘汽车，有人却在乘马车，有人在驾驶机器人战斗，同样也有人在使用魔法。总是存在一个如乌托邦完美的聚落或城市，有角色们为道德和精神上的乌托邦斗争。现代化的大都会已经出现，以伦敦为典型：有木质的尖顶房子和小石子铺成的道路；有充满想象力的交通工具，包括飞机、飞艇、汽车、火车、轮船、潜艇，这其中以飞空艇为代表；多种能源共存，包括煤、石油、风力，电已经成为另一种新能源，不过也存在架空的能源；螺旋桨、齿轮、活塞、轴承开始大量应用在机械上，而且都趋向于巨大化；可乘坐的大型机器人出现，就像飞机之于战斗机，机器人已经应用到军事当中。蒸汽朋克的氛围是积极向上的，和朋克所代表的颓废和反社会完全相反。英国绅士的四大件——燕尾服、礼帽、拐棍和怀表，经常出现在蒸汽朋克中。

《机械迷城》是由捷克独立开发小组 Amanita Design 设计制作的一款冒险游戏。该游戏凭借极其精美的画面以及富于机巧的关卡设计，获得 2009 年独立游戏节的“视觉艺术奖”。这部游戏整体上可以说严格地符合了蒸汽朋克的一切特点，从画面到动作有些僵硬的主角，到庞大而锈迹斑斑的金属废墟，仿佛让玩家置身于蒸汽朋克的世界。

《樱花大战》是另一款具有日本特色的蒸汽朋克游戏，游戏背景并不是常见的西方世界，而是日本历史上的大正时代。大正时代同维多利亚时代一样，是资本主义文化和科技飞速发展的年代，对蒸汽机械的遐想同样能在游戏中得到实现。作为一款典型的蒸汽朋克游戏，《樱花大战》从1996年以来历经十几年更新换代，始终饱受赞誉，而且游戏中的世界被设计得光鲜亮丽，与西方蒸汽朋克中粗糙斑驳的金属感颇为迥异，也算契合日本动画人独有的唯美风格。

（2）克苏鲁神话

克苏鲁神话是以美国作家霍华德·菲利普·洛夫克拉夫特的小说世界为基础，由奥古斯特·威廉·德雷斯整理完善、诸多作者共同创造的架空神话体系。

该体系的核心部分就是旧日支配者（Old Ones）。他们是恐怖的、拥有伟大力量的古老存在，在上古时代曾经统治宇宙，但结果却被古神封印，在如死亡般的睡梦中安眠。他们之中最有名的就是克苏鲁（Cthulhu），他沉睡在南太平洋的海底都市拉莱耶（R'lyeh）。当繁星的位置正确之时，拉莱耶将从海底浮上海面，克苏鲁将醒来，为地球带来浩劫。

尽管克苏鲁非常著名，以至于整个神话体系都以它来命名，但他并不是旧日支配者中最强大的，也不是故事的中心。占据这一系统中心位置的是魔神之首阿撒托斯（Azathoth），而另一恶魔奈亚拉托提普（Nyarlathotep）则与人类世界接触得更加频繁。而且和其他的旧日支配者相比，它更喜欢欺骗、诱惑人类。

宇宙诞生之初，只有阿撒托斯存在。从阿撒托斯生出了“黑暗”“无名之雾”和“混沌”。盲目痴愚的阿撒托斯最初生出的是“黑暗”，而“黑暗”产生出了“至高母神”莎布·尼古拉丝（Shub-Niggurath），她拥有很强的生育能力。传说她生出了包括克苏鲁在内的几乎所有旧日支配者，乃至一切生命。

“无名之雾”产生出了“门之钥”犹格·索托斯（Yog-Sothoth），知晓一切的时间和空间，是银之门的钥匙。而“混沌”就是奈亚拉托提普，常被称为“信使”，是嘲笑与矛盾的象征。他经常使用的人类形态化身是一个皮肤黝黑、表情愉悦的瘦高男子，曾经在埃及受到崇拜，传说是他推动了原子弹的发明，目的是让人类更快地自我灭绝从而完成“大清扫”的任务。

克苏鲁神话有别于其他的神话体系，克苏鲁中的众神往往丑陋不堪，甚至外貌就只是一摊肉泥，并且他们无目的性地对人类抱有强烈的敌意。克苏鲁神话中的恐惧大部分都来源于无知，也就是什么都不知道，因为在它其中实在是有太多神秘莫测的东西了。但是从精神分析的角度而言，解除恐惧的最好方法是感受恐惧、发现恐惧的源头。只不过克苏鲁神话并不按常理出牌，越是接近源头，人类反而越会发疯甚至死亡。在克苏鲁神话世界观的故事中，角色可能会因探究过深或通过一些机遇遭遇旧日支配者或是其他的宇宙种族，而他们的结果大多数是死亡和陷入疯狂。

《暗黑地牢》将克苏鲁神话与Roguelike（角色扮演子类游戏）内核结合在了一起，其暗色调哥特式风格贯穿始终，残瓦颓垣的建筑、恶心稀奇的怪物抑或是破落不堪的环境及其浓深的色彩几乎占据了游戏的大部分流程。如此阴冷的画风很容易让玩家感受到绝望与不适，而这就已经契合了克苏鲁神话的氛围。

这款回合制的RPG游戏最出彩的地方是给玩家操控的英雄们引入了“压力值”，这样的创新也十分符合克苏鲁神话的设定。游戏中的英雄们会因为各式各样的原因增长压力值：地牢探索、踩到陷阱、被敌人暴击……其实压力值也提醒了玩家：一个人倘若长期待在险恶的环境并总是与一个个非人的丑恶生物打交道，他的精神总有一天会崩溃的。所以当游戏中压力值第一次爆棚时，英雄有可能崩溃。他们会疯狂、不可控。倘若压力再一次爆棚，英雄们就会猝死。压力值的设定就类似克苏鲁神话中的理智值。当两者到达一个临界点时，人们会发狂、失去理智，甚至死亡。

《暗黑地牢》游戏流程也跟克苏鲁神话有着异曲同工之妙。探索地牢是玩家自己的决定，但是地牢难度越高，玩家遭受的伤亡越惨重。最终的地牢还被设定为每个英雄仅能出战一次，再选他出战时，他会自喃道：“我再也不想见到那样的场面了。”而游戏的最终与反派战后，玩家会了解到事件源头，只不过所带来的结果却是世界的毁灭。

未来的科幻世界

（1）太空歌剧

“太空歌剧”这个名称初创于20世纪40年代，是专门称呼科幻文学中某一类特定小说的。这些故事的背景通常设定为想象中的银河系，场景千变万化。在近来的各种科幻文学流派中，很多最有生命力的作品都以太空歌剧的形态呈现。

太空歌剧类游戏一般泛指以太空旅行为主题，将传奇冒险故事的舞台设定在外太空的史诗科幻作品。这类游戏的背景通常是庞大的银河帝国或繁复的异星文化，是地道的宇宙英雄罗曼史。在以太空歌剧为背景的游戏中，太空只是冒险的场所，现有的科学常识并不能成为限制人们想象力的枷锁，其时间点往往放在跨度更大的数百年后，其时人类已经能探索宇宙，甚至和诸多外星人接触，开拓更为广阔的世界。

类似太空歌剧的作品，开始于19世纪的埃德加·赖斯·巴勒斯的《火星公主》，但严格来讲，那应当是“科学奇幻”小说，其内容是该作主角被神秘的力量召唤到火星后发生的故事，而该作品在创作时，人们认为火星是一个与地球相似的孪生行星。人类和外星人或异世界人如人类一般谈恋爱也是太空剧的一个常见题材。

一般认为太空歌剧起源于20世纪20年代前美国的杂志如《惊奇故事集》（Amazing Stories），其中连载了一些试图把牛仔和侦探故事搬上太空或外星的故事，封面常有半裸的少女和持着光线枪甚至刀剑的男主角。

一般以爱德华·艾默·史密斯的《透镜人和宇宙云雀》、艾德蒙·汉弥尔顿的《太空突击队》（未来队长）、菲利普·弗朗西斯·诺兰的《25世纪宇宙战争》（Buck Rogers）为早期太空歌剧代表。此类杂志常有在太阳系的其他行星上发生人类和外星怪兽战斗的剧情，因而被取了个诨名“大眼怪兽故事集”，而史密斯更有“太空歌剧之父”之誉。

太空歌剧阿西莫夫的《银河帝国》系列和《基地》系列在二战后大盛，其他著名的太空歌剧有法兰克·赫伯特的《沙丘》，因其对封建农业或君主专制社会的乡愁和科幻的基调相矛盾，而没有受到非科幻迷的普遍接受。

（2）赛博朋克

赛博朋克的世界观是以计算机或信息技术为主题，围绕着黑客、人工智能、虚拟现实、电脑生化及大型企业之间的矛盾而展开。背景设在不远的将来，和平的社会表面下无不充斥着无法控制的各种弊病，这时人类的科技发展已经到了空前的高度，人与机械的界线开始消失，网络空间和虚拟世界无处不在，人工智能和神经科技颠覆社会，但世界并没有变得更好，人类已经矛盾冲突不断。同时，资源的消耗也到了史无前例的时刻，人们在享受科技带来的质的突变时，也被一种超现实感的黑暗所笼罩。高科技、低生活是这个背景最真实的写照。

在赛博朋克的世界里，建筑外立面简单粗暴，没有繁杂的线条，直插云端，霓虹灯、大屏幕在建筑物上闪烁，建筑物间布满了各种信息流、交通流，整个世界喧嚣而又冷漠、繁荣而又虚幻。

赛博朋克类游戏一般会有以下五大特征：

A. 潮湿

在绝大多数的反乌托邦世界中，城市始终被阴雨所笼罩。从绵绵细雨到倾盆大雨，城市的每个角落都在被雨水冲刷洗涤，仿佛雨水可以带走街巷中的污秽和尘埃。在赛博朋克的世界中，雨水裹挟着来自天空和高楼的污浊，把整个城市淹没在无尽的黑暗之中。

B. 立体的交通

无论是即将靠岸或准备出发的太空船，还是悬停在高空的汽车和无人机，天空始终被各种飞行物所充斥、堵塞。飞行物发出的嗡嗡声充满了整个城市，但又很快被人们所忽略。

在赛博朋克的世界里，道路沿着高楼伸向天际。富人们离开了地面，住在了城市的顶端，而贫民则成了这个世界真正的底层。

一座座桥梁架在了摩天大楼之间。层层叠叠的空中步行道把整座城市交织在了一起。发达的立体交通让赛博朋克世界的人们不必乘坐电梯或是飞行器就能方便迅速地到达城市的任何一个角落。

和我们熟悉的人行天桥不同，这些立体街道从上至下了布满了城市的所有空间。大多数赛博朋克的故事就发生在这些拥挤肮脏的街道上。自动运行的机器人，执行任务的警察，售卖食物、热饮的小商贩都会在这个特殊的舞台上上演着属于他们自己的故事。

C. 多元的建筑风格

赛博朋克的城市很少只拥有单一的文化元素，往往融合了来自世界每个角落的不同文化。甚至那些传说中来自银河系偏远角落的文明也会把这些城市作为自我展现的舞台。不同地域、不同时代的建筑叶影参差、交相辉映，让整个城市显得超凡脱俗又似曾相识。

然而每个城市所处的地域和主要居民们的文化气质也会影响那些混合建筑群的主体风格。如游戏《赛博朋克 2077》的游戏场景中就夹杂了大量的亚洲建筑元素，而游戏《勿忘我》把故事设定在2084 年的巴黎，所以在场景中出现了大量巴黎标志性建筑。

D. 直通云霄的建筑

在赛博朋克的世界，高楼似乎不断地在向天空延展，永无止境。

虽然每个城市、每幢摩天大楼都被设计得与众不同，但它们聚集在一起的时候却遮蔽了天空。生活在底层的人民只能在闪烁着霓虹灯和广告屏的昏暗街市中苟延残喘。

E. 无处不在的信息

在赛博朋克的世界，信息的传播无处不在。墙面成了广告牌，屏幕、全息影像占据了人们所有的视野。商家通过广告争夺着人们对自己品牌的忠诚度，挖空心思掏空人们的口袋。通过对这些信息的分析，广告公司为每一个人量身定制他们所能看到的广告。

在这个未来世界，你无法躲避无处不在的信息。浏览器始终闪烁着各类广告。汽车也会成为广告商们的重要传播工具。汽车上的传感器会不断把位置信息发送给广告商，让他们在乘客到达目的地之前就能预测需求并推送相应的广告。在蜂拥而至的信息面前，人们开始对广告产生免疫，而广告商则不断研发新的技术，让更新颖的广告重新开始刺激人们已然麻木的神经。

通过具体例子，我们不难了解到赛博朋克的一些具体元素。这类作品的未来世界通常都有两极化的对比舞台：一方面物质高度发达进步，足以支持想象中的未来繁华都市，整个社会犹如巨大的机械一般精密运行，构成和谐的整体；另一方面个体精神空虚而麻木，大部分人单纯服从秩序，成为缺乏自由的一分子，少部分人则受歧视或制裁，成为反抗社会的孤立分子。

从精神层面上来说，赛博朋克作品对未来同样抱以悲观态度，虽然不像末日论作品那样暗示世界难免毁灭，但更多展示科技进步让人类作茧自缚，成为少部分人或集体意志统治他人的工具。如果对比参考的原型如集权组织甚至大型公司，游戏玩家不难理解这种担心的由来，也难免会明白这种悲观思想：比起单纯的毁灭，这种渐进式的侵蚀确实是更危险也是更无奈的威胁。更重要的是，历数各类赛博朋克作品，那些大型公司或组织所垄断的技术，也是其统治的基础，包括克隆工程、智能机器人、人工器官、计算机网络……确实都是比虚无缥缈的天灾人祸更具现实感的概念。

而从创作来说，这类舞台则有另外的好处——容易塑造出一个简单的剧情主线，主角往往就是少部分异类，进而反抗整个社会。这很容易就套到游戏的故事背景上来，不论最终结果成功或失败，都不难演出一个精彩的剧本。从精神层面上来说，赛博朋克作品的初衷还是号召人们来改变社会、追求自我，所以不论这类舞台放在多遥远的未来，在五光十色的未来城市角落都一定会有熟悉的现实场景，归根结底还是刻画人性本身。

虽然赛博朋克所描绘的世界消极灰暗，但在其消极的外表下，游戏中的角色却多有一颗积极正义的内心。他们坚信虽然世界很黑暗，但是光明和希望不灭。

（3）末日世界

以未来世界为主题的世界观设定，末日总是一个绕不过的话题。在现实生活中，我们无从得知末日世界将会是一种什么样的景象，但我们却可以在游戏的世界观设定中体验一次末日世界的来临。末日题材游戏世界观的背景所在的时间点大体可以分为两个阶段：如果故事发生在灾后不久，故事的中心就会着重于探讨幸存者的心理；如果时间发生在灾后很长一段时间，遗失的灾前文明则会常常作为故事的主题。

末日题材游戏世界观设定是表现文明在经历巨大灾难、遭到彻底毁灭后的世界。这些致命的灾难形式多样，比如核战、病毒瘟疫、外星人入侵、机器人起义、科学发展的副作用、自然灾害、超自然现象、宗教审判等。末日后的世界，昔日的文明社会因巨大灾难遭到毁灭，物质文明和精神文明都出现彻底的倒退，残存的少许人类只能在荒芜的世界里利用有限的资源挣扎求生。

末世舞台成立的先决条件，就是原本的社会结构在未来因某种原因而宣告结束，或天灾，或人祸，具体而言从核战争爆发到丧尸病毒泄露，或是机器人突然起来造反，都有可能。但绝大部分此类游戏对造成末日本身的理由一笔带过，重点描述的还是末日后的世界本身。个体的挣扎求存、秩序的崩溃重建、人性的分析解读等都可能成为作品要展现的一部分，而这正是在传统社会下难以详细触及的。

核战无疑是最常见的理由之一，有的游戏一脉相承地使用了类似的设定。毕竟核武器不单本身威力巨大，其辐射和尘埃更会引发后续的环境灾难。全面爆发核战纵然远不能毁灭地球本身，但足够威胁人类的生存环境。从现实层面来说，核武器亦是人类目前所能操纵的最大杀伤力的毁灭兵器。20世纪美苏冷战时期的全球核战威胁更是历史上真实存在过的阴影。所以不单是“辐射”系列，如《地铁 2033》《疯狂的麦克斯》等作品中的文明都是因为核战而崩溃。

而另一大类常导致世界末日的起因，则是名副其实的“生化危机”。某种未知的细菌病毒，或其他同性质的病原体感染传播爆发，最终导致全球性的毁灭。这类千篇一律的剧本简直快成了烂俗的代名词，但从玩家到厂商仍然乐此不疲。如“最后生还者”系列同样未能免俗地选用了这一设定，只是将以往的病毒换成了略为少见的真菌，被真菌寄生的对象就此成为丧尸，在生物本能的驱使下奔走袭击，将真菌传播给其他人类，导致整个社会崩溃。而这类违背进化规律的生命，或来自天外陨石，或来自太古冰层，而更多则是直接诞生于科学家的烧杯试管里。人类改造出了符合要求的病毒，再由人类造成的疏漏而扩散到全世界。

除核武器和病毒之外，由于人类自身活动造成的环境破坏也时常被拿来做文章——描述成末日世界的根源。臭氧层破坏、海平面上升、地区沙漠化、生物多样性灭绝……种种因素交织到一起促成了不可逆的加速变化，最终导致文明灭绝。虽然目前来说人类所能造成的破坏比起地球本身活动而言尚不值一提，但这也意味着，若地球本身真的出现毁灭性的灾难，人类同样无能为力。与病毒或核战相比，这类危机才称得上最为标准的灾难，但也因为太过于夸张，反而缺乏实在感或是科学上的依据，类似设定的游戏也往往只是一笔带过，不涉及具体理论。

虽然末日题材的游戏多数给人以沉重的绝望感，但更多作品还是留给玩家以希望，让玩家在游戏中能够真正从废墟中走出来，为重新开始恢复世界而努力。

1.3.4 搭建游戏世界观的“金字塔逆推法”

熟悉美式魔幻题材的人都应该知道《龙与地下城》。加里·吉盖克斯（Gary Gygax）和戴维·阿纳森（Dave Arneson）创造的这一个桌面游戏和其衍生出来的文化一直影响着欧美魔幻题材游戏、小说、影视作品的发展。

《龙与地下城》定义了游戏流派的规则，制定了奇幻类角色扮演游戏的统一标准。《龙与地下城》里的世界是一个充满奇幻经历的世界，这里有富有传奇色彩的英雄、致命的怪物以及复杂多变的设定，让玩家有身临其境的真实体验。玩家们创造了无数英雄角色，或是彪悍勇猛的战士，或是神出鬼没的盗贼，又或是强大的法师等。他们领着人们不断探索冒险，合力击败怪物并挑战更加强劲的敌人，继而在力量、荣誉与成就中逐渐成长起来。

这套规则教会了后世的设计师如何创造一个世界、如何设计一个游戏。

而其中最重要的就是金字塔逆推法。那何为金字塔逆推法呢？（图 1-22）

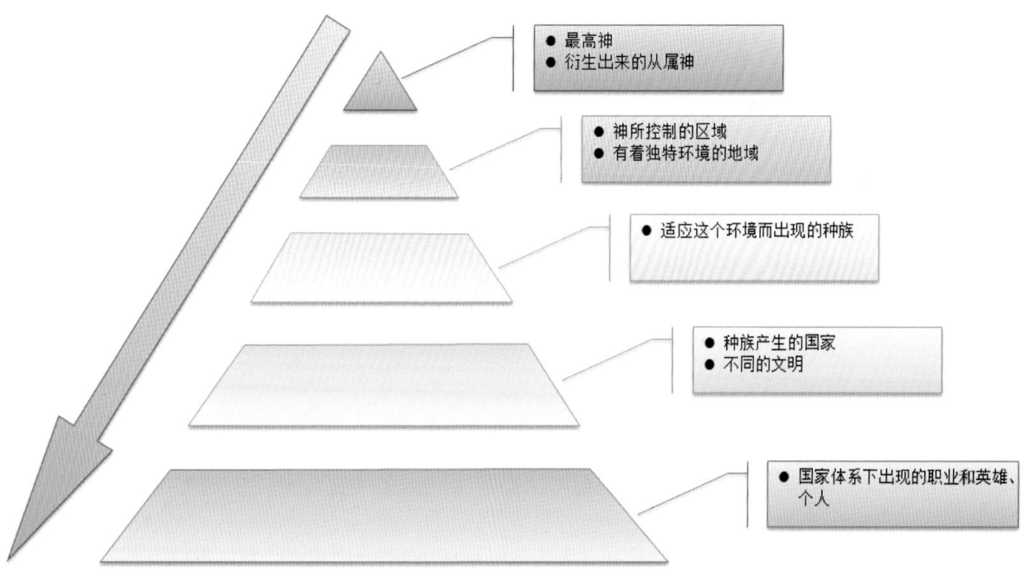

图 1-22 金字塔逆推法

金字塔逆推法的关键就是由上至下、从高到低的推衍顺序，保证世界观体系的完整性和统一性不会超出设定，让整个世界观基于一个固有的体系逐渐延续发展，而不会出现偏离设定的情况。

为何要用逆推法呢？因为只有这样，才不会出现超出上限的状况，游戏中的故事和历史发展，是向下扩散性延续的，而不是向上极端化缩小的。

单机和网游在故事设计上最大的区别就是：单机游戏会有结局，故事一定是为了主角打败最终的魔王而准备的；网游的故事一定是发展性的，最后的魔王不到游戏的完结之日绝不会被打倒。后者要让整个游戏的历史和故事随着时间延续下去，让玩家期待后续的发展并融入其中。

游戏世界观一定要按照金字塔逆推的顺序设定向下发展，而上层的内容会作为一个阶段的限制和传说存在，一层一层地发觉、突破，但是绝不要轻易达到最高层的阶段。

下面看一下基于这个世界观设定会如何设计种族社会、人物、道具。（图 1-23）

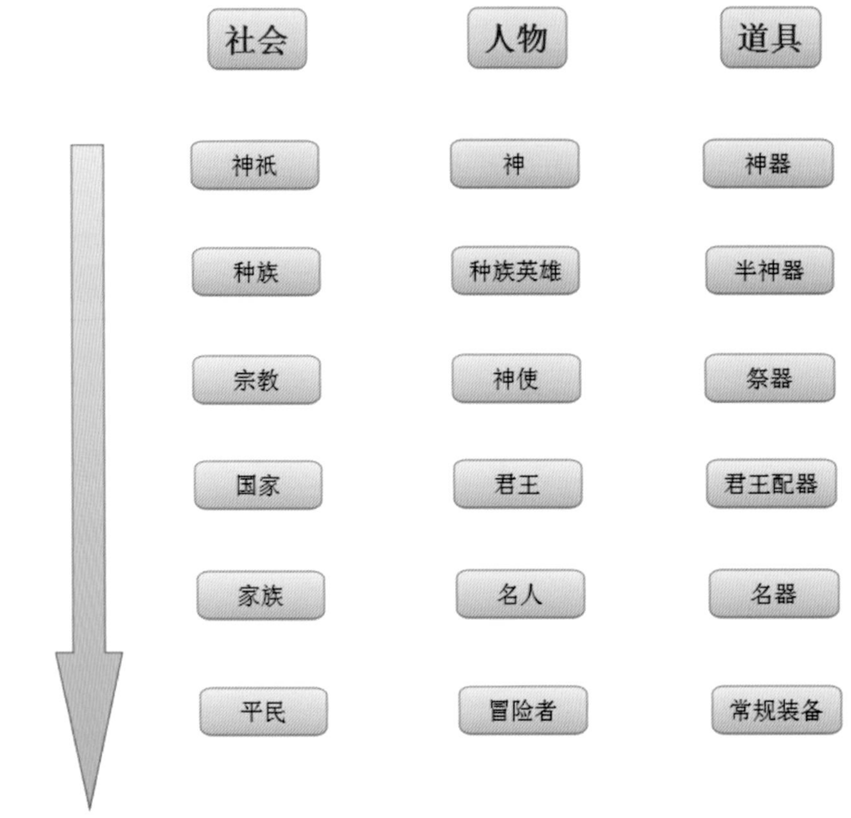

图 1-23 基于世界观设定下的社会、人物、道具设计

世界观的延伸

（1）神祇

在游戏的世界中，“神”是不可或缺的一个组成部分，它代表的是一种信仰、一份神秘、一种高不可攀的存在。神祇的塑造基于能量或者力量。欧式背景下的神祇比较好塑造，他们往往都象征着某种元素力量或者代表着某种象征物。东方的神祇则是有着自己独有的传承体系，例如巫、道、佛等。无论怎样，神的出现会为之后衍生出的信仰和象征物带来依托，借此衍生出对立和矛盾。

神的力量要有一个度，过于夸张的设定也会破坏自己的世界观，并且神的等级也要划分清晰，高阶神、中阶神、低阶神都要准确定义，以备日后又触及神祇范畴的情节时可以以此为依据，平衡关系，划分强弱。

（2）种族

种族是基于生物衍生出来的，而生物则是基于地理环境而产生的，因此神所创造一个种族必将赋予其合适的生存环境。有了不同的环境才有了生活在其中的生物，进而出现信奉特定神祇的种族。

《龙与地下城》三宝书中的怪物图鉴，明确展示了环境和物种搭配的关系。同样的矮人族，就区分出了生活在地底的灰矮人、生活在铁炉堡的高山矮人。不同生活环境下，同一物种也会出现不同的表现。如体貌特征，不同环境下会出现不同的身高、皮肤、样貌；如语言文字，不同地区的语言也会受到影响；如生活习惯，为了适应环境，生活习惯也会不同；如特殊能力，适者生存，能适应这个环境的特殊能力，会大大提升这个种族的扮演感；如信仰不同，不同的环境之下，会产生不同的神祇信仰，衍生出建筑、装饰、图腾、装备的差异，以及不同种族之间的同盟和敌对关系等。

（3）宗教

宗教是源自对不同神祇的崇拜，或者对某些特殊信仰的传承。宗教是原始种族形成社会体系的关键构成物之一。有了宗教就有了信仰理念的分歧，就会产生矛盾。游戏世界内，经常会出现现有宗教构成的组织，例如信奉某个神祇的部族。

宗教设定需要：

A. 所信奉神祇赐予的能力。

B. 宗教所独有的徽章、服饰、图腾。

C. 宗教专属的教义和信仰。

D. 内部的等级划分和职位。

E. 宗教所独有的资源（神器或者秘宝）。

F. 联合、对立的宗教关系网络。

（4）国家

国家这个概念要有一定的社会体系和智慧之后才会出现。类似蚂蚁和蜜蜂那样的只能是族群，因此某些怪物可以用宗教和信仰构成族群，而玩家可以扮演的职业和种族就要赋予一个国家的概念。

国家设定需要：

A. 有着复杂的社会体系分工。

B. 严谨的阶级制度。

C. 多个家族和大势力构成。

D. 代表国家的领地、徽章。

E. 依附于国家存在的行会、组织。

F. 国家所独有的资源（神器或者秘宝）。

G. 联合、对立的国家关系网络。

（5）经济

经济体系可以是整个大陆公用的，也可以是这个种族和国家独有的。

经济体系往往跟游戏经济数值系统相关联。在游戏世界观设定时候，只会考虑对文字的包装，例如欧式背景下主要的交易货币是“金币”，东方设定就是“元宝”。

货币设定需要：

A. 货币的兑换率。

B. 某些稀有资源的设定（主要是矿产）。

C. 基于经济而产生的商会。

D. 因为某些稀有资源而产生的冲突和矛盾。

（6）职业

职业的设定要基于种族、宗教、国家的特色。同样是骑士，在人类文明中就是骑士，在兽人世界中就是狼骑兵，在精灵世界中就是角鹰骑士。要用各自种族和文明体系下标志性的东西对职业进行包装，这样才会提升玩家的扮演感，在不同种族对同一个职业的体验也会不同。既然有不同的职业分工，那就要体现出每个职业独有的行事风格。

职业设定需要：

A. 职业独有的装备。

B. 能代表这个职业的信仰和行为风格。

C. 性格鲜明的职业非玩家角色（最好是可以一同战斗的 APC）。

D. 这个职业专属的国家、种族、宗教。

E. 职业独有的技能设定。

F. 只属于这个职业的历史设定。

（7）人物

拥有独特设定的非玩家角色会在故事里起到至关重要的作用。

单机游戏或许可以理解为是看着一段只属于主角的故事，随着冒险，围绕在主角周围的人和事都会涉及一些性格鲜明的非玩家角色。而网游就更要注重非玩家角色的塑造，网游并不是围绕主角一人展开的故事，往往都是主角随着游戏的进程，经历着历史的变迁，看着周围每个非玩家角色的故事一路成长。看到那些熟悉的场景、熟悉的人随着世界的变迁一一改变，玩家也会有一种随着他们一同经历、一同成长的错觉。

人物设定需要：

A. 非玩家角色专有的造型设定。

B. 独有的技能武功。

C. 标志性的出场、语言、诗号、笑声（口头禅）。

D. 专属的故事。

E. 与其有关联的人和事。

F. 在这个世界观中的专属位置和社会关系。

G. 彰显非玩家角色个性的矛盾点和事件。

（8）物品

有故事的物品一定会比普通的物品更有价值。创造一些在游戏世界观中重要的物品，让这件东西拥有一段精致的故事背景，那么它的存在就不再是一件物品，而是一段历史的见证，同时也会为获得这件物品的故事和任务增加一份纪念。玩家多年后再想到这个物品就会想到那段故事、那些人，这才是物品设计的至高境界。当然物品的品级关系也是很重要的。东方与西方装备的名字会有着本质性的差异。西方注重装备的材质、持有人、赋予的能力，一般在名字中就能直接看出来，而东方装备的名字会比较写意，注重的是意境。装备的材质、故事等要靠玩家自己去探寻，切忌在欧式背景下出现成语和东方化的描述，而在中式游戏中也不要出现很欧式的名字。这样的错误很低端，会降低扮演感。（图1-24）

灰装

生锈的、破损的、有符文孔的。
这一类装备可以是整个世界中最低级的存在，因为它们的初始状态，跟一件垃圾没区别。但是请不要小看这个符文孔，只要镶嵌进对应的符文，这把“垃圾”会瞬间变成暗金色的半神器。简单来说，就是开启了这件装备的封印。这个设定关系到了镶嵌系统和符文系统，虽然玩点很高，但是需要其他系统和数值的支持。

白装

木、铜、铁、草木、皮革。
只要是最原始、最低级的材料制造的装备，都是白装一类。当然，白装也有等级区分，起码铁剑就比木剑结实对吧！
白装，是新手阶段的过度装备，只要是新手村附近能拥南的材料，都可以作为装备的命名。无需费太多心思在上面，10分钟就会被弃的装备，除非弄一些特色的搞怪物品，否则没有半点价值。当然，如果游戏内有造型拓印系统，可以弄一些猎户装、农夫装、渔民装来增加一些生活气氛。

蓝装

用《龙与地下城》体系下的描述就是附魔装备，或者是使用特殊材料制造的装备（这种材料虽然稀有，但是并不难获得）。
寒铁、精金、玄铁、秘银等稀有材料，或者拥有某种附魔效果，例如寒冰、烈火、锋锐等单一附魔效果的装备都可以用作蓝装。
蓝装的关键，是从名字就可以看出附魔或者材质，千万不要在蓝装上用一些比较虚幻缥缈的名字，这个层级的装备，还不需要这么高级的包装。

紫装

用非常特殊的材料制作而成，有着特殊用途和含义，或者被特殊人物使用过的装备，用作紫装。
这类材料极难获得，例如龙鳞、凤羽，有特殊用途，是例如屠龙、斩鬼、祭天等凡人做到最难任务的纪念。某些是还是凡人但世界观设定中比较古老且很著名人物使用的装备（并未神化的），例如青龙刀、真武剑等。
紫装的名字可以很飘逸，不需要从中看出装备的类型和能力，只需要一个符合这件装备特色的名字即可，例如碎星、破风、女妖之嚎、背德的旋律。

绿装

有同样的一个前缀，集齐一定数量后，有加成属性甚至特殊效果的装备，称之为套装。最常见的是门派和阵营的套装。
套装在暗黑系列的影响下，约定俗成的定义为绿色。但是它的能功是在紫装之上还是紫装之下？这一点各执己见。个人支持单件绿装属性跟蓝装持平，只有成套的绿装才会有超过紫装的设定。这样可以增加玩家中后期对于套装的收集欲望。
套装命名也要考虑这个前缀，要根据游戏装备系统的设计来考虑，品级不要设定得太高，否则会出现一身青龙套装却不如一把真武剑品级高的情况。

橙装

拥有非常传奇的色彩，并且被半神化的装备，可用作橙装。
这一系列的装备，也可以成为套装，甚至可以进化成“真XXX”装备。它们都有着属于自己的故事，有着非比寻常的来历，可以是被民间神化的，也可以是故事设定中异常传奇的装备。这一类装备的获得过程，本身就是一个任务、一段史诗，由一系列的任务，或者特殊剧情副本获得。玩家得到装备后，能了解这个故事，了解这件装备所蕴含的传说。
但是，这一类装备，不是神器，千万不可完全神化，那么最高级别的红色装备，就不好定义了。

红装

神器，是的，这就是神器。
不过，神器也是有三六九等的，基本原顾侧就是根据时间和使用人的辈分分级。这个很考验文案的知识功底。诛仙剑一定高于轩辕剑，不要问为什么，熟悉道家典籍的自然明白。但是大圣的金箍棒VS哪吒的火尖枪，这个就不好说了，具体的分辨方式，稍后在我关于世界观设定的文章中会详细说明，这里简单来说，就是看你的世界观设定了，你写的世界观你说谁强谁就强，顶多被玩家吐槽、被行内人嘲笑而已。
神器都是有固定名字的，当然，也可以杜撰一些神器，只要这东西有一个神器的背景即可。看过《龙门镖局》么？如何杜撰一把神器，学学《龙门镖局》即可。

图 1-24 不同颜色衣装代表不同含义

（9）编年史

编年史是在世界观游戏设计最后阶段才会考虑的，因为它只是一个历史片段的记载，可以随时补充和扩张。越详尽的编年史越可以在游戏中后期的设计中为文案创造更多的灵感。

编年史不一定要让玩家直接看到，可以通过任务、剧情、道具、史记文书、古迹建筑等多种元素慢慢展开，让玩家在游戏的过程中逐一发现、慢慢探索，寻找一份只属于自己的乐趣。

编年史设定需要：

A. 编年史只记录重要的历史事件。

B. 发生的事件之间会有的某种隐藏的联系。

C. 编年史会在某个时间点出现交集，引出事情的真相。

D. 让玩家成为新历史的见证者和经历者。

E. 历史在延续，创造一些时代的完结点，同时开始新的时代。

在这里需要强调的是，游戏世界观并不等于游戏剧情。世界观包括的是这个世界的规则以及在这个世界中合理存在的元素和元素之间的关系，剧情则是基于这套世界观体系和所存在元素上在某一个时间段里发生的故事。建造一个好的世界观，是需要很多信息和耐心的，尽量不要独自完成，有条件的团队最好两三个文案一同策划搭建世界观，甚至可以让美术设计师一同参与搭建，让整个游戏团队一同搭建一个属于你们的世界，不要让这个世界仅存在于文案的大脑中。成功游戏的世界观设定是被整个团队都认可的、都了解的，整个团队也会用心地搭建这个世界，这才叫团队配合，才可以缔造传世的作品。

第二章

游戏设计中期（一）

第一节 次世代游戏制作流程

<table>
<tr><th colspan="4">课程概况</th></tr>
<tr><th>课程内容</th><th>训练目的</th><th>重点与难点</th><th>作业要求</th></tr>
<tr><td>次世代游戏美术开发团队的组成
游戏整体美术风格
游戏类型的设定</td><td>了解游戏开发团队的组成和各个职务的工作内容</td><td>游戏美术设计
原画概念设计
3D 角色美术</td><td>选择一个自己喜欢或擅长的职务，结合知名游戏作品进行深入了解</td></tr>
</table>

2.1.1 次世代游戏美术开发团队的组成

游戏策划

首先来介绍游戏策划。这是一份有趣的工作，这份工作从理论上讲既不是美工也不是编程，但作用非常之大。

游戏策划师，又称为游戏企划师、游戏设计师，是游戏开发公司中的一种岗位，是电子游戏开发团队中负责游戏整体设计的策划人员，主要工作是编写游戏背景故事、制定游戏规则、设计游戏交互环节、计算游戏公式等。

（1）游戏策划师的主要职责

A. 以游戏创建者和维护者的身份参与到游戏世界中，将想法和设计传递给程序和美术。

B. 设计游戏世界中的角色，并赋予他们的性格和灵魂。

C. 在游戏世界中添加各种有趣的故事和事件，丰富整个游戏世界的内容。

D. 制作丰富多彩的游戏技能和战斗系统。

E. 设计前人没有想过的游戏玩法和系统。

（2）游戏策划的职务划分

A. 游戏主策划，又称为游戏策划主管，是游戏项目的整体策划者，主要工作职责是设计游戏的整体概念以及日常工作中的管理和协调，同时负责指导策划成员进行游戏设计工作。

B. 游戏系统策划，又称为游戏规则设计师，一般主要负责游戏的一些系统规则的编写，和游戏程序设计者的关系比较紧密。

C. 游戏数值策划，又称为游戏平衡性设计师，一般主要负责游戏平衡性方面的规则和系统的设计，包括 AI（人工智能系统）、关卡等。除了剧情以外的工作内容全部需要数值策划负责，比如玩家在游戏中所见的武器伤害值、HP 值，甚至包括战斗的公式等，都由数值策划所设计。

D. 游戏关卡策划，又称为游戏关卡设计师，主要负责游戏场景的设计以及任务流程、关卡难度的设计。简单来说，关卡策划是游戏世界的主要创造者之一。

E. 游戏剧情策划，又称为游戏文案策划，一般负责游戏的背景以及任务对话等内容的设计。游戏的剧情策划不仅仅只是自己埋头写游戏剧情，还要与关卡策划配合好设计游戏关卡。

F. 游戏脚本策划，主要负责游戏中脚本程序的编写，类似于程序员但又不同于程序员，因其会负责游戏概念上的一些设计工作，通常是游戏设计的执行者。

下图是游戏《美国末日》（图 2-1、图 2-2）的图片，这款游戏通过优秀的游戏策划获得了巨大成功，它的出现重新定义了游戏呈现的上限，结合剧情、声优和游戏体验毫无悬念地成为了 2013 年度最佳游戏。另有《使命召唤 11》（图 2-3、图 2-4）亦是成功案例。

图 2-1 《美国末日》1

图 2-2 《美国末日》2

图 2-3 《使命召唤 11》1

图 2-4 《使命召唤 11》2

游戏美术设计师

下图是著名游戏《炉石传说》的游戏宣传图和游戏图。（图 2-5、图 2-6）

图 2-5 《炉石传说》游戏宣传图

图 2-6 《炉石传说》游戏图

再来介绍游戏美术设计师。通俗地说，凡是游戏中所能看到的一切画面都属于游戏美术设计师的工作范畴，其中包括地形、建筑、植物、人物、动物、动画、特效、界面等内容的制作。

游戏美术设计师可以简单地分为 2D 和 3D 两类：2D 即使用位图等二维图形软件设计制作游戏；3D 则是通过大型的 3D 游戏引擎制作游戏世界和各种物件的 3D 模型，并由计算机处理后制成真实感较强的 3D 图像。

（1）原画概念设计师

这个职位需要有素描和色彩基础，通常会逐步提升为概念设计师。原画部门当中有美术宣传组，要求尤其高，必须有插画的基础和概念设计功底。（图 2-7）

作为原画师，需要懂得：

A. 运行 Photoshop 和 Paint 等软件并配合 3D 软件与手绘板来创作。熟练掌握电脑 CG 绘图语言、色彩原理，由传统绘画方式过渡到电脑绘画方式，最终掌握游戏美术光影、色彩、材质表现技能。

B. 能理解策划师给出的文案，并转换为图画。

C. 符合项目需求，设计出风格统一的原画。

D. 能够给 3D 美术人员作出详细的三视图和道具剖析图，色彩材质也要交代清楚。

E. 能够设计出符合项目需求的 3D 多边形模型设计初稿。

图 2-7 游戏原画设计图

图 2-8 游戏《魔兽世界》界面 UI 图

（2）UI 概念设计师

该职位设计游戏操作界面、登录界面、游戏道具、技能标志、游戏中小物件的设计等。

设计师需具有平面基础以及 3D 软件基础。但是这种职位并不多，而且岗位素养要求比较全面。（图 2-8）

图 2-9 3D 场景设定图

(3) 3D 场景美术师

场景是游戏中的环境、机械、道具等固定物件。

次世代游戏场景因为要逼真写实，所以会接触很多专业知识，要注重观察生活并积累很多经验。比如设计一条城市的街道，你不只需要了解城市规划方面的知识，甚至要去研究下水道如何布置。再比如说你需要做一件盔甲，你要去研究兵器的发展史，看看这个兵器的时代特征，甚至更要了解这套盔甲的部件及其穿戴顺序。了解得越细致，工作才能越出色。（图 2-9）

图 2-10 游戏 3D 角色设定图

(4) 3D 角色美术师

角色就是游戏中的人物、动物、怪物等活动的物体。角色美术师的起点要求比较高，必须要有比较好的美术基础，对人体结构娴熟了解，当然还会需要熟练使用 3D 制作软件。因为角色不管做什么，原理都是一样的，包括人体（或异体）组织结构，你会越做越娴熟，到最后甚至闭着眼睛都能做出来。（图 2-10）

(5) 游戏动画师

当一个角色设计完成之后，动作设计师需要对游戏角色设计出一套完美的动作。常规动作有走、跑、跳、攻击、死亡等。对熟悉的人、动物，要研究其运动规律。原画提供的很奇怪的生物，如类似于外星球生物这样没有实物参考的角色，就需要完全依靠动作设计师的想象来设计了。（图 2-11）

图 2-11 3D 角色动作设计

游戏特效设计师

图 2-12 游戏特效——战斗中的烟雾

游戏中的刀光剑影、爆炸的烟雾以及游戏中燃烧的火焰、水流潺潺的质感等这些都属于特效范畴。左图中的战斗中扬起的沙尘以及远处的烟雾、爆炸、弹道等就属于游戏特效的范畴。（图 2-12）

游戏编程

游戏编程是指利用计算机编程语言，如 C、C++、汇编等，编制计算机、手机或次世代游戏主机上的游戏。目前流行的游戏编程语言为 C++，目前流行的游戏编程接口为 DirectX 9/10/11、OpenGL、SDL 等。游戏编程与编程没有多大的差别，比如游戏引擎的制作就主要是游戏编程人员的工作。（图 2-13）

现在的游戏引擎编程多数比较简单，容易入门，比如 Unreal Engine 4 几乎不用编程，用 Blueprint 就可以涵盖之前的 Kismet 程序节点连接的方式，理解了其中原理之后创建游戏事件就变得非常简单。

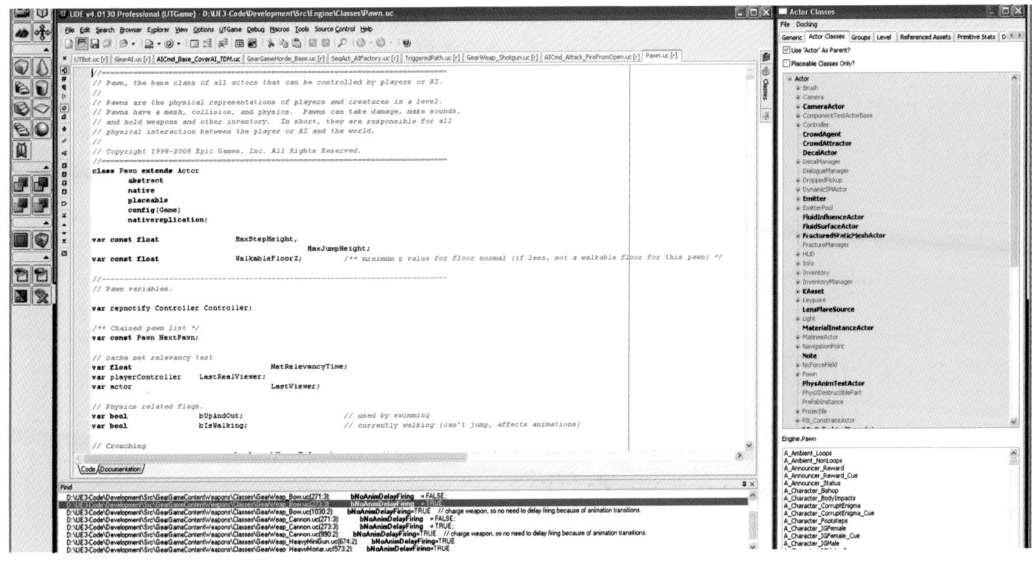

图 2-13 Unreal 游戏引擎中的编程部分

2.1.2 游戏整体美术风格

幻想类风格

幻想类游戏风格离不开一个问题——什么是幻想。要从词汇学的角度解释幻想一词就很麻烦了。幻想（Fantasy）是违背客观规律、不可实现、荒谬的想法或希望。总之，幻想不是什么好词，但是我们要从美术风格的角度去讲幻想。我是这样来解释幻想的：将违背客观规律、不可能实现而又神奇的想法或希望实践在计算机上。现在市面上很多风格的游戏都属于幻想类。下面介绍一款典型的幻想类美术风格游戏《最终幻想 15》。（图 2-14、图 2-15）

图 2-14 幻想类风格游戏 《最终幻想 15》 1

图 2-15 幻想类风格游戏 《最终幻想 15》 2

再举一个例子——《巫师 3》。这款游戏也是典型的幻想类风格游戏。下图是《巫师 3》的游戏运行截图。（图 2-16）

图 2-16 幻想类风格游戏 《巫师 3》

写实类风格

写实类风格，顾名思义，就是指游戏风格与现实贴近，能让玩家在游戏中感受到真实感。

图 2-17 写实类风格游戏《极品飞车 19》

首先是游戏《极品飞车 19》，这款游戏至今已经陪伴很多朋友有近 20 年了，模拟的是真实中的赛车。左图是《极品飞车 19》的游戏运行截图。（图 2-17）

再举一个例子——《潜龙谍影：幻痛》。这款游戏也是典型的写实类风格游戏。下图是《潜龙谍影：幻痛》游戏的实时运行截图。（图 2-18 至图 2-20）

图 2-18 写实类风格游戏 《潜龙谍影：幻痛》

图 2-19 写实类风格游戏《潜龙谍影：幻痛》1

图 2-20 写实类风格游戏《潜龙谍影：幻痛》2

科幻类风格

下图是科幻类风格游戏《DUST514》运行截图。（图 2-21）

图 2-21 科幻类风格游戏《DUST514》

图 2-22 科幻类风格游戏 《星球大战 1313》

再来介绍一款游戏《星球大战 1313》，这个游戏由同名电影《星球大战》改编。左图是《星球大战 1313》的游戏运行截图。（图 2-22）

2.1.3 游戏类型的设定

每个人在玩游戏的时候都喜欢不同类型的游戏，有的玩家偏重于策略类，有的偏重于动作类。合格的游戏美术师应该接触不同种类的游戏。并不是强调让大家每天都在游戏世界中度过，主要是希望大家了解并体验目前什么样的游戏最火。那么在这一节，将为大家介绍一些不同玩法的游戏。

射击类游戏

下面介绍的这款游戏是著名的“战地”系列游戏的第四代。《战地》系列是由美国艺电（EA GAMES）工作室出品的军事题材电子竞技类次世代游戏，属于第一人称类射击游戏。此游戏系列的首作《战地 1942》于 2002 年上市。

下图是《战地 4》的实际游戏运行截图。（图 2-23、图 2-24）

图 2-23 射击类游戏 《战地 4》1

图 2-24 射击类游戏 《战地 4》2

动作类游戏

下面这款游戏是大家耳熟能详的动作类游戏《刺客信条：大团结》，由著名法国工作室 UBI SOFT 工作室开发并发售，到目前为止已经出售第五代，主要以潜行暗杀、飞檐走壁等动作进行游戏。

下图是《刺客信条：大团结》的实际游戏运行截图。（图 2-25、图 2-26）

图 2-25 动作类游戏 《刺客信条：大团结》1

图 2-26 动作类游戏 《刺客信条：大团结》2

即时战略类游戏

《星际争霸 2》是著名的美国暴雪工作室在 2010 年出品的即时战略游戏。即时战略游戏是战略游戏的一种，游戏是即时进行的，而不是采用传统电子游戏及战略游戏中的回合制。

下图是游戏《星际争霸 2》的实际游戏运行截图。（图 2-27、图 2-28）

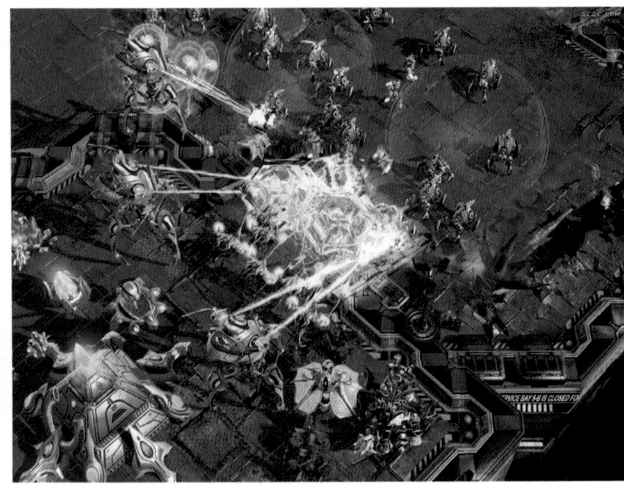

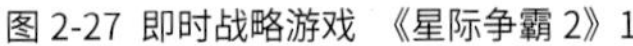

图 2-27 即时战略游戏 《星际争霸 2》1

图 2-28 即时战略游戏 《星际争霸 2》2

第二节 三维游戏美术基本介绍

课程概况			
课程内容	训练目的	重点与难点	作业要求
三维游戏美术的基本介绍 在正式学习之前需要了解的知识	了解三维游戏的基本制作流程和制作方法	次世代绘制 3D 美术制作基本流程 贴图的运用	搜集模型素材，并在软件中进行编辑和运用

2.2.1 三维游戏美术的基本介绍

3D 游戏美术中的次世代标准基本介绍

在《战争机器》（*Gears of War*）中，我们可以看到沙砾风化环境（地面）、高精度的动态人物、高清晰度的贴图（场景及角色）、对场景及环境贴图的极度表现、对场景环境光照技术的实现。（图 2-29）

图 2-29 《战争机器》 中高质量动态人物、场景等

图 2-30 《虚幻竞技场》 中现实环境光照技术

在《虚幻竞技场》（*Unreal*）中可以看到高清晰度的贴图（场景及角色）、沙砾风化和凹凸贴图的大量运用（场景及角色）、现实特效和物理仿真碰撞解算、现实环境光照技术。（图 2-30）

图 2-31 《极品飞车 19》 中现实环境光照技术

在《极品飞车 19》（*Need for Speed 19*）中可以看到高清晰度的贴图（场景及车辆）、有大量视差的幻想背景、沙砾风化环境（道路）、对车辆反光的特殊处理、现实物理仿真（车辆碰撞）、现实环境光照技术。（图 2-31）

图 2-32 《杀戮地带 3》 中现实环境光照技术

在《杀戮地带 3》（*Kill Zone 3*）中可以看到沙砾风化环境（路面），具备更多细节的动态人物，高清晰度的贴图，对环境细节的极度关注（场景及环境的细节上），现实特效、法线和凹凸贴图的大量运用以及现实环境光照技术。（图 2-32）

次世代绘制之细节混合的应用

图 2-33 游戏外观边缘连接

一些小设计细节可以被用来帮助遮蔽缺陷或将夸大的游戏环境元素融合在一起，它们能掩藏游戏外观的边缘连接。左图案例展示的是诸如窗户或门之类的物体，四周添加了装饰物后地面与墙壁被融合到一起的图样，地面上散落着一些废旧物品后墙壁则被溅上了斑斑点点的泥浆。建筑物的四周不再要求将两个平面以 90°彼此相交，它们可以有特殊的相交处理方法。这是细节融合的一个显著案例。观察一下这堵墙和地面的连接处，你会在此处看到一个非常明显的边缘连接痕，在这个案例中，小残片和小碎石块被创造性地用来融合并掩盖这两个连接面的痕迹。（图 2-33）

次世代绘制之表现建筑细节的应用

新一代操作平台性能的使用新方法在下面的案例中也能体现出来。此例取自游戏《战争机器》中的一栋大楼样板画面。如下图所示，很明显它并不仅仅是多边形模型和一张贴图，此例用上了几种全新的技巧表现建筑装饰细节。借助这些建筑设计特点，游戏美术师们得以运用更多种类的多边形来创建更多细节。在此图例中，图像各部分细节都得到了和谐的运用。（图 2-34）

图 2-34 游戏《战争机器》中一栋大楼样板画面

次世代绘制之纹理的应用

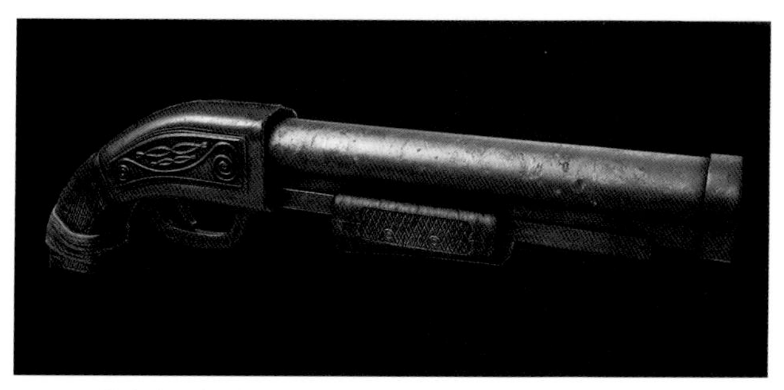

图 2-35 借助法线贴图来创作纹理装饰

由于不断地增强纹理分辨率，低劣的纹理装饰将比从前更难以掩饰。这就意味着每个纹理都必须要得到精细的绘制，并能够合理地运用到作品中。绘制更高分辨率纹理的过程要花费很长时间，但应当尽可能有效地精心制作。大量的复杂实物均可借助于法线贴图来创制而减少多余的多边形复杂性。这张图例也是纹理运用的显著案例，这些纹理互相充分融合并具备合理的色彩范围。（图 2-35）

3D 游戏美术制作的基本流程

在一个游戏项目开始制作之前，首先由策划来制定游戏的关卡、情节、角色属性、职业特征等，然后由美术部门来确定游戏制作的美术风格（例如是卡通风格还是写实风格或者唯美风格等），最后由程序部门确定游戏制作过程中所用到的各项技术，其中包括实现光照技术的方法等。

剧情是游戏的灵魂，美术风格是游戏的外在表现形式，实现技术是表现的手法，三者同等重要。这三个问题确定以后，下面就开始着手去制作了。制作流程如下：

第一，在策划案的指引下，由二维原画人员制定好原画，如下图所示，同时程序人员开始编写引擎的代码。待引擎功能基本成型后，美术人员可以将自己完成的模型、贴图及动作导入引擎中观察效果。（图 2-36）

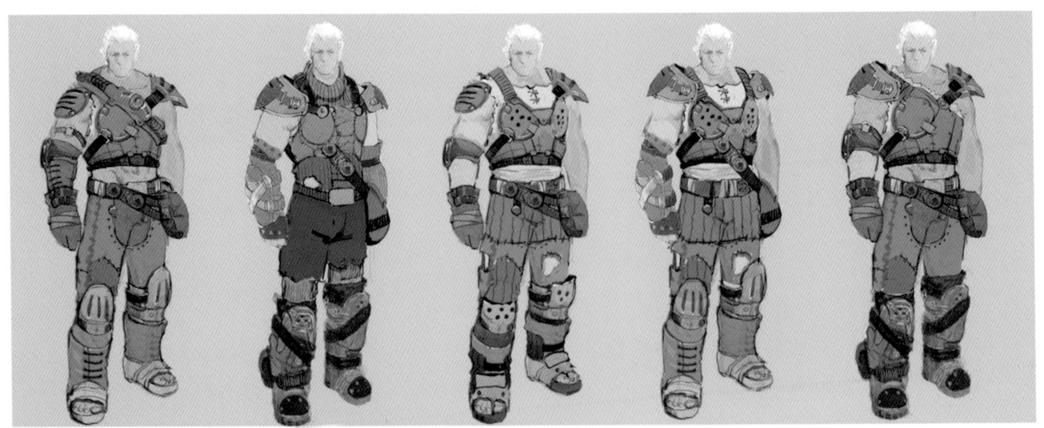

图 2-36 根据原画，程序人员开始编写引擎的代码

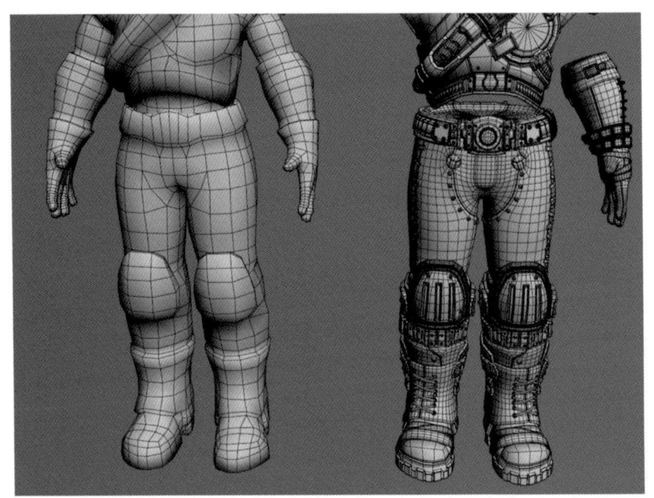

图 2-37 创建三维模型

第二，将原画转交给 3D 人员，创建三维模型。（图 2-37）

第三，根据 UV 坐标绘制贴图。（图 2-38）

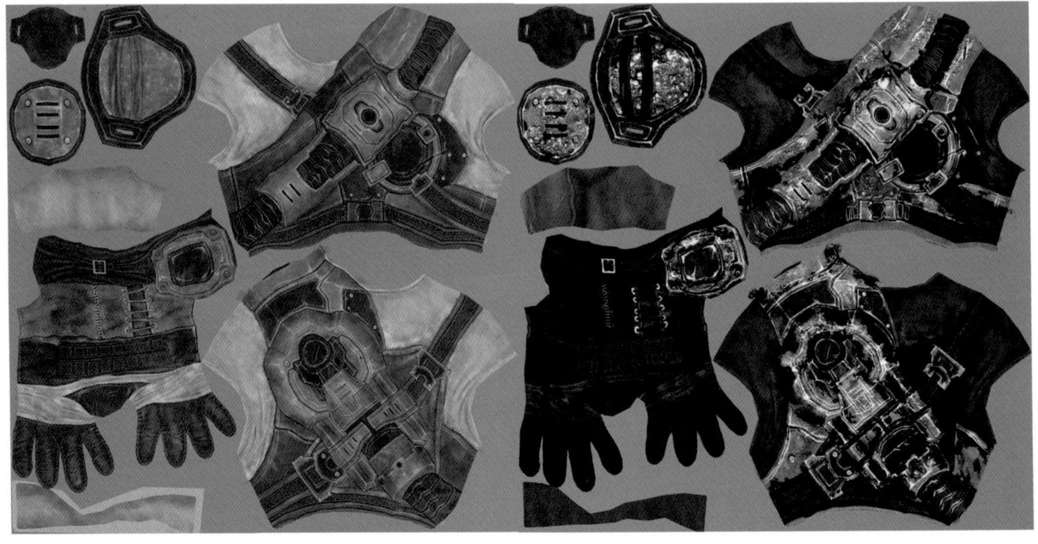

图 2-38 根据 UV 坐标绘制贴图

第四，将模型和贴图整合，完成模型的创作。（图 2-39）

图 2-39 模型和贴图整合，完成模型的创作

2.2.2 在正式学习之前需要了解的知识

贴图创作在 3D 游戏美术中的重要性

贴图在游戏画面效果中占有相当重要的地位。下面我们来看一个例子。这是一个没有赋予贴图的箱子，如图 2-40-1 所示。加入了箱子贴图，看上去像个铁质的，如图 2-40-2 所示。加入了法线贴图、置换贴图之后，不只模型表面的凹凸发生了变化，而且模型的边缘也发生了变化，模型看起来更具有体积感，如图 2-40-3 所示。

图 2-40-1 无贴图

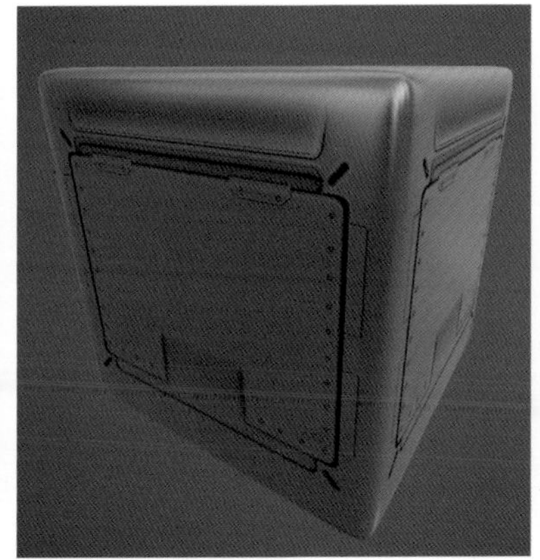

图 2-40-2 加入箱子贴图

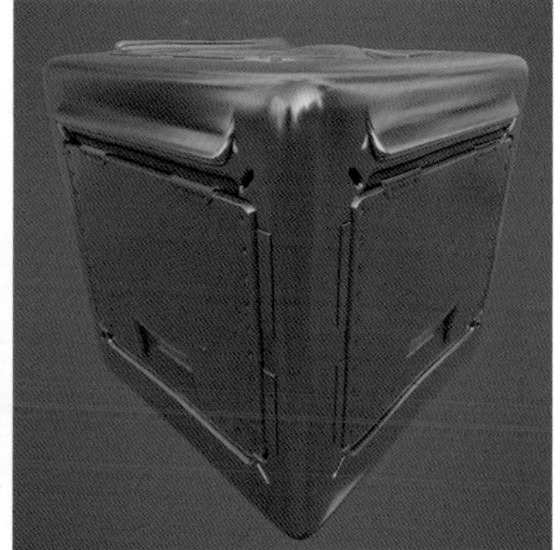

图 2-40-3 加入法线贴图

从无贴图到加入箱子贴图再到加入法线贴图、置换贴图

在实时（ReAltime）游戏（其中包括电视游戏、网络游戏、电脑游戏、手机游戏）中，对构造物体多边形的数量是有限制的，所以我们使用纹理贴图来弥补模型上所没有表现的各种细节。在描绘游戏中的角色、场景的细节和质感时，贴图起到了相当大的作用。在上图箱子的例子中，两幅图是同一个由六个四边面组成的盒子，但不同的贴图传达给玩家的视觉感受却是不一样的，由此可见贴图的运用对游戏来说是至关重要的。

理解贴图创作中的重要概念——分辨率

我们首先通过一个小测试讲解一下分辨率的概念：先用八个模型拼出一个禁止通行的符号，它看上去可能有点像禁止通行的符号，但是想要一下子就可以清晰地看出来会有些困难，如图 2-41-1 所示；再用十三个模型拼出一个禁止通行的符号，此时你可以拼出一个看上去更为清楚、一眼望去就可以分辨出来的标志，看上去虽然比刚刚八个模型要好一些，但仍没有我们想要的那么清晰，如图 2-41-2 所示；最后再用一条线画成一个禁止通行符号，这个符号就被很清晰地刻画出来了，如图 2-41-3 所示。

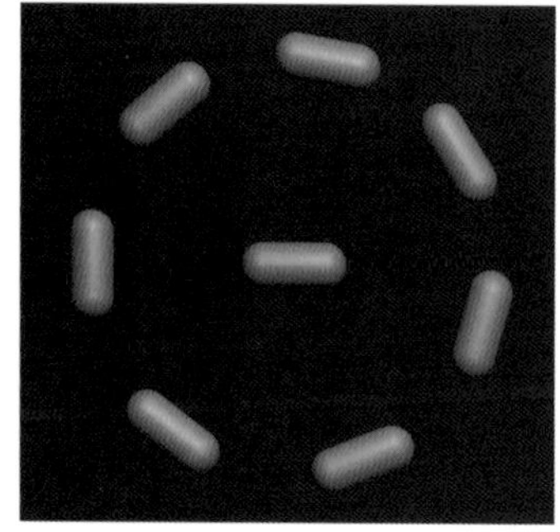
图 2-41-1 8 个模型拼接

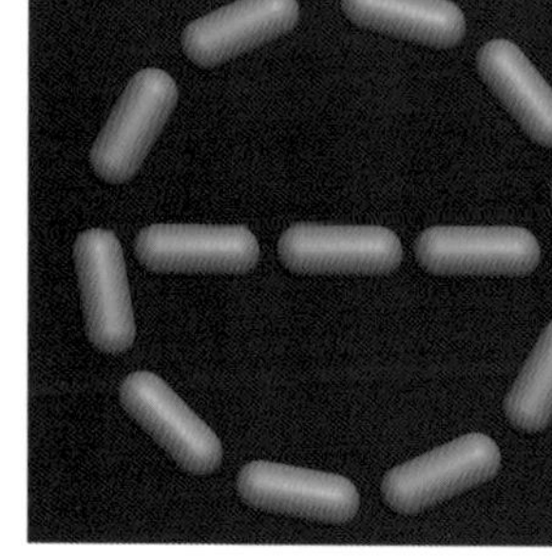
图 2-41-2 13 个模型拼接

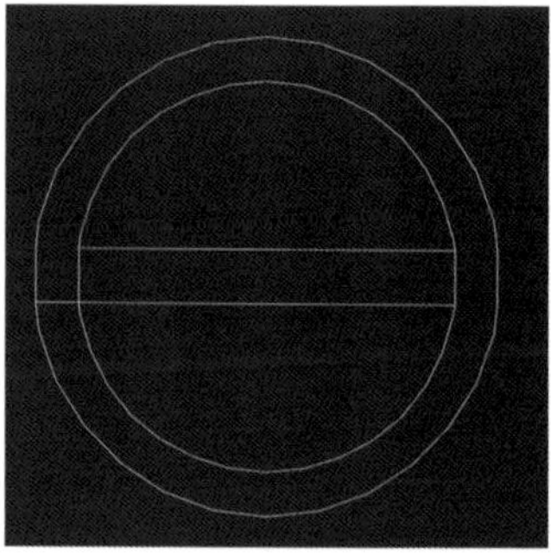
图 2-41-3 用一条线画出

分辨率的道理与这个例子非常相似：给你的“模型”（像素）越多，你的画面也会越准确而生动。同样，你在一张 A4 画纸上进行绘画和你在一张很大很大的电影海报上绘画，虽然两个不同大小的绘画面积的纸上画的是同一幅画，很显然在电影海报上会画出更多的细节。

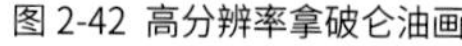
图 2-42 高分辨率拿破仑油画

图 2-43 低分辨率拿破仑油画

这里讲述的游戏贴图的分辨率也就是纹理贴图尺寸的大小。在游戏美术的创作中，通常都是以 2 的 N 次方来表示。下面列出一些常用的贴图分辨率：32×32、64×64、128×128、256×256、512×512、1024×1024、2048×2048、4096×4096 等。图 2-42 所示是一张高分辨率的拿破仑油画，图 2-43 所示是一张仿制的较低分辨率的油画，两张图片的区别就是高分辨率与低分辨率的区别，其特点与清晰度有很大关系。

理解贴图创作中的重要概念——常用贴图分类

图 2-44 漫反射贴图

在传统网络游戏中，彩色的贴图为漫反射（Diffuse）贴图，在近几年的次世代游戏中或为反照率（Albedo）贴图。漫反射贴图需要具备几个要素：物体的固有色、受光照后表面的高光以及暗部、暗部的反光和投影。（图 2-44）

漫反射贴图的优点在于效果统一，看上去效果更丰富、美观。其缺点在于这类贴图不能随玩家的视角变化而产生变化，不能跟随光源的变化而变化。在此类贴图中，适当根据情况加入小的细节可以增加画面的真实感和深度感。过去的游戏通常把高光、凹凸、阴影在这一张图里表现出来。

图 2-45 反照率贴图只包含彩色信息

反照率（Albedo）贴图只包含色彩信息，阴影和广告不包含在内，所以此类贴图上只会反映出物体本身的固有色信息，贴图上看上去更加“平坦”。目前游戏的发展趋势是运用高级的实时光照技术，使物体材质与光源和周围的环境更真实地互动。次世代贴图需要把传统的一张贴图表现出的质感拆分成多通道表现单独的实时效果，每张贴图在绘制时都需要花费更多的时间，但时间上的损失换来的却是画面品质的提升。（图 2-45）

图 2-46 高光贴图和光泽度贴图用于给游戏中的元素加高光和光辉

高光贴图（Specular Map）和光泽度贴图（Gloss Maps）是用于给游戏中的元素加高光和光辉的。这些贴图负责更进一步定义在反照率（Albedo）贴图上画的材质的类型。它们可以很快地通过画适当的物体反光的颜色和物体高光的范围确定某一个区域是金属、橡胶还是木头。左面的图例就是高光贴图（Specular Map）和光泽度贴图（Gloss Maps）。（图 2-46）

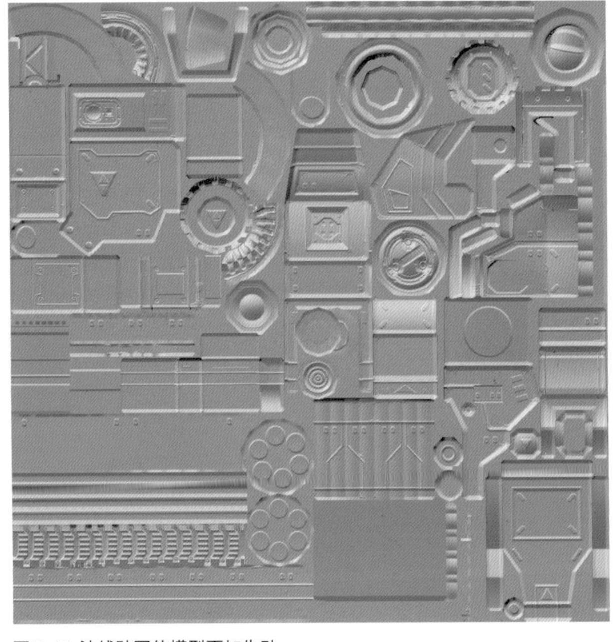

图 2-47 法线贴图使模型更加生动

法线贴图（Normal Map）是凹凸贴图当中的一种。传统的凹凸贴图缺乏立体感，而运用法线贴图的模型更加生动。在游戏中，由于受到多边形数量的限制，很多模型的结构细节、材质纹理细节只能通过贴图来表现。例如砖墙的凹凸、木板上的半凸起的钉子、角色脸上的疤痕、肌肉上突出的血管等，都是法线贴图表现的对象。法线贴图虽然不会改变物体轮廓形状，但其在灯光照射下的表现确实更加生动。（图 2-47）

理解贴图创作中的重要概念——Alpha 通道

Alpha 通道是一种灰度图像，它属于 RGB（是由红绿蓝三原色为命名）格式的贴图通道内的 A 通道，是一种介于黑白之间的所有色彩，同时也包含黑白两色。一般游戏贴图保存的格式为 TGA、PNG、DDS、PSD 等，这些格式都支持 Alpha 通道。

Alpha 通道在游戏美术中的作用相当重要，例如玩家看见的角色头发、窗户透明的效果包括物体的自发光、定义对象所受到光照的高光贴图等，游戏里所有的特效都要用到 Alpha 通道。

图 2-48 热带植物模型叶子运用的是面片模型

下面我们举一个例子，让大家了解一下 Alpha 通道在游戏中表现植物时的作用。左面是一个热带植物模型，这里的叶子用的是一个面片模型，被划分成了几段。（图 2-48）

图 2-49 标准的 RGB 纹理贴图

这是一张标准的 RGB 纹理贴图。（图 2-49）

图 2-50 黑色代表完全透明，白色代表不透明区域

图 2-50 所示的图像是为图 2-49 贴图的 Alpha 通道。在这张黑白图上面，黑色代表着完全透明，而白色代表的是不透明区域。

图 2-51 叶子外形轮廓明显，其余地方全部透明

把这张带有 Alpha 通道的纹理贴图贴到模型上的时候，Alpha 通道起到了透明作用。我们可以看到在三维软件里，叶子的外形轮廓很明显，其余的地方全部透明化。（图 2-51）

理解贴图创作中的重要概念——AO 贴图

Ambient Occlusion，以下简称 AO，中文译名叫“环境闭塞贴图”。AO 贴图是来描绘物体和物体相交或靠近的时候遮挡周围漫反射光线的效果，可以解决或改善漏光、飘和阴影不实等问题，解决或改善场景中缝隙、褶皱与墙角、角线以及细小物体等表现不清晰的问题，综合改善细节，尤其是暗部阴影状况，增强空间的层次感、真实感，同时加强和改善画面明暗对比，增强画面的艺术性。

用比较通俗的话来总结一下：AO 不需要任何灯光照明，它以独特的计算方式吸收“环境光”（同时吸收未被阻挡的“光线”和被阻挡光线所产生的“阴影”），从而模拟出全局照明的效果（Enhance GI or fake GI）。它主要是通过改善阴影状况来刻画更好的图像细节，尤其在场景物体很多时到处阻挡着光线导致间接照明不足时，AO 的作用会更加明显。图 2-52 为一般光照模式，图 2-53 为贴好 AO 贴图的底膜效果。

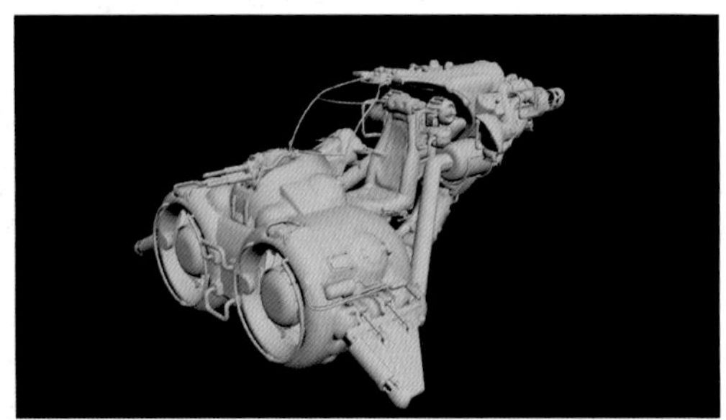

图 2-52 物品在一般光照模式下的效果

图 2-53 物品贴好 AO 贴图的底膜效果

第三章

游戏设计中期（二）

第一节 常用软件介绍

课程概况

课程内容	训练目的	重点与难点	作业要求
常用三维软件介绍 平面软件介绍 引擎软件介绍 辅助软件及插件介绍	学会运用常用软件进行基本的游戏制作	各类软件的学习与熟练应用	掌握每个软件的基本功能

3.1.1 常用三维软件介绍

3ds Max

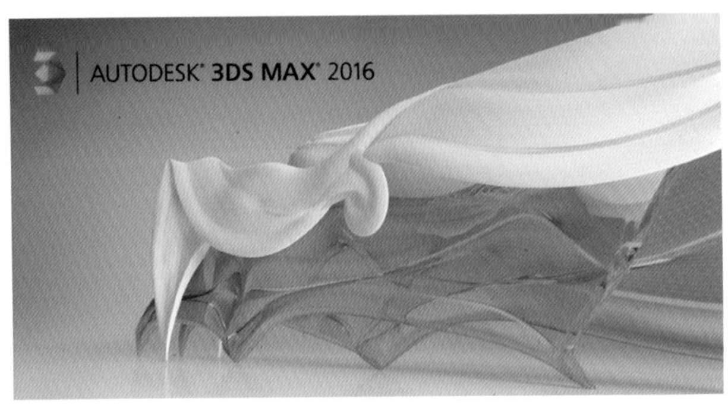

图 3-1 Autodesk 3ds Max 2016 界面

3D Studio Max，常简称为 3ds Max 或 Max，是 Discreet 公司（后被 Autodesk 公司合并）开发的基于 PC 系统的三维动画渲染和制作软件。其前身是基于 DOS 操作系统的 3D Studio 系列软件。在 Windows NT 出现以前，工业级的 CG 制作被 SGI 图形工作站所垄断。3D Studio Max + Windows NT 组合的出现一下子降低了 CG 制作的门槛，首先开始运用在电脑游戏的动画制作中，后更进一步开始参与影视的特效制作，例如《X 战警》《最后的武士》等。

在 Discreet 3ds Max 7 后，该软件正式更名为 Autodesk 3ds Max，最新版本是 3ds Max 2016，如图 3-1 所示。

Max 在次世代游戏开发过程中，主要负责前期的模型

图 3-2 此机械模型画面为 3ds Max 制作

创建、UV 分展与修改、烘焙贴图、绑定并适配骨骼等。本书所介绍的关于 Max 的建模部分基本上都属于硬表面或无机体的建模方式，而软体建模部分则在后面的 ZBrush 课程内有更详细的介绍。

图 3-2 所示为 3ds Max 制作的机械模型画面。

ZBrush

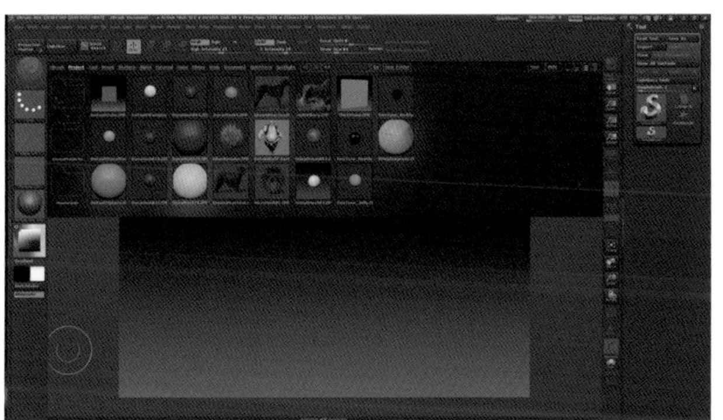

图 3-3 数字雕刻和绘画软件——ZBrush 软件界面

ZBrush 是一款数字雕刻和绘画软件，它以强大的功能和直观的工作流程彻底改变了整个行业。在一个简洁的界面中，ZBrush 为当代数字艺术家提供了世界上最先进的工具。以实用的思路开发出的功能组合，在激发艺术家创作力的同时，产生了一种用户感受，即在操作时会感到非常顺畅。ZBrush 能够雕刻高达 10 亿多边形的模型，所以说限制只取决于游戏美术师自身的想象力。图 3-3 所示为 ZBrush 软件界面。

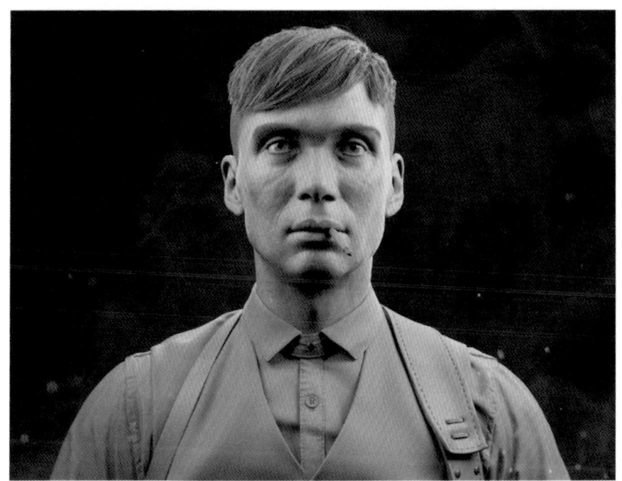

图 3-4 ZBrush 雕刻作品

ZBrush 是按照世界领先的特效工作室和全世界范围内的游戏设计者的需要，以一种精密的结合方式被开发成功的软件，它提供了极其优秀的功能和特色，可以极大地增强设计师的创造力。在建模方面，ZBrush 可以说是一个极其高效的建模器。它进行了相当大的优化编码改革，并与一套独特的建模流程相结合，可以让设计师制作出令人惊讶的复杂模型。不论是中分辨率还是高分辨率的模型制作，设计师的任何雕刻动作都可以瞬间得到回应，还可以实时地进行不断的渲染和着色。ZBrush 是一款新型的电脑动画软件，它的优秀的 ZBrush 球建模方式，不但可以做出优秀的静帧，而且也参与了很多电影特效、游戏的制作过程（大家熟悉的《指环王 III》《半条命 II》都有 ZBrush 的参与）。它可以和 3ds Max 合作做出令人瞠目的细节效果。现在，越来越多的电脑动画设计师都想来了解 ZBrush。一旦学习了 ZBrush，肯定都会一发不可收拾，因为 ZBrush 的魅力实在是难以抵挡的。ZBrush 的建模方式将会是将来电脑动画软件的发展方向。图 3-4 所示为 ZBrush 雕刻作品。

Unreal Engine 4

图 3-5 Unreal Engine 4 的游戏效果

图 3-6 Unreal Engine 4 静帧作品

Unreal Engine 4（简称 UE4）虚幻引擎 4 是目前世界最知名、授权最广的顶尖游戏引擎，占有全球商用游戏引擎 80% 的市场份额。基于它开发的无数大作，除《虚幻竞技场 3》外，还包括《战争机器》《质量效应》《生化奇兵》等。在美国和欧洲，虚幻引擎主要被用于主机游戏的开发。在亚洲，中国和韩国众多知名游戏开发商购买该引擎主要用于次世代网游的开发，如《剑灵》《TERA》《战地之王》《一舞成名》等，iPhone 上的游戏有《无尽之剑》（1、2、3）、《蝙蝠侠》等。图 3-5 所示为运用虚幻引擎的游戏效果。

"Unreal Engine 3" 3D 引擎采用了目前最新的即时光迹追踪、HDR 光照技术、虚拟位移等新技术，而且能够每秒钟实时运算两亿个多边形运算，效能是目前"Unreal Engine"的 100 倍，而通过英伟达（NVIDIA）的 GeForce 6800 显示卡与"Unreal Engine 3" 3D 引擎的搭配，可以实时运算出电影等级的画面，效能非常可观。

图 3-6 所示为 Unreal Engine 4 静帧作品。

Marmoset Toolbag 2

图 3-7 Marmoset Toolbag2 的窗口展示效果

Marmoset Toolbag 2 是 8Monkey 公司所拥有的游戏引擎和工具集合的总称，而这款 Marmoset Toolbag 是该公司推出的软件。该软件的主要特征功能是可以进行实时模型观察、材质编辑和动画预览，它能在一个实时环境里给游戏美术师提供一个有效的工作流，包括特殊的演示及模型、纹理集和动画，完全不用花费太多的时间在材质设置或冗长的渲染上。图 3-7 所示为 Marmoset Toolbag 2 的窗口展示效果。

图 3-8 Marmoset Toolbag2 静帧作品

Marmoset Toolbag 2 是一个实时的材料编辑和演示工具。Toolbag 2 在效果上有了很大飞跃，几乎可以达到电脑动画渲染器的水准。图 3-8 所示为 Marmoset Toolbag 2 静帧作品。

TopoGun

TopoGun 是一款独立的三维拓扑软件，在流程上属于模型前期部分，我在此把其称为逆向建模技术，这种方法会让设计师有一种很直接、显而易见的建模感受。当然，先有高精度模型后拓扑肯定需要作者有一定的模型布线经验。

图 3-9 所示为 TopoGun 软件操作界面。

图 3-9 TopoGun 软件操作界面

由于我们在次世代游戏制作流程的前期需要先创建高精度模型，而在创建高精度模型之后，如果我们需要一个大小比例与高精度模型一致的底模作为承载法线贴图（Normal Map）的载体加入游戏引擎中并查看效果，那么就需要利用 TopoGun 这款软件了。

图 3-10 所示为 TopoGun 拓扑效果。

图 3-10 TopoGun 拓扑效果

3.1.2 平面软件介绍

图 3-11 平面设计中最常用的电脑软件工具

平面设计软件是电脑设计软件的统称。平面设计软件需要在电脑上运行并使用来进行平面画面、平面文字的设计工作。例如 Adobe Photoshop（PS）、Adobe Illustrator（AI）、Adobe Indesign（ID）是平面设计中最常用的电脑软件工具。（图 3-11）

Adobe Photoshop

图 3-12 Adobe Photoshop 界面

Adobe Photoshop，简称“PS”，是由Adobe Systems开发和发行的图像处理软件。

Photoshop 主要处理以像素构成的数字图像。使用其众多的编修与绘图工具，可以有效地进行图片编辑工作。PS 有很多功能，在图像、图形、文字、视频、出版等各方面都有涉及。

2003 年，Adobe Photoshop 8 被更名为 Adobe Photoshop CS。2013 年 7 月，Adobe 公司推出了最新版本的 Photoshop CC。自此，Photoshop CS6 作为 Adobe CS 系列的最后一个版本被新的 CC 系列取代。

Adobe 支持 Windows 操作系统 、安卓系统与 Mac OS， 但 Linux 操作系统用户可以通过使用 Wine 来运行 Photoshop。

在 Photoshop CS6 功能的基础上，Photoshop CC 新增相机防抖动功能、CameraRAW 功能改进、图像提升采样、属性面板改进、Behance 集成等功能以及 Creative Cloud（云功能）。（图 3-12）

3.1.3 引擎软件介绍

游戏引擎是指一些已编写好的可编辑电脑游戏系统或者一些交互式实时图像应用程序的核心组件。这些系统为游戏设计者提供各种编写游戏所需的工具，其目的在于让游戏设计者能容易和快速地做出游戏程式而不用由零开始。游戏引擎大部分都支持多种操作平台，如 Linux、Mac OS X、Windows。游戏引擎包含以下系统：渲染引擎（即“渲染器”，含二维图像引擎和三维图像引擎）、物理引擎、碰撞检测系统、音效、脚本引擎、电脑动画、人工智能、网络引擎以及场景管理。（图 3-13）

图 3-13 游戏引擎常用系统

游戏引擎是一个为运行某一类游戏的机器而设计的能够被机器识别的代码（指令）集合。它像一个发动机，控制着游戏的运行。一个游戏作品可以分为游戏引擎和游戏资源两大部分。游戏资源包括图像、声音、动画等部分，列一个公式就是“游戏 = 引擎（程序代码）+ 资源（图像、声音、动画等）”。游戏引擎则是按游戏设计的要求顺序调用这些资源。

主流游戏引擎介绍

Cry Engine（孤岛危机引擎）是德国 CRYTEK 研发的游戏引擎。（图 3-14）

图 3-14 Cry Engine 是德国 CRYTEK 研发的游戏引擎

游戏引擎主要特点

（1）实时动态光照（Realtime Dynamic Illumination）

不进行预先的演算，也不限制场景的复杂性，能够实现二次光照与反射等特效。在图中，我们能够看到空中飘浮的光点照亮了周围以及被光源照射到的物体身上的反射，就是段落开头所说的特效。不进行预先的演算、不被几何条件所左右是该引擎的最大特点，在实际的效果中，我们还能看到类似于后述的屏幕空间环境光遮蔽（SSAO）改进形态的特效。

（2）延迟光照（Deferred Lighting）

CE3 中采用了和 KILLZONE2 一样的延迟渲染 (Deferred Shading) 技术。在延迟着色的场景渲染中，像素的渲染被放在最后进行，随后再通过多个缓冲器同时输出。最后进行的是光照渲染，这是一种将存在于该场景的光源通过类似于后处理的渲染来进行的处理。在该流程中，理所当然地要对光照进行计算，这个时候首先需要使用到的是通过多个缓冲器输出的中间值。

在延迟光照中，就算是遇到动态光源比较多或者是场景内 3D 物件数量比较多的情况，也能够高效率地进行光照渲染。但是，因为半透明物件需要同普通的渲染管线的效果进行合成处理，所以在遇到场景内半透明的物件比较多的场合，可能会碰到性能的损失，使得延迟渲染的效果无法得到很好的发挥。

（3）动态软阴影（Dynamic Soft Shadows）

动态阴影的生成可以说是 CE 引擎的一个特色了。CE3 中使用了深度阴影的算法来实现阴影的生成，而阴影边缘则使用了模糊滤镜，从而实现了平滑的软阴影效果。

图 3-15 寒霜引擎——《战地》系列设计的 3D 游戏引擎

图 3-16 寒霜引擎——运作庞大而又有着丰富细节的游戏地图

图 3-17 Unity 3D Engine——综合型游戏开发工具

寒霜引擎（Rostbite Engine）是瑞典 DICE 游戏工作室为著名电子游戏产品《战地》（Battlefield）系列设计的一款 3D 游戏引擎。寒霜引擎的特色是可以运行庞大而又有着丰富细节的游戏地图，同时可以利用较低的系统资源渲染地面、建筑、杂物的全破坏效果。使用寒霜引擎可以轻松地运行大规模的、所有物体都可被破坏的游戏。（图 3-15、图 3-16）

寒霜引擎有一套较完善的可破坏物件系统。相较其他引擎，用寒霜引擎制作破坏物件更简单，在游戏中渲染破坏效果消耗的系统资源更少，因此可用来制作“一切皆可破坏”的地图。理论上地面也是可以破坏的，但是考虑到游戏的平衡性和耐玩性，DICE 在制作的各游戏中并没有应用地面破坏的特性。

Unity3D Engine：Unity是由Unity Technologies开发的一个让玩家轻松创建诸如三维视频游戏、建筑可视化、实时三维动画等互动内容的多平台的综合型游戏开发工具，是一个全面整合的专业游戏引擎。Unity类似于Director、Blender game engine、VirTools 或 Torque Game Builder等以交互的图形化开发环境为首要方式的软件，其编辑器运行在Windows 和Mac OS X下，可发布游戏至Windows、Mac、Wii、iPhone、Windows phone 8和Android平台，也可以利用Unity web player插件发布网页游戏，支持Mac 和Windows的网页浏览。它的网页播放器也被Mac widgets所支持。可以支持几乎所有平台的发布以及大量汇编程序的接口是其最大特色，应用极其广泛。（图 3-17）

此外，常见的还有 Luminous 夜光引擎、RAGE 引擎、idTECH 引擎、Naughty Dog 引擎等。

3.1.4 辅助软件及插件介绍

图 3-18 独立工具包

Marmoset Toolbag 是一个功能全面的、实时的材质编辑器和演示工具的工具包。作为一个独立的工具包，Toolbag 在一个实时环境里为 3D 艺术家提供一个有效的工作流，包括特殊的演示及模型、纹理集和动画，完全不用花费太多的时间在材质设置或冗长的渲染上。（图 3-18）

图 3-19 纹理制作由行业顶尖艺术家开发

Quixel Suite 包括 NDO、DDO、3DO 等材质库。它拥有非常棒的工作流程，直接在 Photoshop 里工作。使用 Quixel Suite 能够创造出业界领先的惊人的纹理和法线贴图，由行业顶尖的艺术家们开发，可以保证最高质量的结果和最终的艺术体验。（图 3-19）

图 3-20 Knald 生成法线贴图

Knald 是一个基于 GPU、从 2D 贴图生成的用于 3D 软件的贴图的软件。Knald 可以在五秒钟之内生成法线贴图、衍生贴图、置换贴图、环境闭塞贴图、凹凸贴图。当你载入一张现有的高度图，其他所有贴图都会立即自动生成。（图 3-20）

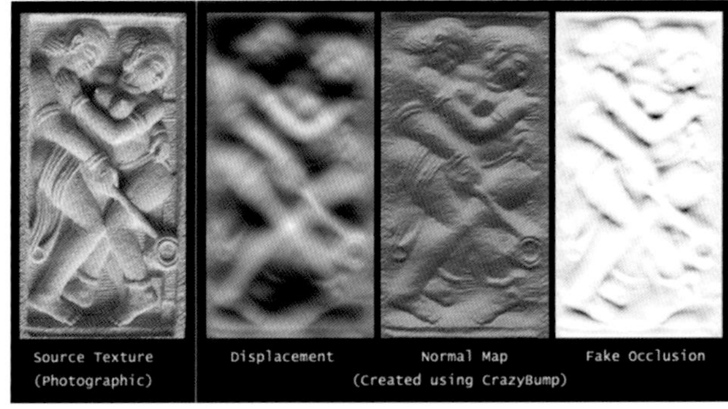

图 3-21 CrazyBump——一个图片转法线贴图的小工具

CrazyBump 是一个图片转法线贴图的小工具，操作起来非常方便，可调节参数也不是很多，效果比 PS 插件的细节要丰富，并且能同时导出法线、置换、高光和全封闭环境光贴图，且有即时浏览窗口。该软件可利用普通的 2D 图像制作出带有 Z 轴（高度）信息的法线图像，可以用于其他 3D 软件里，可以使一个低精度的模型呈现高精度的效果，大量用于游戏中。（图 3-21）

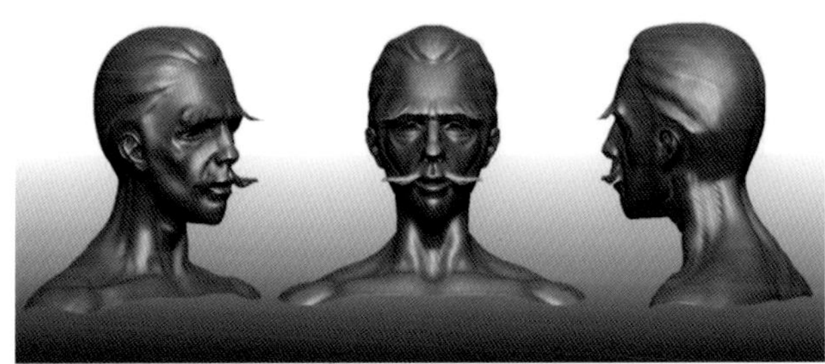

图 3-22 Sculptris——一款小巧强大的 3D 模型雕刻软件

Sculptris 是一款小巧强大的 3D 模型雕刻软件。Scuptris 的特点就在于用户完全可以不同考虑拓扑结构，像捏橡皮泥一样随意变形目标物体。它使用自适应的三角形构成多边形网格。当笔刷刷出细节部分的时候，Scuptris 会自动将刷出部分的三角面进行网格细分；当拉长模型的时候，网格也会自动添加三角面，以保证每个三角面都是类似等边三角，保证了表面网格的均匀。（图 3-22）

第二节 三维软件小试牛刀

课程概况

课程内容	训练目的	重点与难点	作业要求
三维软件基础 利用三维软件制作高精度模型武器及载具 利用 ZBrush 对高精度模型细化 利用 TopoGun 制作低精度模型 利用 UVLayout 为低精度模型分展 UV 3ds Max 烘焙技巧 深入学习 ZBrush R6 学习并使用 ZBrush 制作角色与物件高精度模型	利用三维软件制作游戏内所需模型	灵活运用各种三维软件进行建模	运用软件制作一个高精度模型，并渲染出效果图

3.2.1 三维软件基础

3ds Max 界面介绍

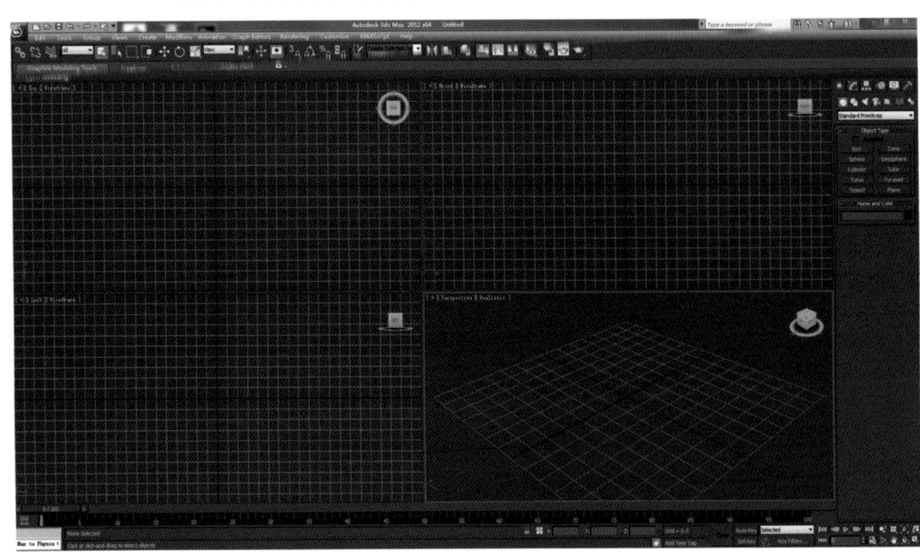

图 3-23 3ds Max 界面

在 3ds Max 的界面中，视窗占据了主界面的大部分区域，可在视窗中查看和编辑对象，主界面的剩余区域用于容纳控制功能以及显示状态信息。（图 3-23）

主工具栏

◇◇◇◇◇◇◇

主工具栏样式如下。(图 3-24)

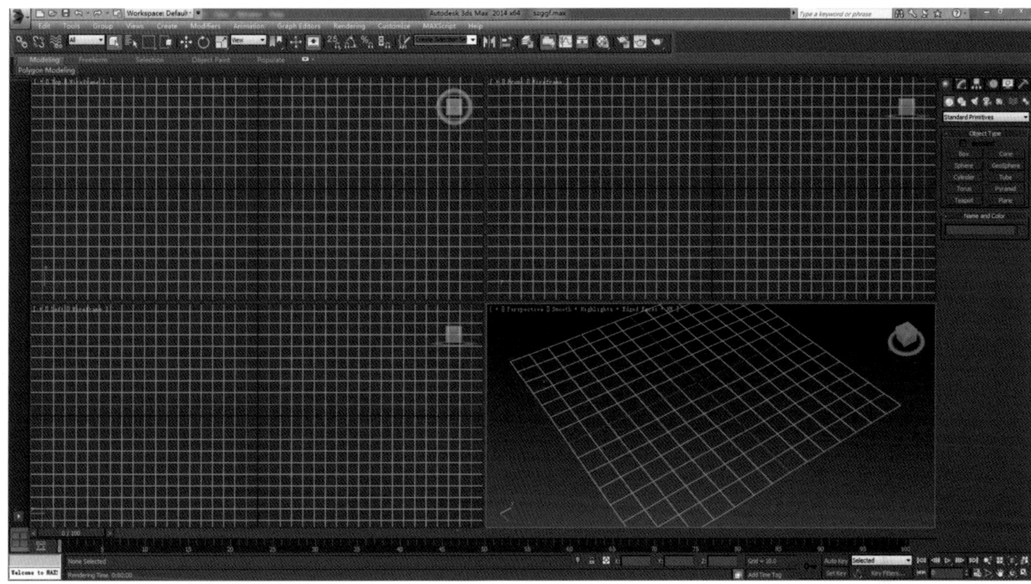

图 3-24 3ds Max 主工具栏

主菜单

◇◇◇◇◇

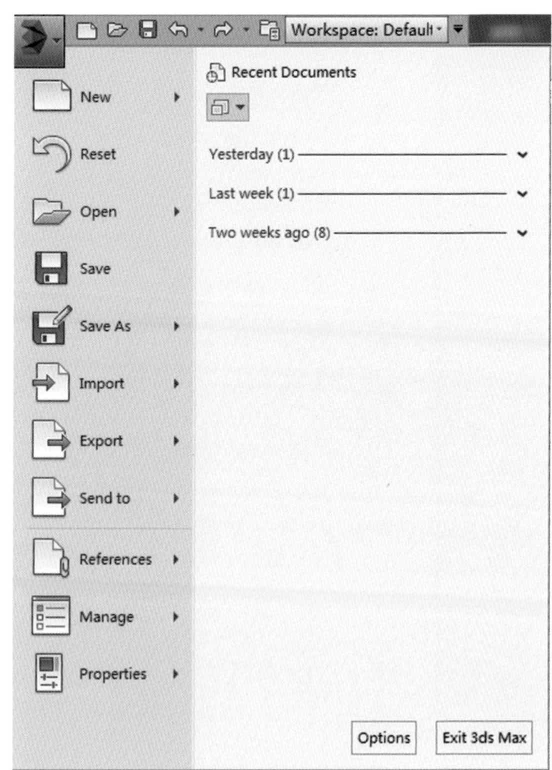

图 3-25 文件菜单用于管理 3ds Max 场景文件

文件（File）菜单主要用于对 3ds Max 场景文件的管理，包括打开、保存、输入和输出文件，显示文件信息，合并文件，重设界面和退出等命令。（图 3-25）

工具（Tools）菜单提供了一些可以对场景中的对象进行操作和设置的工具，包括克隆和对齐对象等。（图 3-26）

Tools Group Views Create Mod
Container Explorer...
New Scene Explorer...
Manage Scene Explorer...
Saved Scene Explorers
Containers
Isolate Selection Alt+Q
End Isolate
Display Floater...
Manage Layers...
Manage Scene States...
Light Lister...
Mirror...
Array...
Align
Snapshot...
Rename Objects...
Assign Vertex Colors...
Color Clipboard...
Perspective Match...
Viewport Canvas...
Preview - Grab Viewport
Grids and Snaps
Measure Distance...
Channel Info...
Mesh Inspector

图 3-26 工具菜单提供了一些可以对场景中对象进行操作和设置的工具

视图（Views）菜单包括 3ds Max 视图显示和设置功能。（图 3-27）

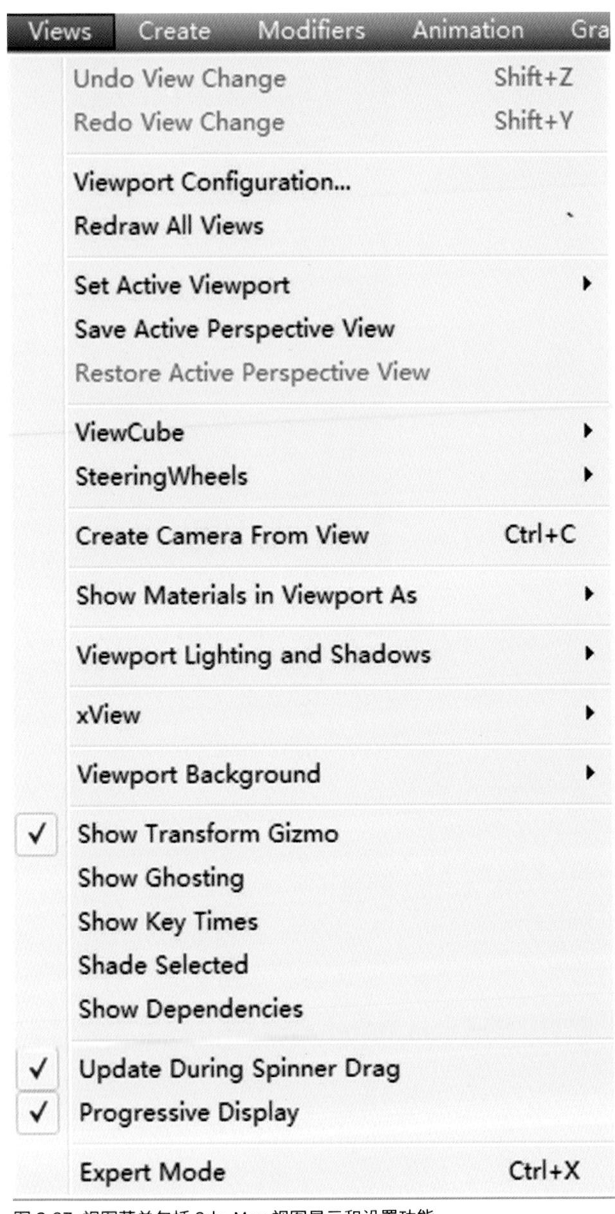

图 3-27 视图菜单包括 3ds Max 视图显示和设置功能

命令面板

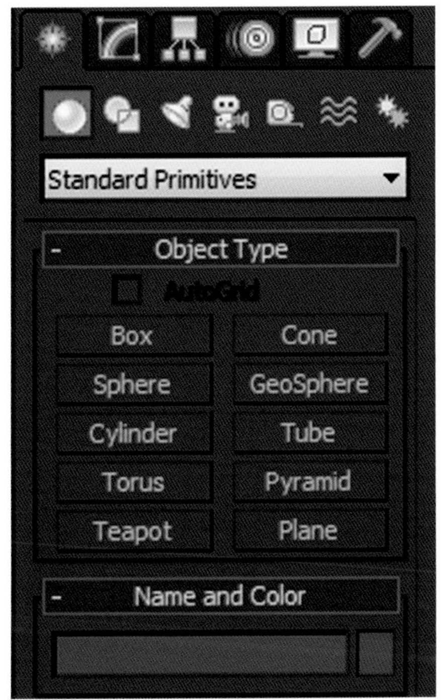

图 3-28 3ds Max 命令面板区域

在 3ds Max 主界面的右侧是命令面板区域。命令面板由创建（Create）、修改（Modify）、层级（Hierarchy）、运动（Motion）、显示（Display）和实用程序（Utilities）六个用户界面面板组成。（图 3-28）

状态栏

状态栏和提示行位于视图区的下部偏右。状态栏显示所选对象的数目、对象的锁定、当前鼠标的坐标位置、当前使用的栅格间距等。提示行显示当前使用工具的提示文字。（图 3-29）

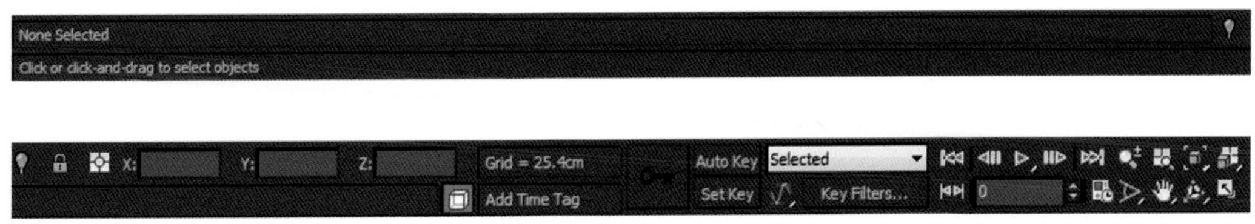

图 3-29 状态栏和提示行位于视图区的下部偏右

动画播放工具用于对动画进行关键帧预览。动画播放工具和 VCD 播放软件的界面差不多，工具栏上按钮的作用也几乎一样。时间滑块上的 1/100 表示该场景共 100 帧，当前处在第 1 帧。一个新的场景其默认的帧长度是 100 帧。（图 3-30）

图 3-30 动画播放工具用于对动画进行关键帧预览

视窗及视图导航控制

默认视窗有四个，分别是顶（Top）视图、前（Front）视图、左（Left）视图、透视（Perspective）视图。最常用的视图窗口设置方法有两种：一种是在视图左上角的视图名称上单击鼠标右键，在弹出菜单中选择视图类型和视图中模型的显示方式；另一种是使用快捷键来切换视图窗口。（图 3-31）

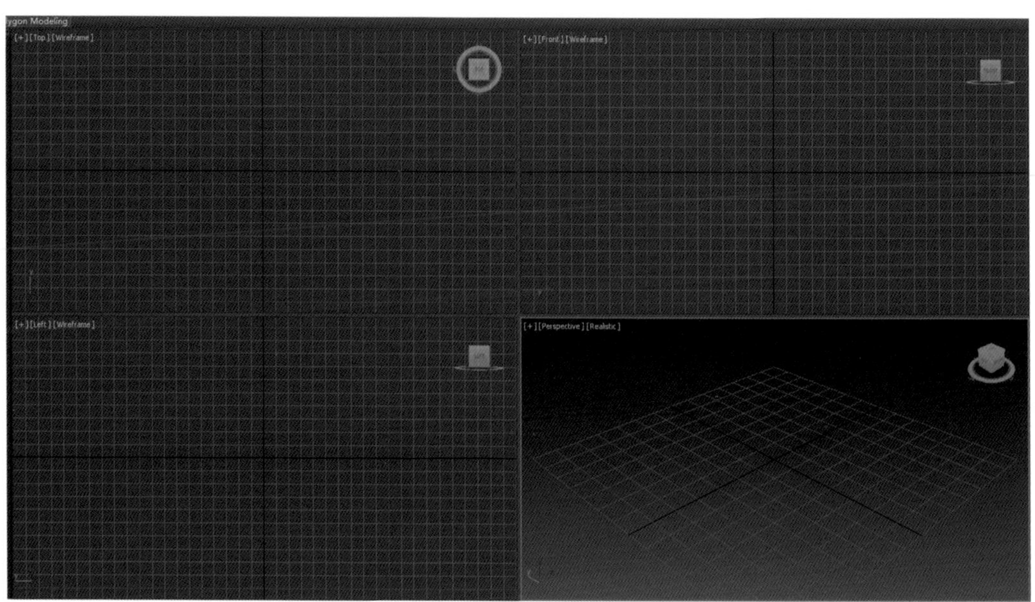

图 3-31 默认视窗有四个，分别是顶（Top）视图、前（Front）视图、左（Left）视图、透视（Perspective）视图

3ds Max 中创建的所有内容都位于一个三维的世界中，可以使用各种工具来查看这个空间中的每一个对象，包括从最小对象的细节到整个大的场景。

使用视图导航控制选项，可以按照工作和想象的需要在视图间切换，可以用单独的视图填满整个屏幕，也可以设置多个视图，以便跟踪场景中物体的变换操作。（图 3-32）

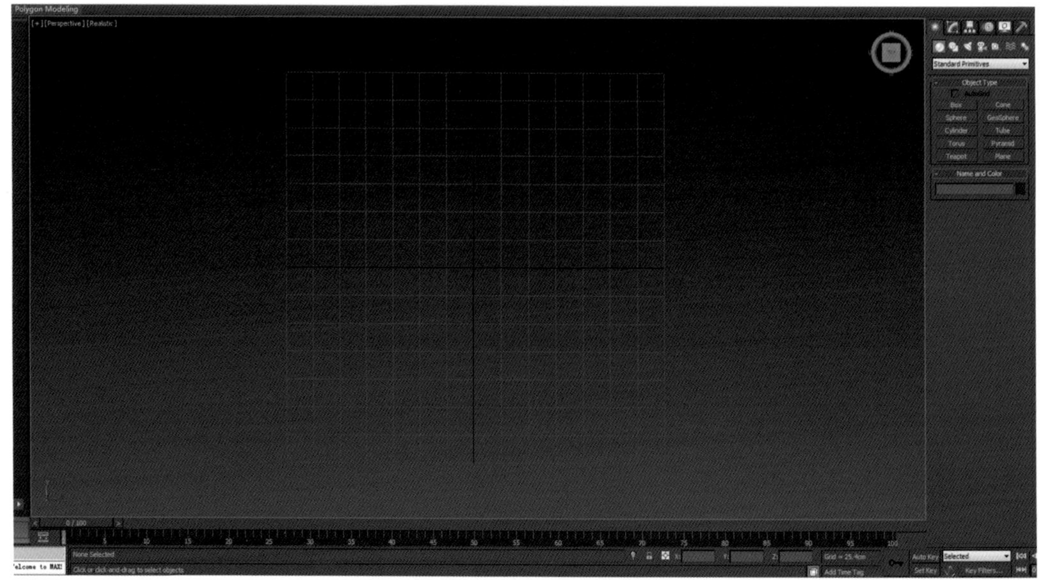

图 3-32 视图导航控制选项可以按照工作和想象的需要在视图间切换

创建基本几何体

在创建（Create）命令面板中，单击对象类型（Object Type）卷展栏下的基本几何体。在视窗中拖拽生成模型，可以在创建命令面板的下方弹出的参数设置卷展栏里修改相关参数。（图 3-33）

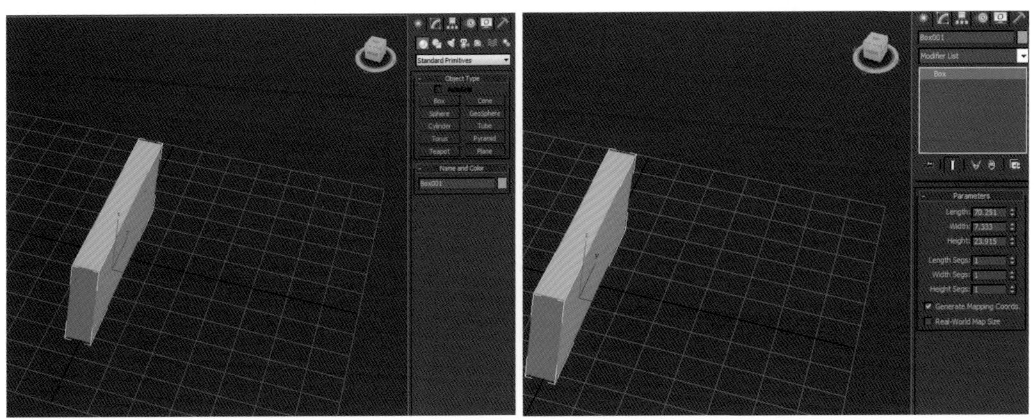

图 3-33 在创建（Create）命令面板中，单击对象类型（Object Type）卷展栏下的基本几何体

在 3ds Max 中需要经常对物体进行变换操作，这些操作都是基于一个坐标轴的，如果不了解坐标的概念就无法对物体进行正确的变换操作。三维空间中的坐标与数学中的三维坐标概念基本上是一致的，不同的是 3ds Max 有四个视图，每个视图都是不同的坐标平面，但是它们的坐标体系是一致的。（图 3-34）

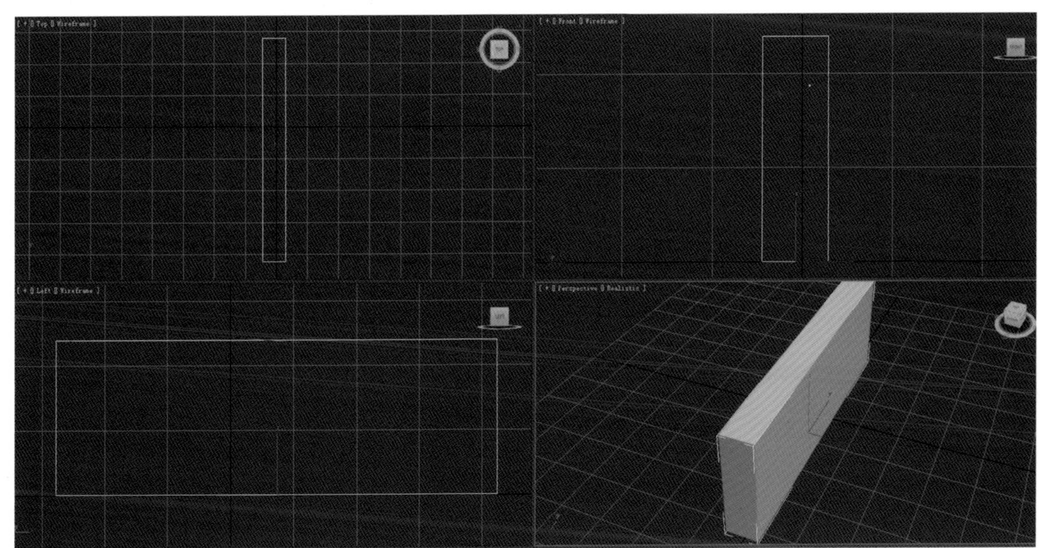

图 3-34 三维空间坐标轴 每个视图都是不同的坐标平面，但是它们的坐标体系是一致的

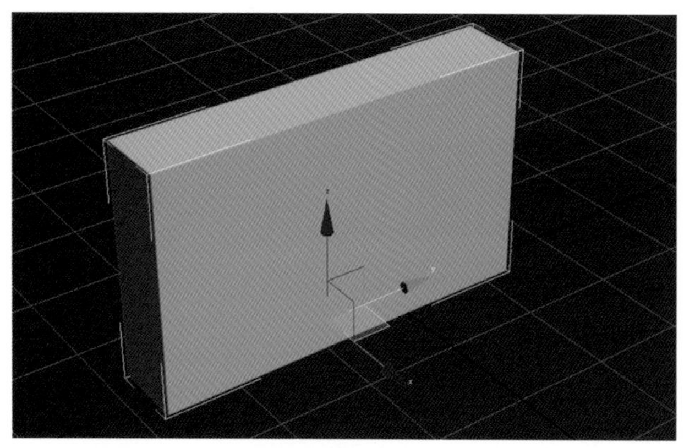

图 3-35 控制器上的轴向是用来限制移动方向的

基本操作如下：

(1) 移动

当在场景中选择一个对象并使用选择并移动（Select and Move）工具后，在对象上就会出现一个控制器图标。使用这个控制器可以为三维空间中的移动进行导航。控制器上的轴向是用来限制移动方向的。（图 3-35）

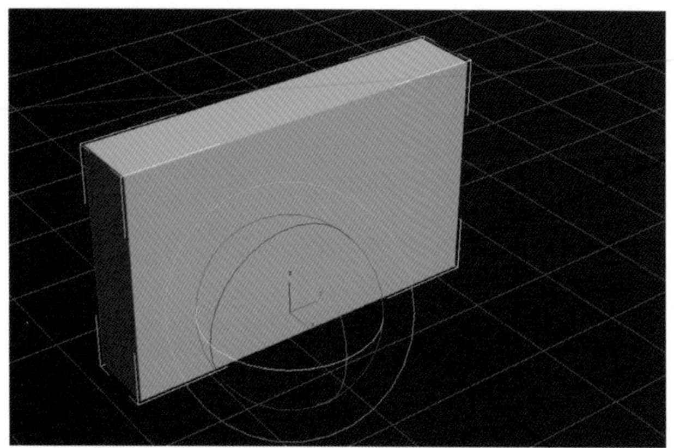

图 3-36 控制器上的轴向是用来限制旋转方向的

(2) 旋转

在 3ds Max 中，当在场景中选择一个对象并使用选择并旋转（Select and Rotate）工具后，在对象上就会出现旋转控制器的图标。（图 3-36）

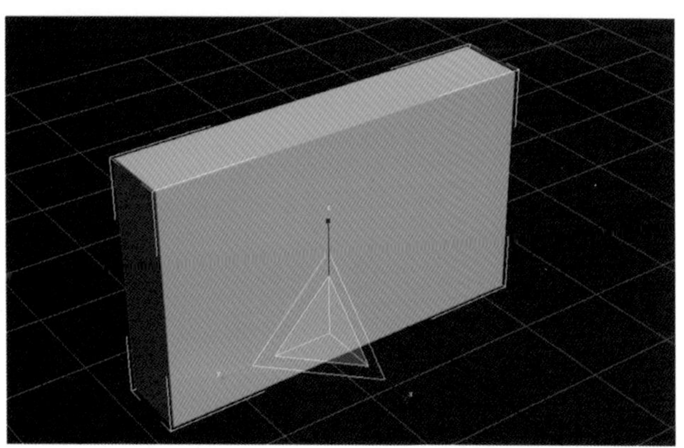

图 3-37 不同的选择区域表示对不同的轴向进行缩放

(3) 缩放

缩放控制器有三个轴向，可以用鼠标左键选择一个轴向，然后对物体进行单轴向的缩放。灰色区域是可以用鼠标进行选择的，不同的选择区域表示对不同的轴向进行缩放。（图 3-37）

(4) 结合“Shift”键复制对象

A. 在顶（Top）视图中创建茶壶，在主工具栏上单击移动工具按钮选择茶壶，然后在按住“Shift”键的同时按住鼠标左键，并沿“X”轴往左拖动对象，当到达合适位置后松开鼠标，弹出复制选项（Clone Options）对话框，设置复制数量（Number of Copies）值为“3”， 单击 OK 按钮执行复制操作。（图 3-38、图 3-39）

B. 原始茶壶被复制了三次，并且每个茶壶之间的间距一致。在复制选项（Clone Options）对话框中，除了可以设定复制的数量外，在对象（Object）下还可以设置不同的复制方式，这三种方式与复制（Clone）命令的方式一致。（图 3-40）

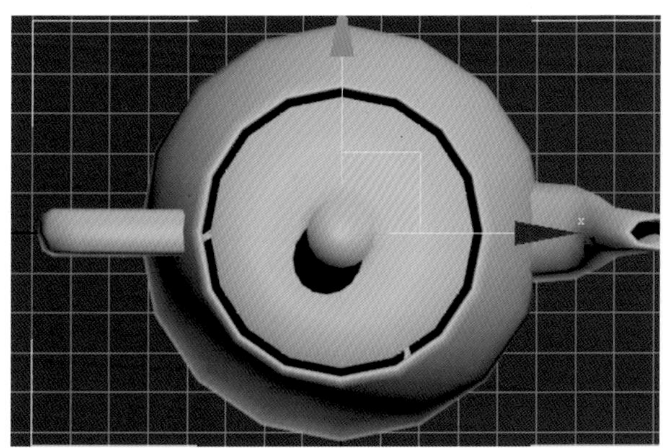

图 3-38 茶壶顶视图

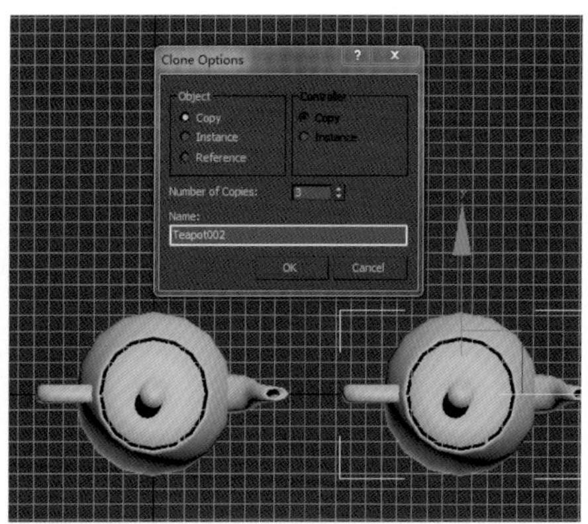

图 3-39 复制茶壶，设置“Number of Copies（复制数量）”值为“3”

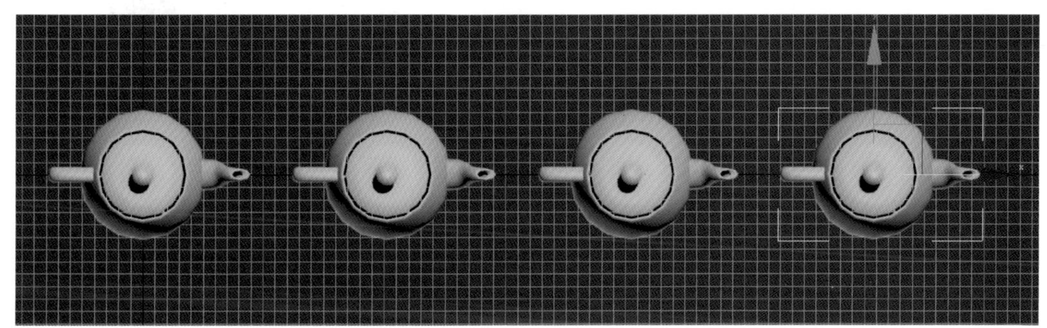

图 3-40 原始茶壶被复制了三次，并且每个茶壶之间的间距一致

镜像（Mirror）

镜像（Mirror）是另外一种复制对象的方法。这种方法把所选择的对象用镜像的方式复制出来。虽然使用移动和旋转工具也能达到镜像复制的效果，但是使用镜像（Mirror）工具更为准确。镜像（Mirror）对话框如下所示。如（图 3-41）

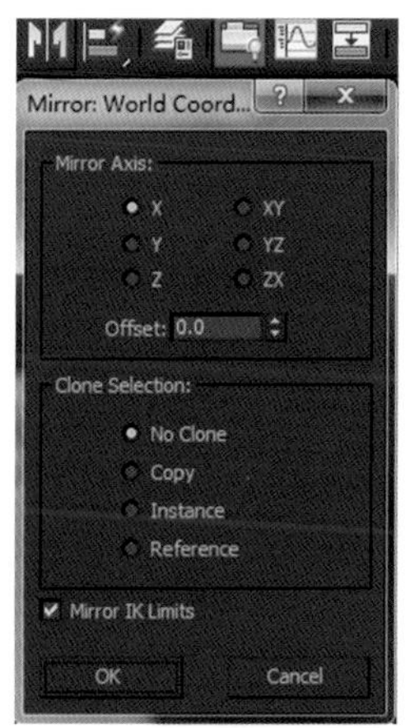

图 3-41 镜像（Mirror）是另外一种复制对象的方法

镜像轴（Mirror Axis）：该区域的参数用于选择镜像的轴或者平面，默认是“X”轴。

偏移（Offset）：用于设置镜像对象偏移原始对象轴心点的距离。

复制选项（Clone Selection）：该区域的参数用于控制对象是否复制、以何种方式复制。默认选项是不复制（No Clone），即只翻转对象而不复制对象，其他方式与复制（Clone）命令的方式一致。

在视图中创建并选择一个模型对象，然后进入修改（Modify）命令面板，在修改（Modify）面板中，单击编辑修改器下拉列表（Modifier List）旁边的下拉按钮，可在弹出的编辑修改器下拉列表中选择扭曲（Twist）编辑修改器，选定的编辑修改器将位于编辑修改器堆栈栏（Modifiers Stack）的最上层。修改（Modify）命令面板上有编辑修改器下拉列表（Modifier List）、编辑修改器堆栈栏（Modifiers Stack）等五个功能按钮和参数（Parameters）卷展栏等部分。

图 3-42 编辑修改器堆栈栏（Modifiers Stack）1

图 3-43 编辑修改器堆栈栏（Modifiers Stack）2

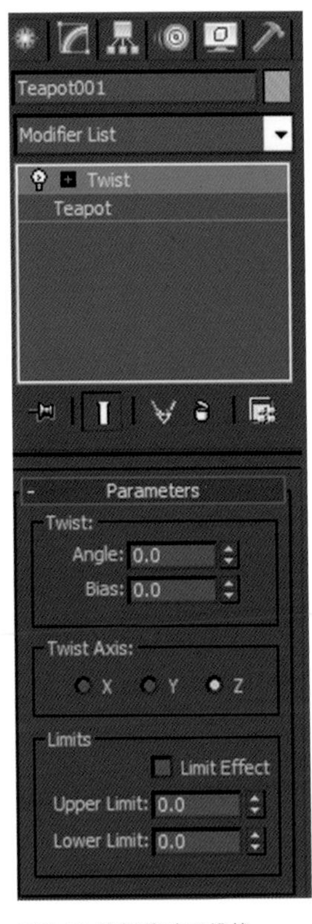

图 3-44 编辑修改器堆栈栏（Modifiers Stack）3

编辑修改器堆栈栏（Modifiers Stack）

编辑修改器堆栈栏显示为对象指定的所有修改器的层级列表。在使用编辑修改器堆栈栏时，需要注意以下几条：

对一个对象或对象的一部分可以同时应用多个修改器，这些修改器都存储在修改器堆栈栏中，通过编辑修改器堆栈栏可随时返回修改其参数，也可删除堆栈栏中的编辑修改器，或“塌陷”堆栈，使更改一直生效。

添加修改器的顺序或步骤也是很重要的。例如，先添加扭曲（Twist）修改器再添加噪波（Noise）修改器，结果可能会与先添加噪波（Noise）后添加扭曲（Twist）完全不同。

删除当前修改器时，当前修改器对对象所做的更改将全部消失。

可以在修改器堆栈下拉列表中右击修改器名称，完成复制当前修改器和粘贴当前修改器到其他对象上的操作。（图 3-42 至图 3-44）

可编辑多边形（Editable Poly）运用基础

图 3-45 可编辑多边形（Editable Poly）介绍

模型（Model）：对使用三维软件创建的对象的三维描述。

顶点（Vertex）：两条边的交点。

面（Face）：模型上平坦的三角形区域，由三条边包围而成，模型一般是由多个三角面构成的。

多边形（Polygon）：模型上的平坦区域，通常是矩形，一般由两个或多个三角面构成。

元素（Element）：组成模型的最大组成体，通常为模型中所有连续的多边形，可以方便地用来选择大量多边形。

低面多边形（Low-poly）：由比较少的多边形构成，或者说是由比较少的三角面和顶点构成的模型。（图 3-45）

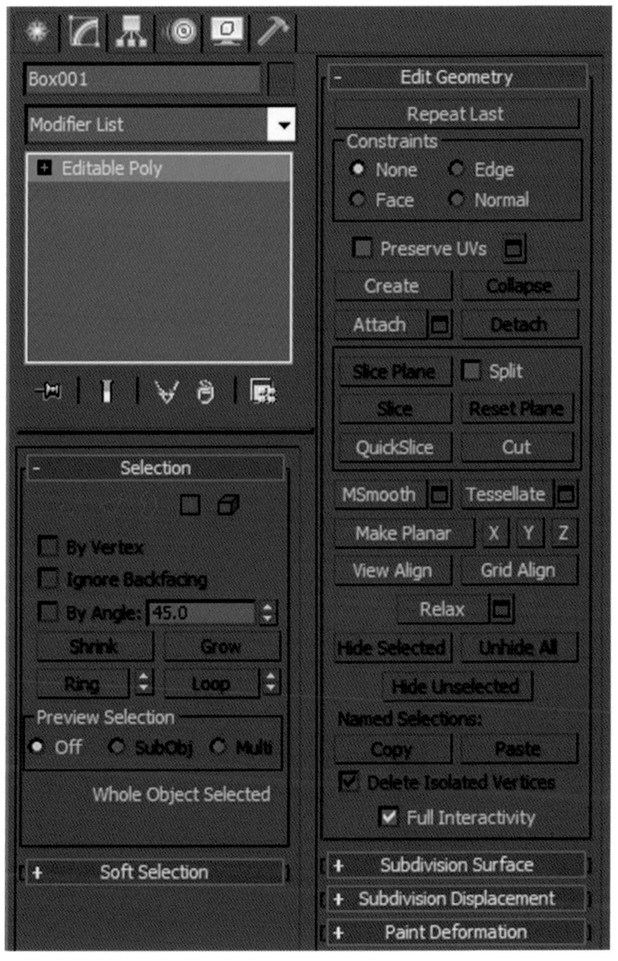

图 3-46 可编辑多边形（Editable Poly）根级别面板介绍

转换为可编辑多边形（Editable Poly）对象：在视窗中选择 Box 几何体，然后右击，在弹出菜单中选择转换（Convert To）：转换至可编辑多边形（Convert to Editable Poly），所选择的 Box 对象即转成可编辑多边形对象。（图 3-46 至图 3-48）

焊接（Weld）命令

编辑顶点（Edit Vertices）卷展栏中焊接（Weld）命令的作用是：将当前选择的多个顶点按照一个默认的距离进行筛选，然后焊接。在当前选择的顶点中，相互之间的距离小于此默认值的顶点就会被焊接在一起，相互之间的距离大于此默认值的则无变化。

目标焊接（Target Weld）命令

编辑顶点（Edit Vertices）卷展栏中的目标焊接（Target Weld）命令的作用是：将一个顶点手工拖动到另一顶点上，以便完成焊接。下面仍用前创建的平面来学习这个命令的具体操作。

塌陷（Collapse）命令

塌陷（Collapse）是编辑几何体（Edit Geometry）卷展栏中的命令，可以将当前所选择的顶点全部塌陷为一个顶点。具体操作是先选择平面上的四个点，然后单击塌陷（Collapse）按钮，即可将这四个顶点塌陷为一个顶点。

切角（Chamfer）命令

前面所述均是最常用的对顶点子对象的操作，即将多个顶点通过不同的方法进行合并，还有一个常用的操作是切角（Chamfer），可将一个或多个顶点按照自身的相交边产生新的边线。

割（Split）命令

编辑边线（Edit Edges）卷展栏中的割（Split）操作可以使当前选择的边子对象产生分裂，并且裂口处的边线不发生位移，而是重叠在一起。

图 3-47 可编辑多边形（Editable Poly）命令介绍

移除（Remove）命令
编辑边线（Edit Edges）卷展栏中的移除（Remove）操作可以移除不需要的边线对象，移除边就是使其不可见，并不会影响边所在的多边形网格

桥（Bridge）命令
编辑边线（Edit Edges）卷展栏中的桥（Bridge）操作只连接在一侧有多边形的边。

封口（Cap）命令
因为边界子对象的特性与边子对象相似，所以编辑操作几乎完全一样。但边界子对象多了个封口（Cap）功能，可以产生新面将对象的孔洞给补上。

挤出（Extrude）命令
编辑多边形（Edit Polygon）卷展栏中的挤出（Extrude）朦作可以在多边形上产生拉伸效果。

倒角（Bevel）命令
编辑多边形（Edit Polygon）卷展栏中的倒角（Bevel）操作是一种带有倒角的拉伸操作，可以使拉伸后的多边形产生斜边。

裁切（Cut）命令
编辑几何体（Edit Geometry）卷展栏中的裁切（Cut）操作是一种手动的切割方式，最大的便利之处就是可以自由地在面上进行裁切。

插入（Inset）命令
编辑多边形（Edit Polygon）卷展栏中的插入（Inset）操作，可在选定的多边形内插入新的多边形，就像没有挤出高度的倒角（Bevel）操作一样。

图 3-48 Editable Poly 命令介绍 2

3.2.2 利用三维软件制作高精度模型武器及载具

游戏道具是任何一款游戏中必不可少的环节，它与角色之间有着非常密切的联系，既能起到强化角色性格作用，又是玩家与游戏交互的纽带。

游戏道具认识

图 3-49 游戏中的道具与角色有着密切的关系

道具设计风格应与人物角色的整体风格一致，应跟随人物角色的造型设计做出相应的变化。不统一的设计风格会使最终效果在视觉和思维上产生不和谐的感觉，因此我们在制作前应先对游戏道具的基本知识有一个全面的了解。

游戏道具是游戏中与人物角色有关联的物件，它可以是手中的兵器、枪械，也可以是装饰或代表角色身份的物件。游戏中的道具与角色有着密切的关系，除了交代故事背景、推动情节发展外，对刻画人物角色性格、表现人物情绪等都发挥着重要的作用。（图 3-49）

游戏道具的作用

图 3-50 道具是场景设计的重要元素

道具在作品中起到举足轻重的作用，不仅是环境造型的重要组成部分，也是场景设计的重要元素。（图 3-50）

游戏武器的高精度模型制作

图 3-51 武器枪械是游戏道具中最为典型的物件

武器枪械是游戏道具中最为典型的物件。就一款武器而言，在外观设计上要有一定的要求，除了功能上的合理设计之外， 还必须与人物角色本身的外观设计协调搭配。因此在制作之前，要搜集足够多的资料图片，确定好武器模型的外观设计，让模型细节有更多的参考依据。（图 3-51）

制作流程

我们以一把枪械为例，讲解一下次世代武器高精度模型的制作流程。

第一阶段：大型制作

打开 3ds Max 软件，在场景中创建一些基本几何体，把这些基本几何体搭建在一起，拼接出枪械的基本形态。在此阶段，需要明确大结构以及比例关系。

要点：制作搭接模型大型时，不要着急添加细节，尽量避免面数过多。因为面数越少越方便前期的调整，比例关系一定要正确。（图 3-52）

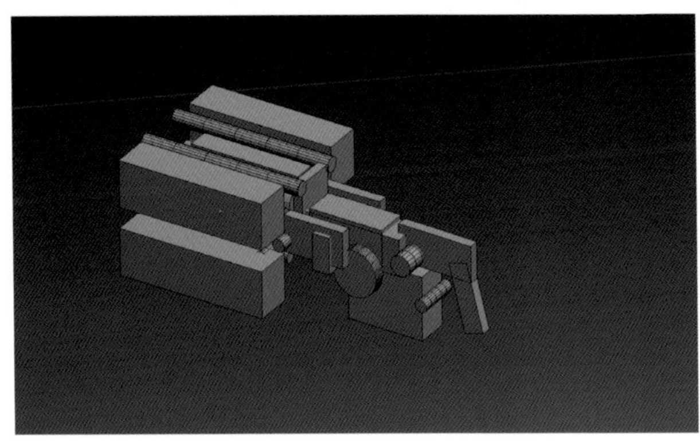

图 3-52 制作模型，明确大结构以及比例关系

第二阶段：拆分结构

按照参考图片，解读出枪械的结构特点、衔接位置，如哪些属于功能性结构、哪些结构可动，将模型转化为可编辑多边形。（图 3-53）

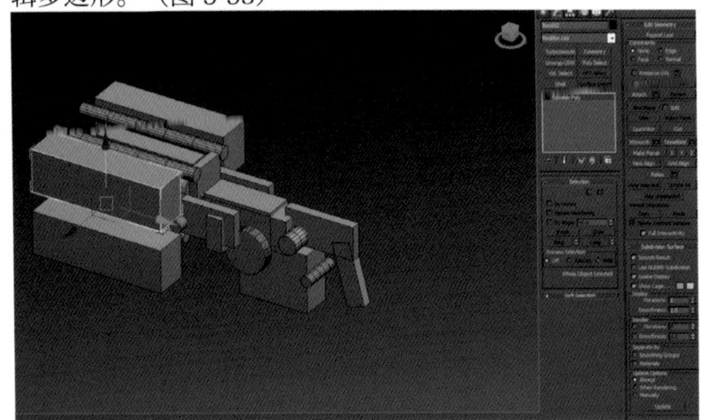

图 3-53 拆分结构，将模型转化为可编辑多边形

在可编辑多边形模式下可以更方便地调整模型的形体结构。（图 3-54）

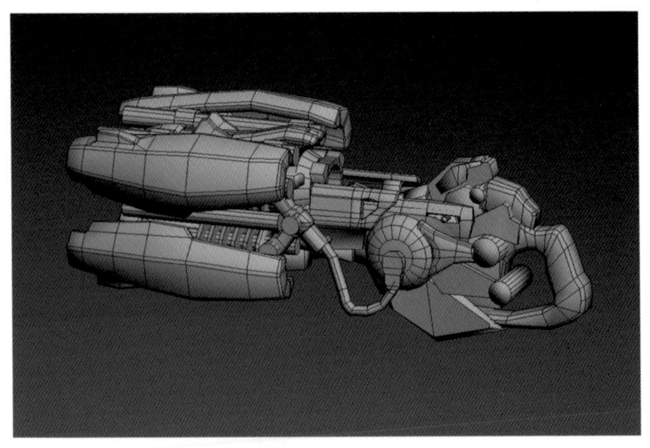

图 3-54 编辑多边形，调整模型的形体结构

然后把这些结构模块独立出来。（图 3-55）

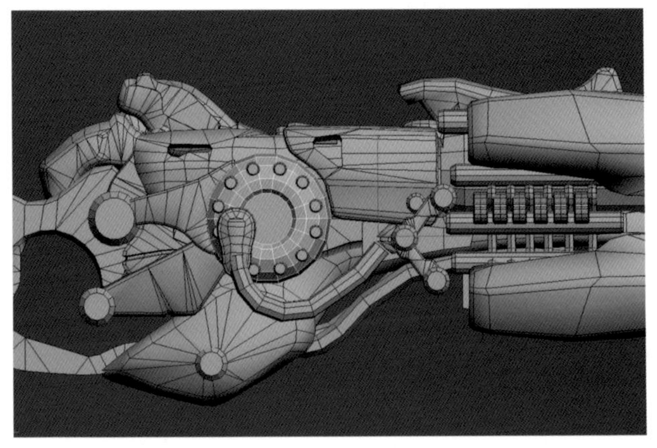

图 3-55 将结构模块独立

要点：注意结构的功能性，有些结构可以穿插，有些结构需要一体化，保证功能性。（图 3-56）

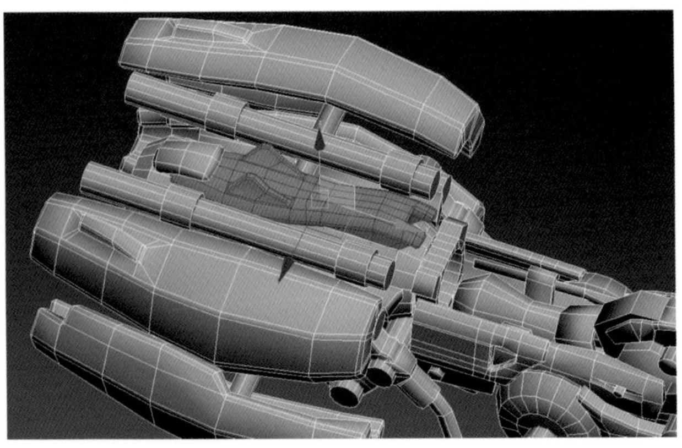

图 3-56 注意结构的功能性

第三阶段：添加细节

此阶段工作量较大，也是关键环节。高精度模型的意义就是保证结构以及细节。制作的顺序可以依照从整体到局部的思路，逐步深入制作各个结构的细节。（图 3-57）

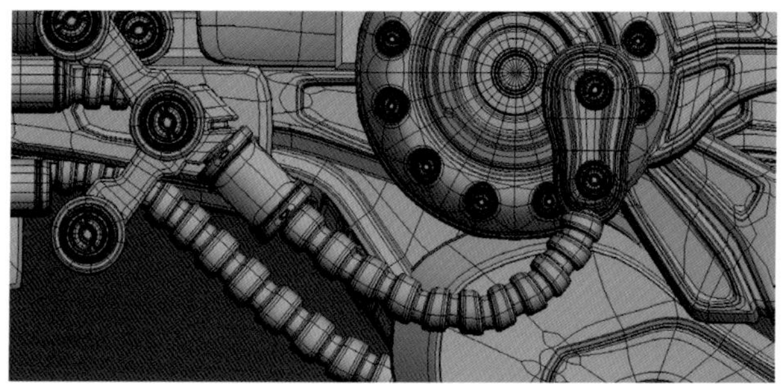

图 3-57 添加细节，逐步深入制作各个结构的细节信息

做轴承，明确武器的特性。（图 3-58）

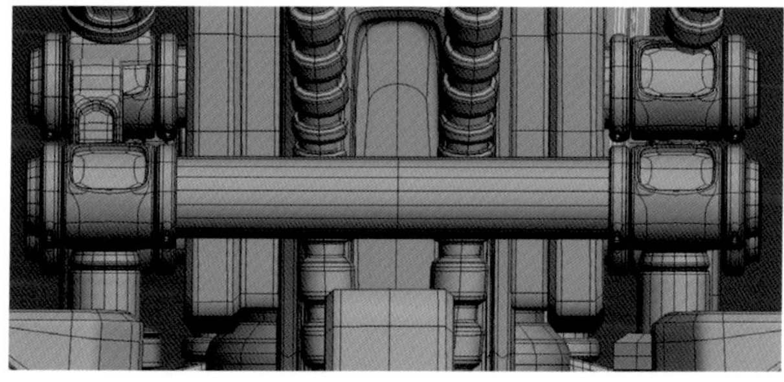

图 3-58 添加细节，明确武器的特性

制作推进器。（图 3-59）

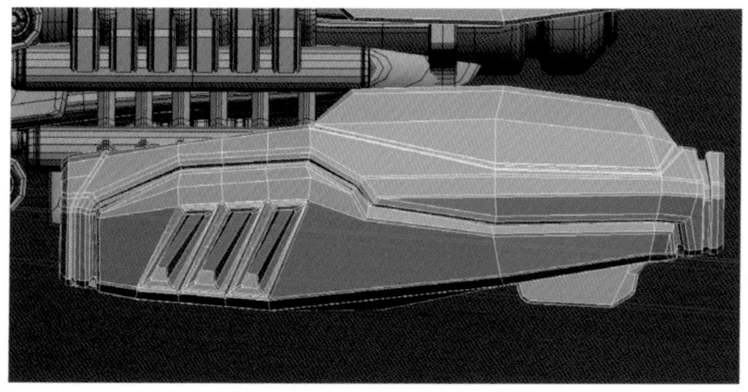

图 3-59 逐步细化，制作推进器

要点：依然要注意比例问题，布线要规整一些，以免给后面的卡线带来不必要的麻烦。

第四阶段：卡线

次世代游戏的高精度模型是用来烘焙的，为了保证烘焙的效果、提升模型精度，需要对模型进行涡轮平滑（TurboSmooth）细分。（图 3-60）

图 3-60 提升模型精度，需要对模型进行涡轮平滑（TurboSmooth）细分

涡轮平滑（TurboSmooth）命令会使模型改变形体外观。（图 3-61）

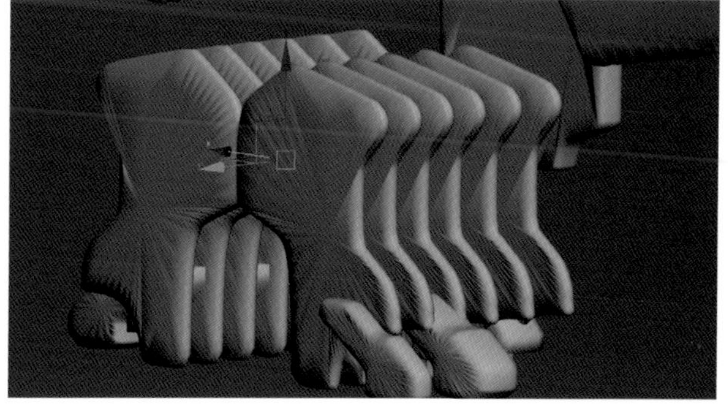

图 3-61 涡轮平滑（TurboSmooth）命令会使模型改变形体外观

为了保证涡轮平滑（TurboSmooth）命令执行后模型的外部形态，需要对模型进行卡线。（图 3-62）

图 3-62 对模型进行卡线

线的位置要以涡轮平滑（TurboSmooth）命令执行后的效果为准。（图 3-63）

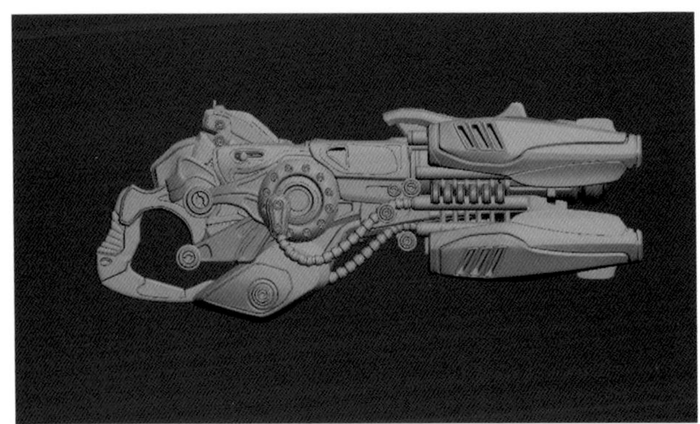

图 3-63 线的位置

要点：调整形体尽量在卡线前完成，涡轮平滑（TurboSmooth）命令执行后的圆角不要太过锋利。（图 3-64）

图 3-64 调整形体尽量在卡线前完成

很多地方也可以通过角（Chamfer）来完成卡线的效果。（图 3-65）

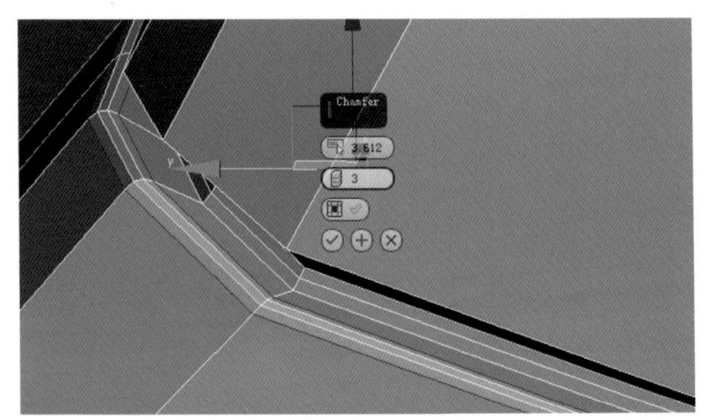

图 3-65 通过角（Chamfer）来完成卡线的效果

3.2.3 利用 ZBrush 对高精度模型细化

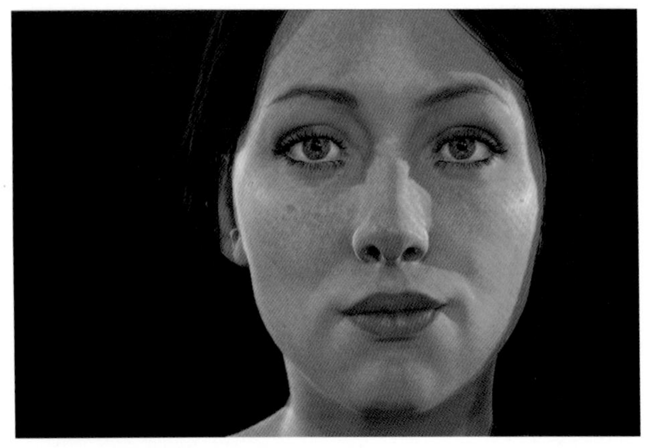

图 3-66 使用 ZBrush 对细节结构进行刻画

在制作一些不规则的高精度模型道具或者一些软表面的高精度模型时，需要使用 ZBrush 对细节结构进行刻画，比如雕像、石头、窗帘等。（图 3-66）

图 3-67 将 obj 格式文件导入 ZBrush

图 3-68 几何体按下“Ctrl+D”快捷键对模型进行细分

制作步骤：将制作好的中模或者低精度模型从 3ds Max 中导出 obj 格式文件，打开 ZBrush 软件，在右上角的菜单中单击导入（Import）命令按钮，将 obj 格式文件导入 ZBrush。

在对模型雕刻前，我们需要对模型进行细分，保证模型有足够的顶点来刻画细节结构。按下 Ctrl+D 快捷键对模型进行细分，如图 3-68，或者点击几何体（Geometry）菜单下的细分（Divide）键。

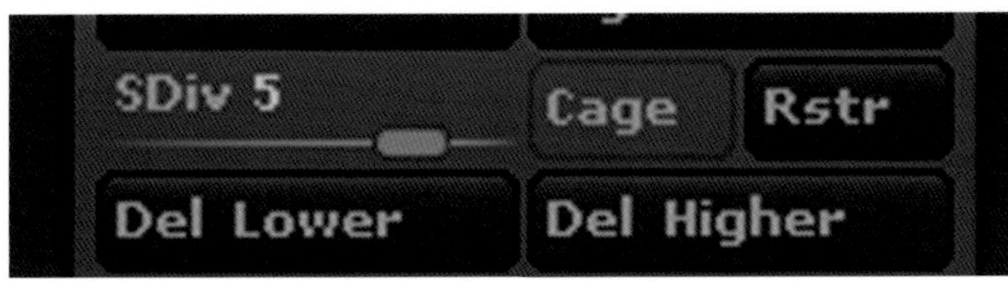

图 3-69 SDiv 通过调节 SDiv 的数字来显示不用的细分级别

细分后可以通过调节 SDiv 的数字来显示不用的细分级别。（图 3-69）

3.2.4 利用 TopoGun 制作低精度模型

图 3-70 在制作完高精度模型后，需要继续制作低精度模型

在制作完高精度模型后，需要继续制作低精度模型，用来烘焙法线贴图以及 AO 贴图等。对于结构复杂的模型，我们将利用 TopoGun 为其拓扑低精度模型。

首先，将分离出来的单个模型进行涡轮平滑（Turbosmooth）后导出 obj，再将导出的 obj 导入到 TopoGun 里。（图 3-70）

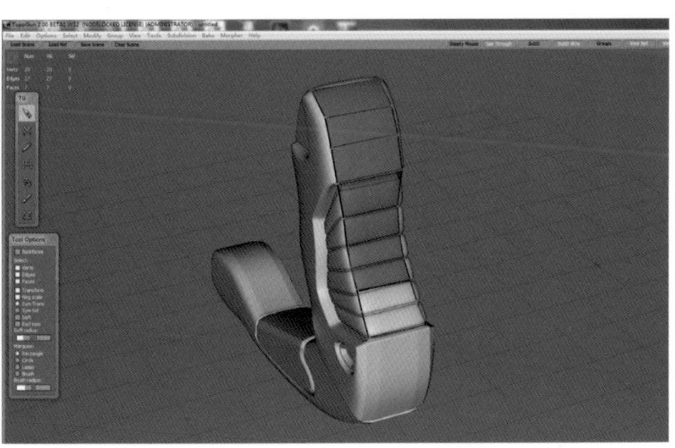

图 3-71 在模型表面创建多边面

左侧工具栏中第二个按钮是创建按钮，单击可以在模型表面创建多边面，封闭面的边数不得超过四条。（图 3-71）

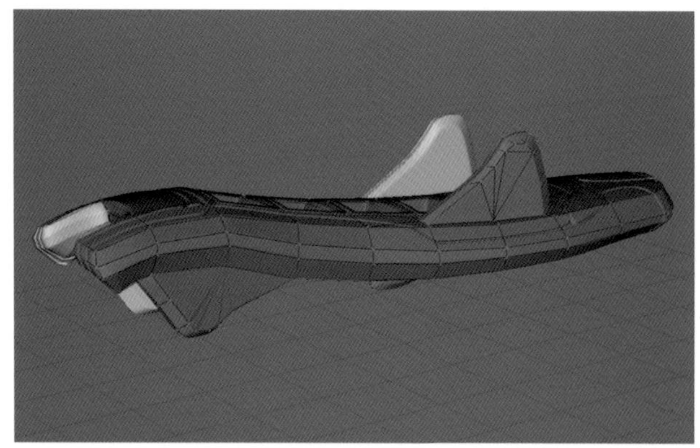

图 3-72 连接在一起的模型可以拓扑成一体

要注意一些连接在一起的模型可以拓扑成一体，这样更节省面数。（图 3-72）

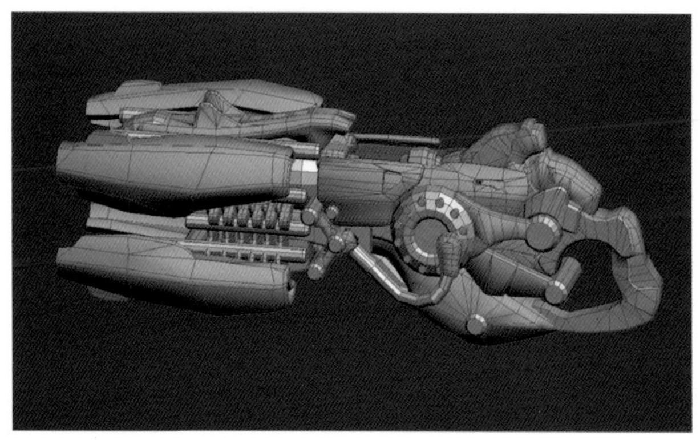

图 3-73 将所有保存的 obj 导入到 3ds Max 中

每拓扑完一个模型，就要将模型保存成 obj 格式。当所有模型都拓扑完后，将所有保存的 obj 导入到 3ds Max 中。（图 3-73）

3.2.5 利用 UVLayout 为低精度模型分展 UV

在 UVLayout 里的所有物体必须是 obj 格式。在三维软件先导出 obj 格式文件，再到 UVLayout 里打开，可以一次导出多个物体。

UV 模式

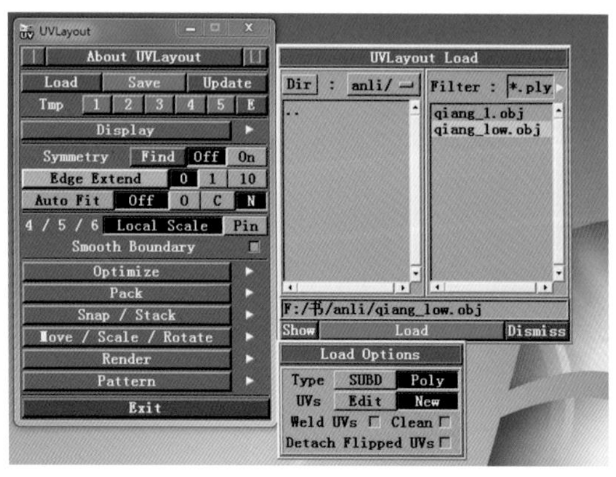

图 3-74 导入模型

点击左上方的导入（Load），在右侧出现的对话框中选择 obj 所在的文件夹，选中 obj 后，点击下方的导入（Load）模型，如图 3-74。打开后，如模型上出现红色的线并且不能操作，说明对象有问题。

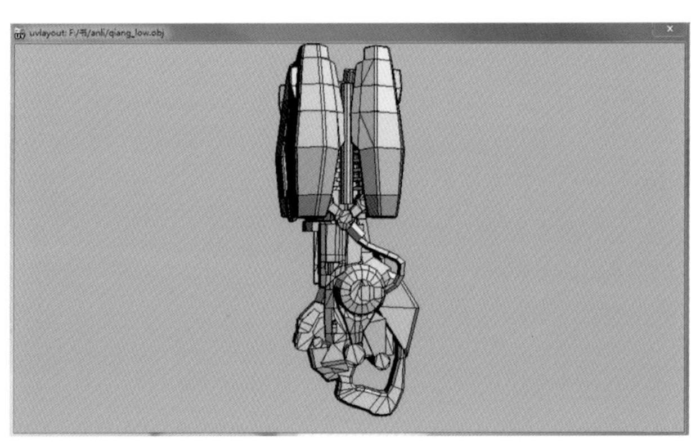

图 3-75 默认打开后为 ED 示图

ED 模式

默认打开后为 ED 示图。（图 3-75）

ED 模式下按快捷键“C”选择切线，按“W”取消切线（选择一圈或者一条要切开的线，可一直按“C”加选，“W”为取消已选择的线）。

设置完切线，按“Enter”切下物体。用“Shift+s”单独给一个物体切开一个边。当把要切开的线选择完后，有两种情况和方法。如果是一圈完整的线或几圈完整的线，可以把物体切开成两个，用“Enter”切线，选中后如图 3-76。

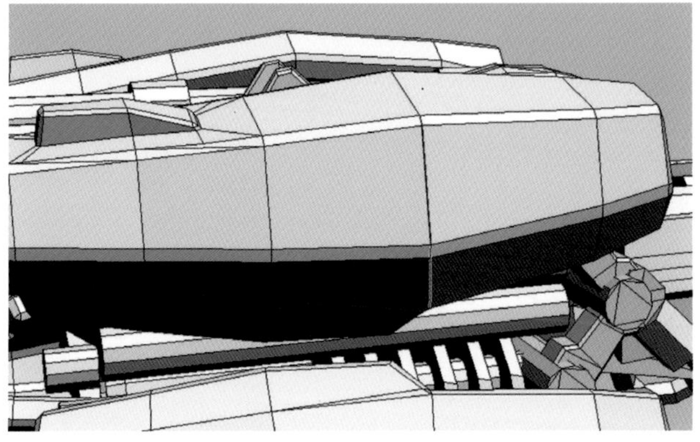

图 3-76 切开 用“Enter”切线

图 3-77 把物体切开成两个

切开后，如图 3-77。

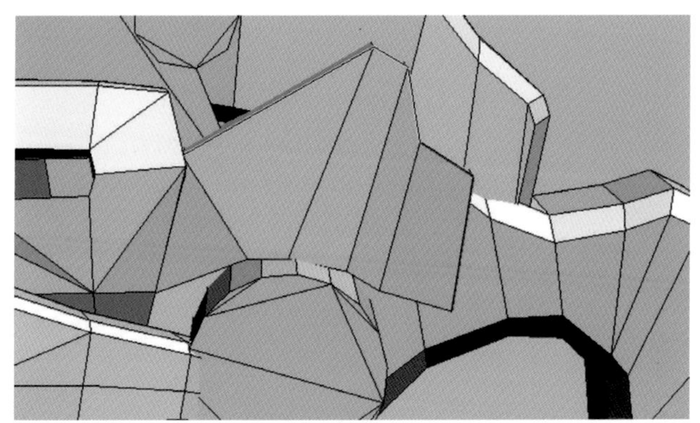

图 3-78 用“Shift+s”单独给一个物体切开一个边

如果是把一个物体的一条边切开，不需要切成两个物体，并且本身这条线就不能完全切开这个物体，用“Shift+s”单独给一个物体切开一个边。（图 3-78）

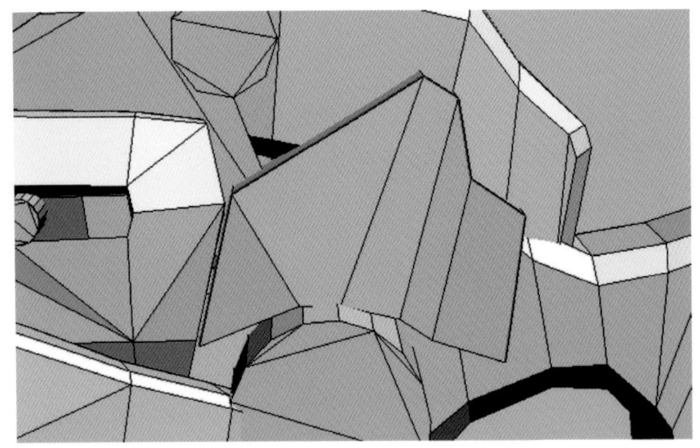
图 3-79 把切开后可以分 UV 的物体按“D”传到 UV 示图

把切开后可以分 UV 的物体按“D”传到 UV 示图。（图 3-79）

“左键”旋转视图。

“中键”移动视图。

“右键”缩放视图。

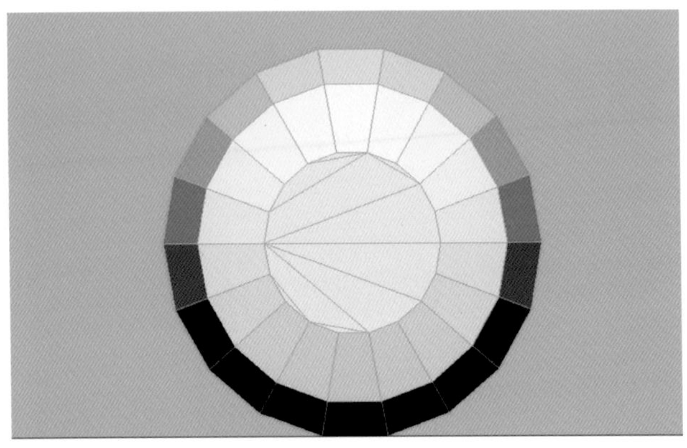
图 3-80 给一个独立物体进行舒展 UV

UV 模式下快捷键

选中物体后，用“Shift+F”给一个独立物体进行舒展 UV。（图 3-80）

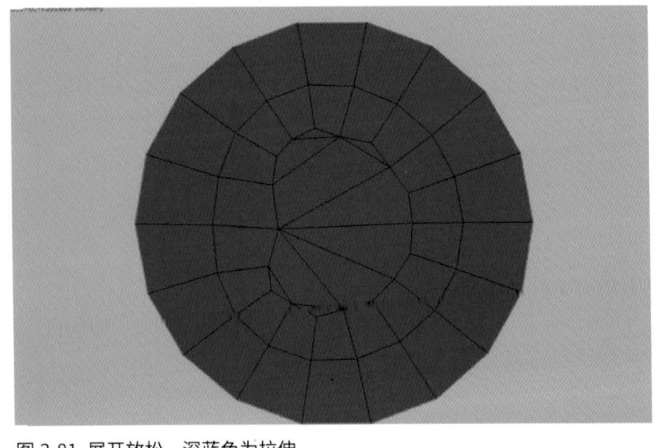
图 3-81 展开放松，深蓝色为拉伸

按空格键继续，感觉合适后按空格键停止。停止后大红色为范围太紧，深蓝色为拉伸，如图 3-81。当发现之前切线不合理，可按“Shift+D”再送回 ED 模型可重新切分线。

若发现之前切线不合理，可按“Shift+D”再送回 ED 模型可重新切分线。

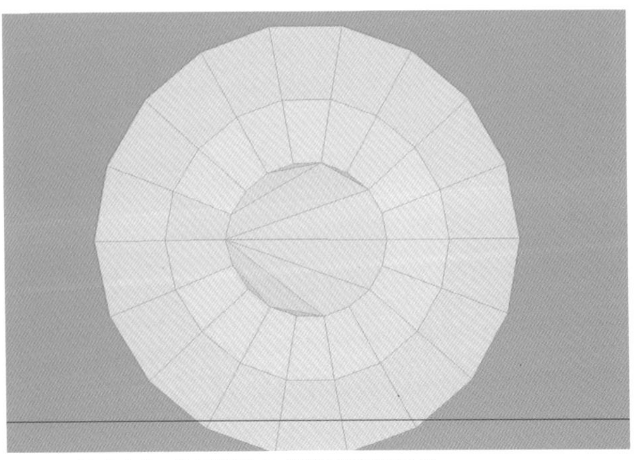
图 3-82 按“Shift+D”再送回 ED 模型可重新切分线

3D 模式

“ T ” 转换三种显示棋盘格的方式

“ + ”放大棋盘格

“ - ”缩小棋盘格

保存：点击保存（Save），在出现的对话框中选中要保存的文件名，点击下方的保存（Save）。（图 3-82）

在 3ds Max 里摆放 UV

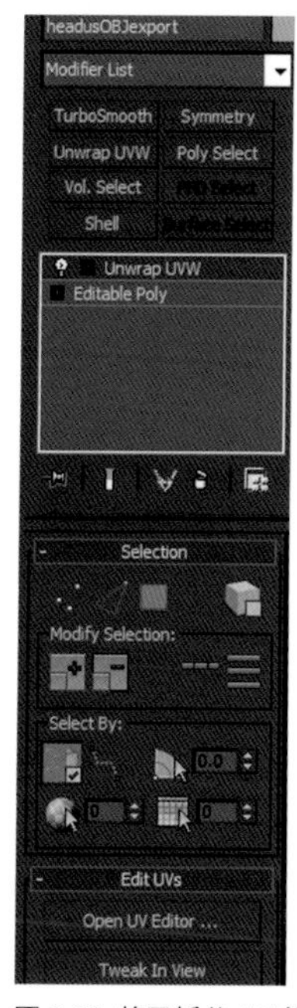

打开3ds Max软件，将已拆分UV的模型文件导入到场景中，在编辑修改器下拉列表中找到打开UVW（Unwrap UVW），并在下方的编辑UV（Edit UVs）中点击打开UV编辑器（Open UV Editor），如图3-83。

图 3-83 将已拆分 UV 的模型文件导入到场景中

点击后会出现 UV 编辑器，如图 3-84。

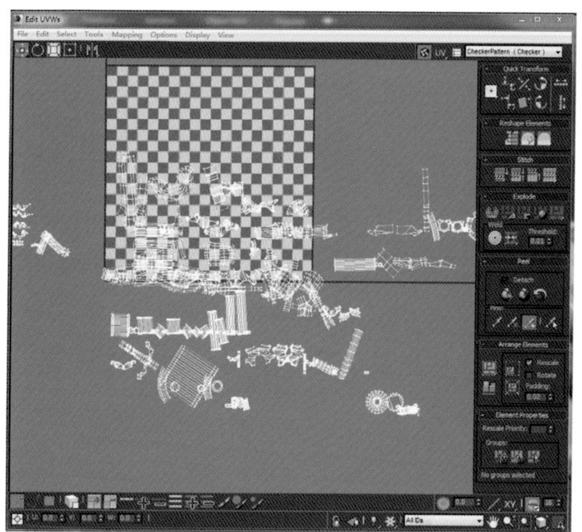

图 3-84 点击后会出现 UV 编辑器

单击右上角的棋盘格可以将编辑器中的灰白格隐藏，更利于摆放 UV，如图 3-85。

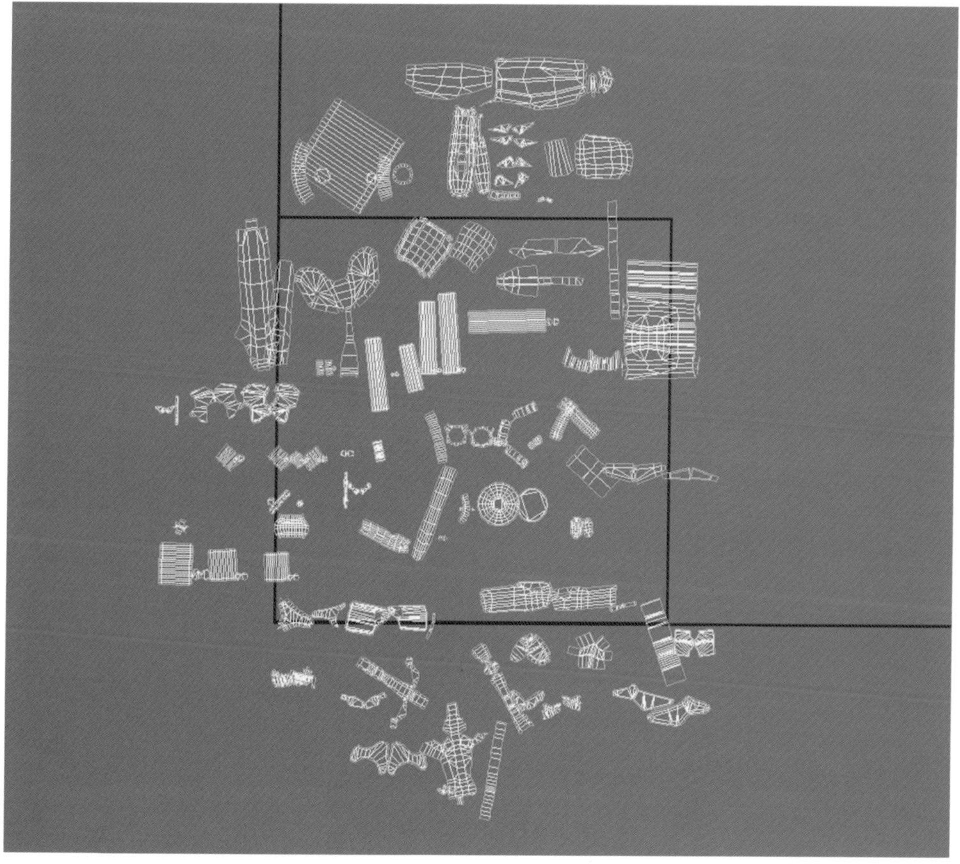

图 3-85 将编辑器中灰白格隐藏

摆放 UV 的时候，需要将一些弯曲的面拉直。首先选中需要拉直的面，单击右侧编辑栏中的拉直选项，即图 3-86 中左侧按钮。

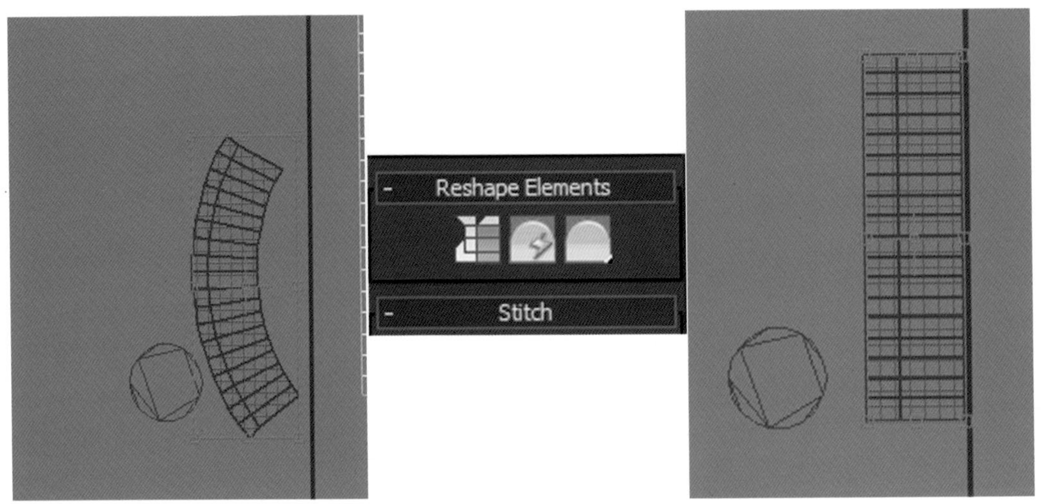

图 3-86 摆放 UV，单击右侧编辑栏中的拉直选项

接下来，我们需要把所有的面摆放在灰色的正方框内，尽量将拉直的面摆放在四周，这样 UV 会看起来更整齐。（图 3-87）

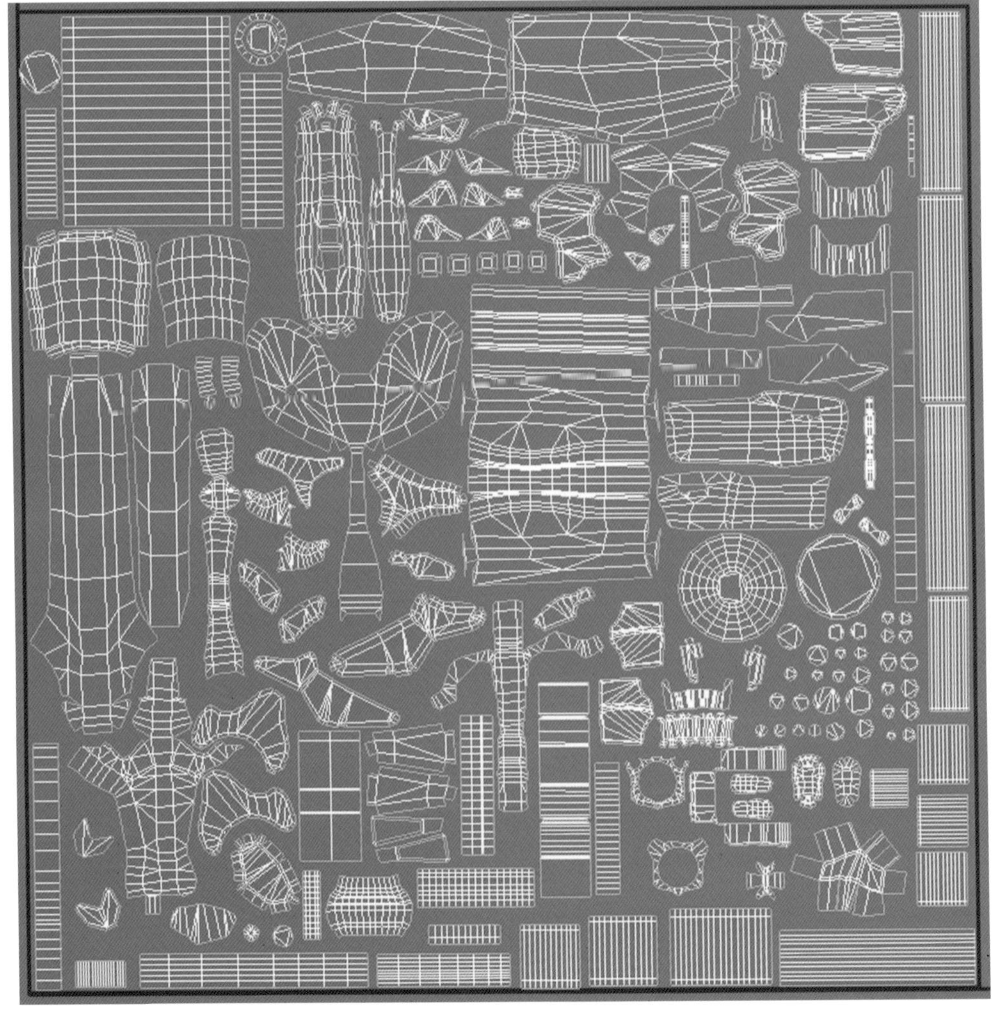

图 3-87 我们需要把所有的面摆放在灰色的正方框内

在摆放 UV 时，要注意以下几点：尽量让所有面摆放均匀。不要单独地缩放某个面。所有的面都不要有重叠。

3.2.6 3ds Max 烘焙技巧

本节主要学习如何烘焙次世代模型的法线贴图、AO 贴图。

贴图原理

次世代游戏模型贴图一般由固有色贴图、高光贴图、法线贴图、AO 贴图组成，主要用途是增强效果的真实感。

法线贴图是一种可以应用到三维的特殊纹理，将具有细节的高精度模型通过映射烘焙出法线贴图，贴在低精度模型上，使低精度模型同样具有高精度模型的细节。（图 3-88）

环境光（Ambient Occlusion）贴图简称 AO 贴图，主要功能是改善阴影、增强空间的层次感和深度，同时也增强画面的明暗对比。（图 3-89）

图 3-88 法线贴图，使低精度模型同样具有高精度模型的细节

图 3-89 环境光（Ambient Occlusion）贴图简称 AO 贴图

烘焙法线贴图

打开 3ds Max 软件，将已拆分 UV 的模型文件以及有细节的高精度模型文件导入到场景中，并且将高精度模型、低精度模型的位置对齐重叠。

接着选择低精度模型，单击渲染菜单下的渲染到纹理按钮，弹出面板后进行相应的设置。在烘焙对象面板中，勾选投影贴图下的启用选框，然后单击选取按钮，选取高精度模型为投影对象。往下移动面板，在贴图坐标栏下把对象和通道的选项改为使用现有通道。（图 3-90）

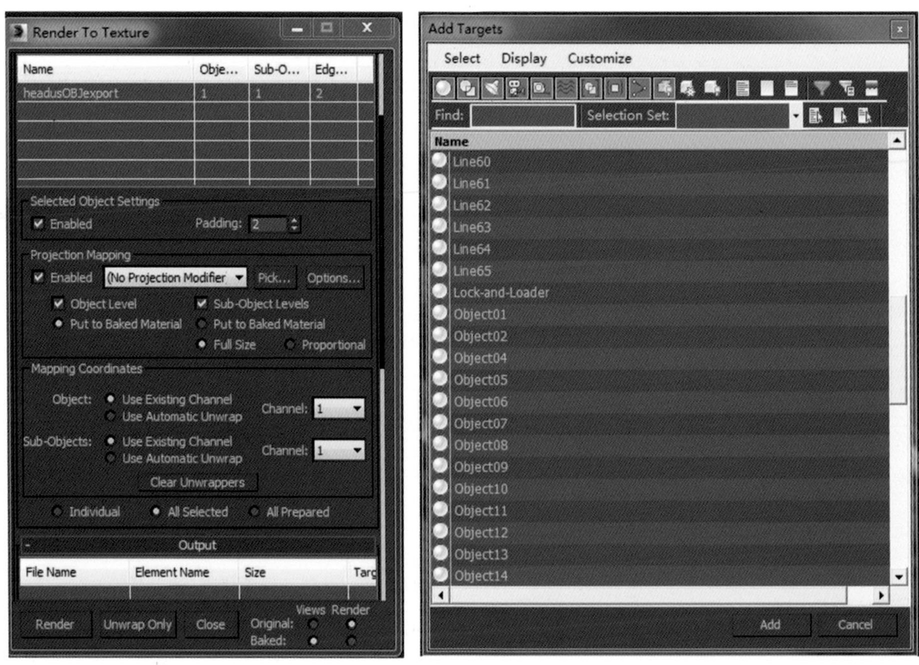

图 3-90 将高精度模型、低精度模型的位置对齐重叠

单击选取按钮，选择高精度模型为投影对象。这是软件自动将高精度模型加入低精度模型对象层级下来吸附高精度模型的细节。模型上出现的蓝色框架简称“包裹体”，包裹的模型区域就是要投影的范围。细节吸附效果与包裹匹配有直接关系，要调整好包裹大小。（图 3-91）

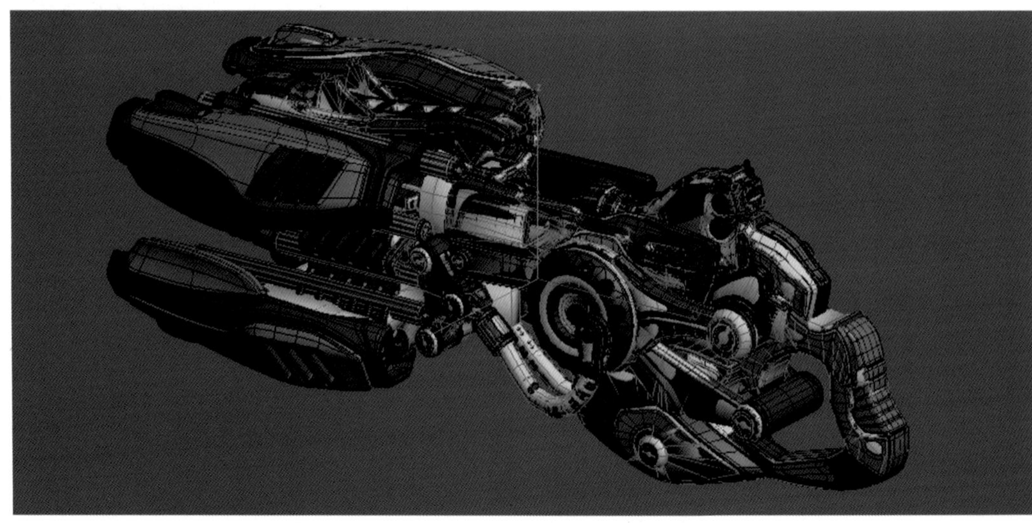
图 3-91 包裹的模型区域就是要投影的范围

继续把贴图名称、路径、大小设置好，最后单击渲染按钮生成贴图。（图 3-92）

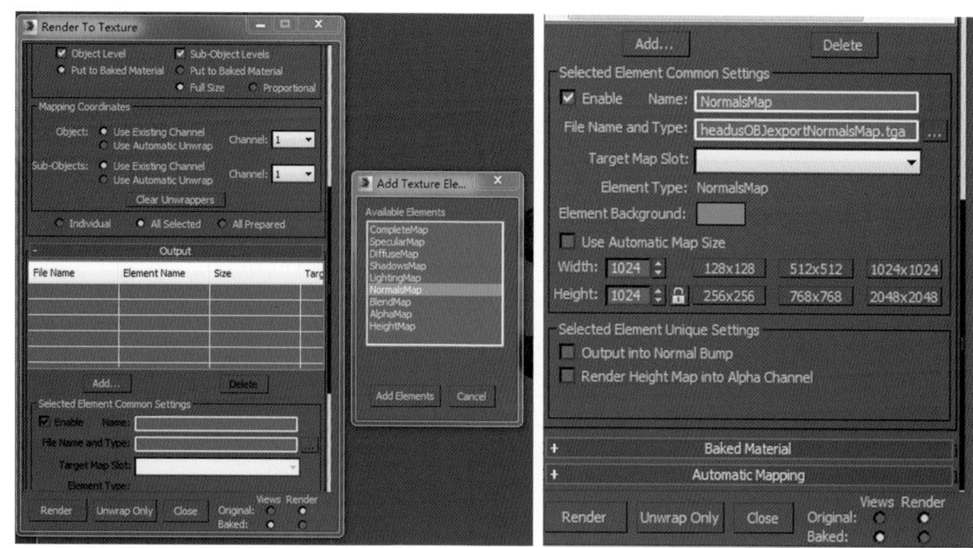

图 3-92 设置贴图把其名称、路径、大小设置好

渲染出来的贴图中，红色区域表示模型与包裹重叠的地方，检查贴图，手动调整包裹的位置。（图 3-93）

图 3-93 检查贴图，手动调整包裹的位置

这样，我们就可以得到一张法线贴图。

在烘焙法线贴图基础之上进行修改，按数字 0 在渲染器中输出（Output）菜单下拾取光照贴图（LightingMap）。（图 3-94）

在灯光创建面板下，选择标准（Standard）的天空光（Skylight）。（图 3-95）

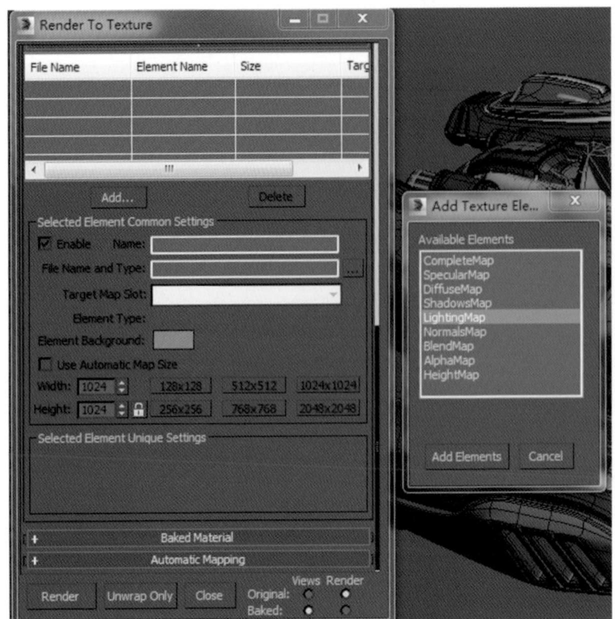

图 3-94 在烘焙法线贴图基础之上进行修改

图 3-95 设置灯光，选择标准（Standard）的天空光（Skylight）

这时会出现一盏天灯，如图 3-96。

图 3-96 画面出现一盏天灯

按数字 9，弹出选择高级照明 (Select Advanced Lingting)，选项组中有无照明插件 (No Lighting Plug-in)、光线追踪 (Light Tracer) 和光能传递 (Radiosity)，我们选择光线追踪选项。(图 3-97)

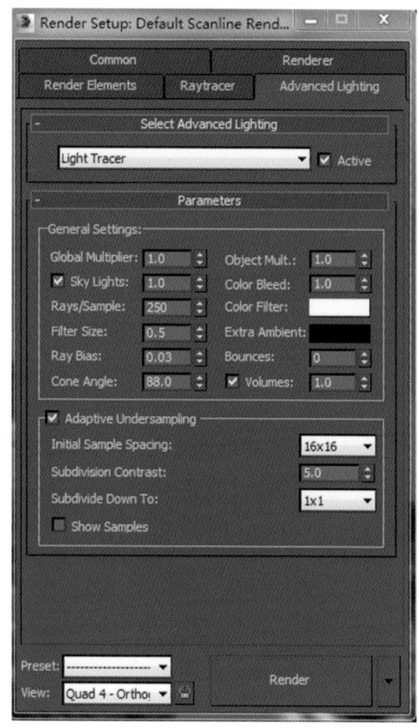

图 3-97 光线追踪，弹出选择高级照明(Select Advanced Lingting)

需要在模型下面放置一个片，它的作用是投射这个模型产生的阴影。（图 3-98）

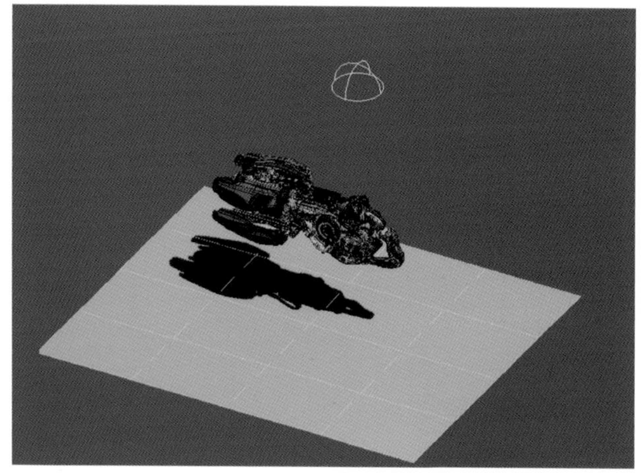

图 3-98 使模型产生投影

再次回到渲染器，就可以输出渲染。

3.2.7 深入学习 ZBrush R6

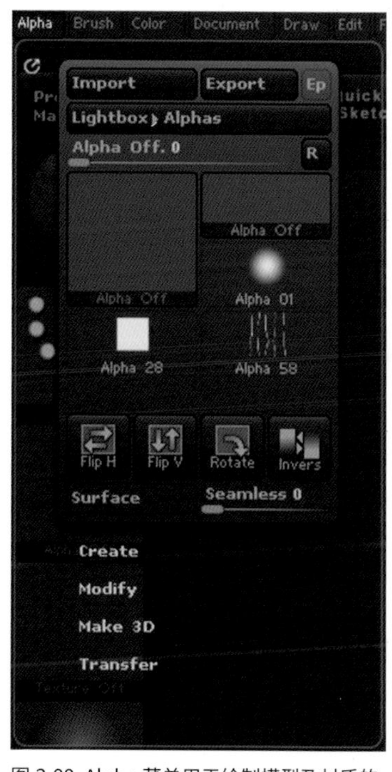

图 3-99 Alpha 菜单用于绘制模型及材质的细节及肌理效果

本节主要是菜单栏的功能和具体的用法详解，菜单栏是在制作过程中最重要的部分。

Alpha 菜单是制作过程中最为常用的菜单之一，主要用于绘制模型及材质的细节及肌理效果。（图 3-99）

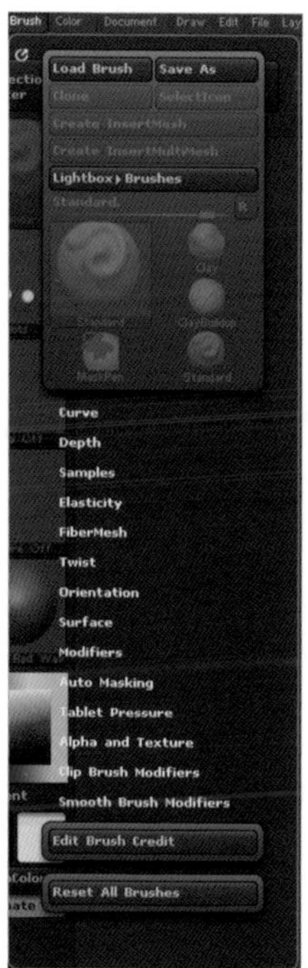

图 3-100 Brush 菜单包含了所有的笔刷类型和扩展参数

Brush 菜单即笔刷菜单，这里面包含了所有的笔刷类型和扩展参数。（图 3-100）

下面是常用的笔刷讲解：

Standard: 标准笔刷，最为常用的笔刷，雕刻效果是中间隆起，边缘逐渐弱化。

Clay：黏土笔刷，最为常用的笔刷之一，雕刻效果中间部分较平、边缘较硬，常用于雕刻物体的大体形态。

Slash：伤口笔刷，常用来模仿物体表面的伤口或划痕。

Move：移动笔刷，常用于调节物体的大致形态。

Trim Adaptive: 修剪自适应笔刷，可将物体的表面磨平，制作强硬的转折。

Magnify: 膨胀笔刷，可以让物体的表面向四周膨胀。

Draw Size: 画笔大小。

ZIntensity: 笔刷强度。

Focal Shift: 柔化值，用来调整笔刷边缘的柔化程度。

RGB Intensity：颜色强度，用来调节颜色的深浅。

Mrgb: 带颜色的材质

Rgb：赋予颜色

M：赋予当前材质

Zadd：增加厚度

Zsub：降低厚度

Edit 菜单：编辑菜单，最主要的功能就是撤销和重做

Undo：撤销

Redo：重做

图 3-101 颜色（Color）菜单用来给物体绘制材质

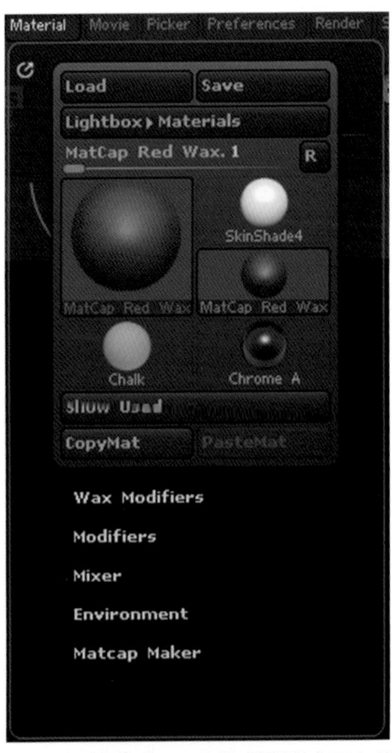

图 3-102 材质（Material）菜单包含了大量的材质及材质的调节选项

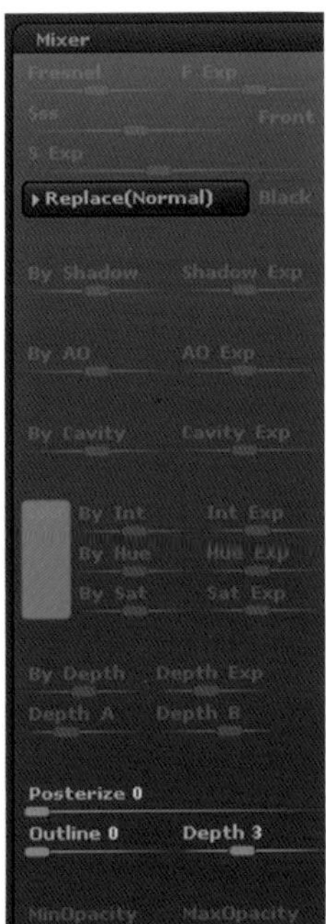

图 3-103 着色混合（Shader Mixer）

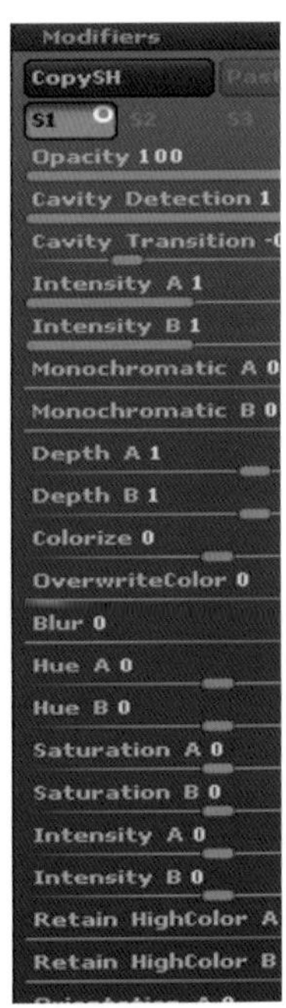

图 3-104 调节材质（Modifiers）

颜色（Color）菜单主要是用来给物体绘制材质，颜色可在颜色面板内随意选取，也可吸取颜色。（图 3-101）

材质（Material）菜单里面包含了大量的材质及材质的调节选项，在左侧导航栏中也有对应的选项。（图 3-102）

着色混合（Shader Mixer），调节材质（Modifiers）。（图 3-103、图 3-104）

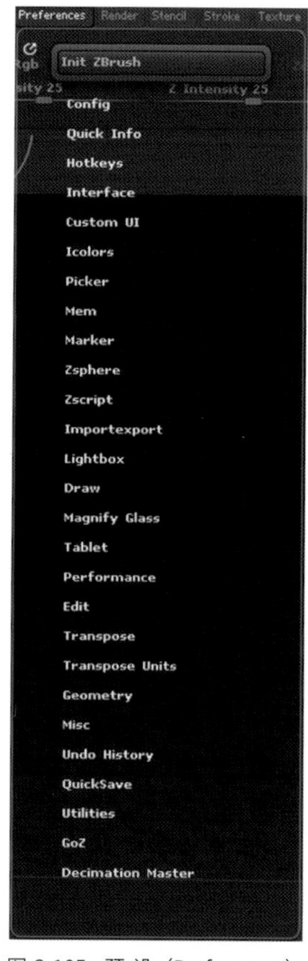

图 3-105 预设（Preferences）菜单包含了大量的工具设置

预设（Preferences）菜单包含了大量的工具设置。（图 3-105）

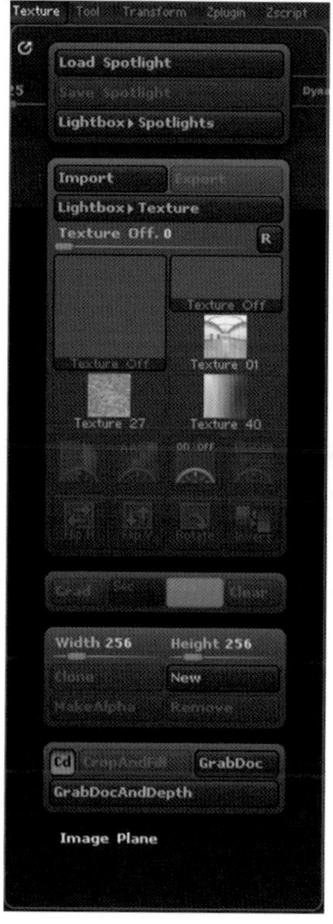

图 3-106 材质（Texture）菜单主要功能是新建等设置

材质（Texture）菜单主要功能是新建、导入和管理材质的运用，配合笔触、笔刷，主要运用在给物体绘制和制作材质方面。（图 3-106）

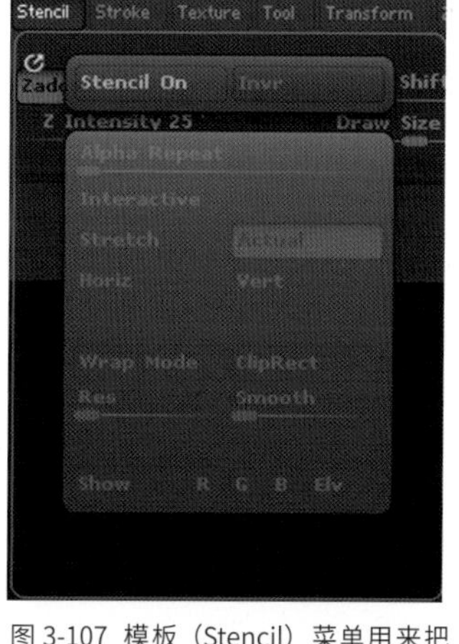

图 3-107 模板（Stencil）菜单用来把模板上的文字或图案印在物体上

模板（Stencil）菜单主要是用来把模板上的文字或图案印在物体上。（图 3-107）

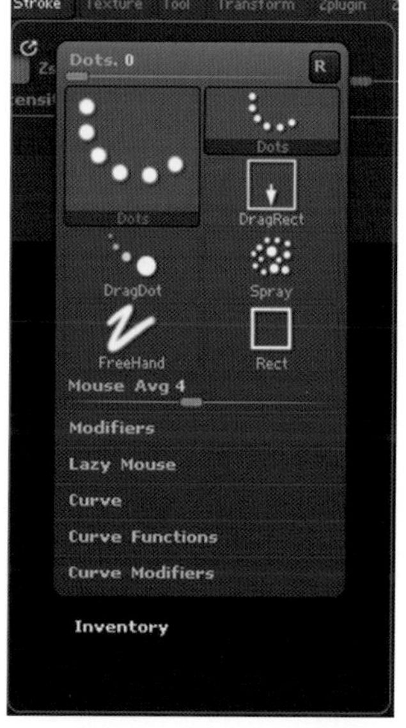

图 3-108 笔触（Stroke）菜单主要配合笔刷使用

笔触（Stroke）菜单主要配合笔刷使用，同样的笔刷配合不同的笔触可以制作出不同的效果。笔触再配上不同的 Alpha 贴图又会产生不一样的效果。笔触、笔刷、Alpha 贴图的综合运用让创作挥洒自如，让创意表现得淋漓尽致。（图 3-108）

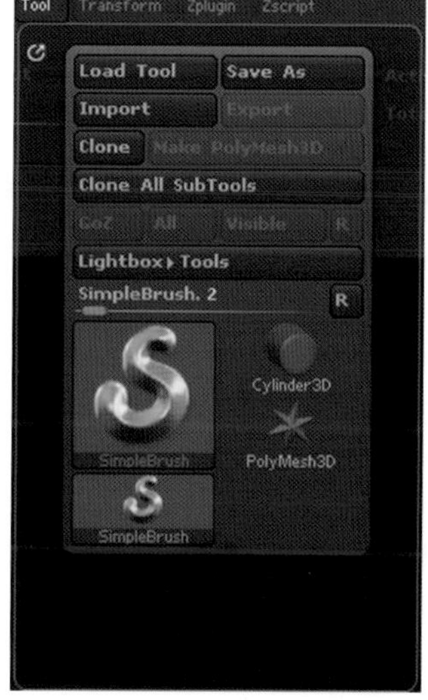

图 3-109 工具（Tool）菜单是最为重要的菜单栏

工具（Tool）菜单是最为常用、最为重要的菜单，在实际操作中很大一部分的操作都在这里面进行。（图 3-109）

3.2.8 学习并使用 ZBrush 制作角色与物件高精度模型

本节主要学习利用 ZBrush 雕刻一个次世代游戏角色高精度模型。

在进行雕刻之前，要厘清思路，分析好要创作的模型结构，并且找到适合的参考图。

首先在 ZBrush 中创建一个球体。点击右侧的 S，选择球体，在空白处拖拽，并单击 T，令其进入编辑模式。（图 3-110、图 3-111）

图 3-110 分析好要创作的模型结构，并且找到适合的参考图

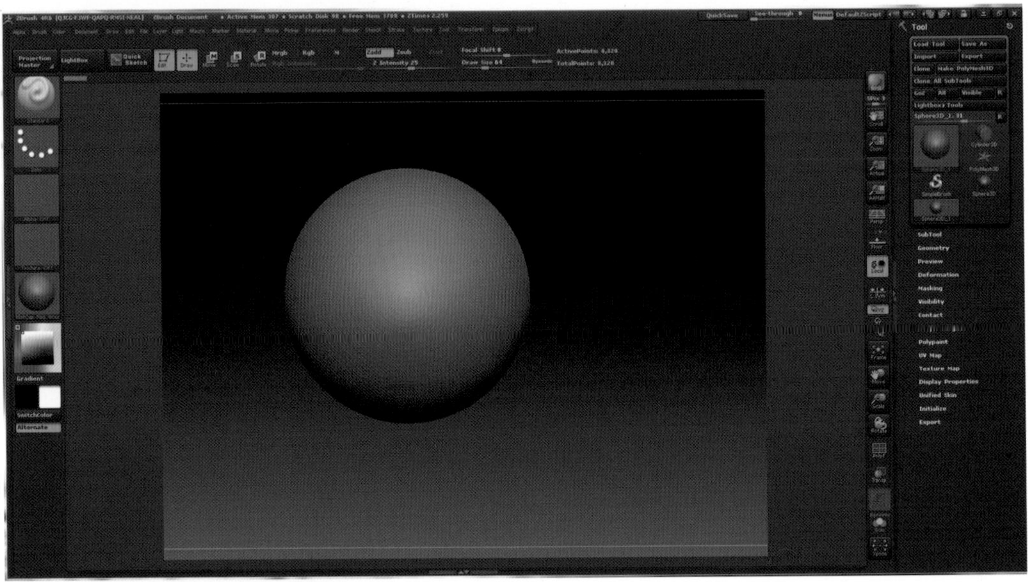

图 3-111 创建一个球体，令其进入编辑模式

在右侧的工具（Tool）下，点击创建 3D 多边形网格（Make PolyMesh3D），即可对模型进行雕刻。（图 3-112）

图 3-112 点击创建 3D 多边形网格（Make PolyMesh3D），对模型进行雕刻

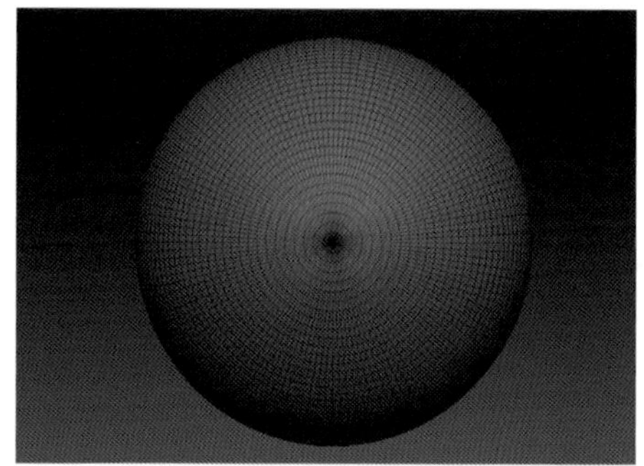

图 3-113 网格并不是均匀分布的

按下“Shift+F”键，我们可以看到当前模型的网格并不是均匀分布的。（图 3-113）

所以我们要将网格进行重新分布，以达到最好的雕刻效果。在右侧的多重工具（SubTool）菜单下，点击动态网格（DynaMesh），将下方滑块调至“8”，然后点击灰色的动态网格（DynaMesh），即可看到重新分布均匀的网格。（图 3-114、图 3-115）

图 3-114 将网格进行重新分布，以达到最好的雕刻效果

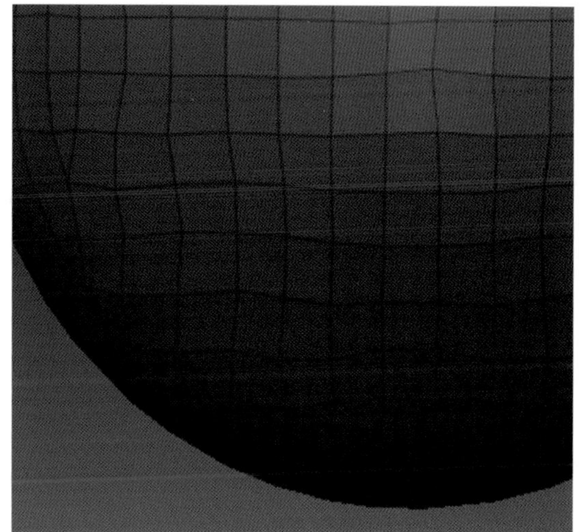

图 3-115 分布均匀，达到最好的雕刻效果

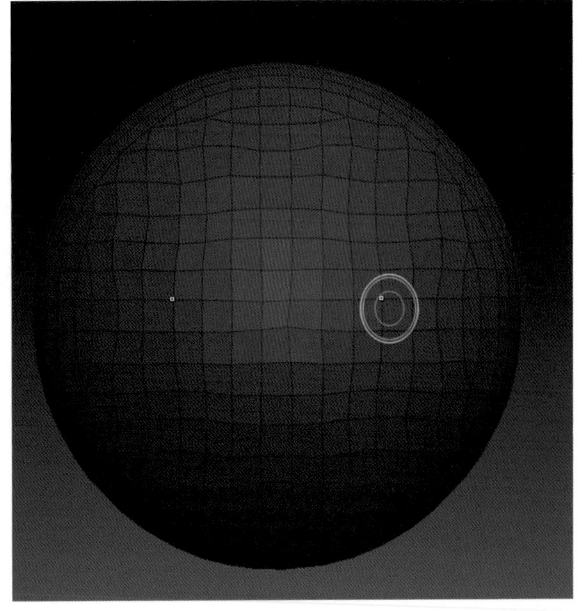

图 3-116 镜像画笔可雕刻出对称的人物头部

图 3-117 激活画笔

另外，我们要将镜像画笔打开，以便雕刻出对称的人物头部。点击上方菜单栏中的转换（Transform），在其下拉菜单中点击激活对称（Activate Symmetry），即可激活镜像画笔。（图 3-116、图 3-117）

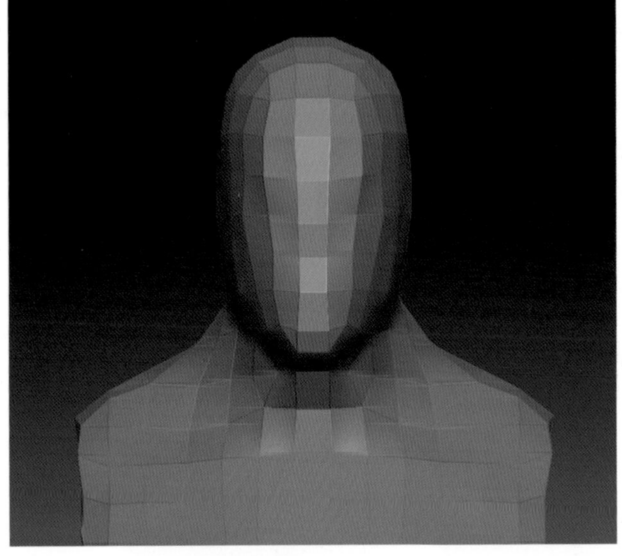

图 3-118 开始雕刻，移动画笔

图 3-119 将人物头部的大形拖拽出来

做好以上准备工作后，就可以开始雕刻了。首先我们用移动画笔（组合键 BMV），将人物头部的大形拖拽出来。（图 3-118、图 3-119）

图 3-120 细分将模型的网格细分

大形雕刻好后，可以将模型进行细分，再进行进一步雕刻，在右侧的几何体（Geometry）下拉菜单中，点击细分（Divide），即可将模型的网格细分。（图 3-120）

细分一次之后，可以对模型进行稍微细致的雕刻，依然用移动画笔。当不能继续雕刻时，再细分一次，可以配合黏土画笔（BCT）以及标准画笔（BST）去雕刻，直到不能继续雕刻时，再细分。（图 3-121）

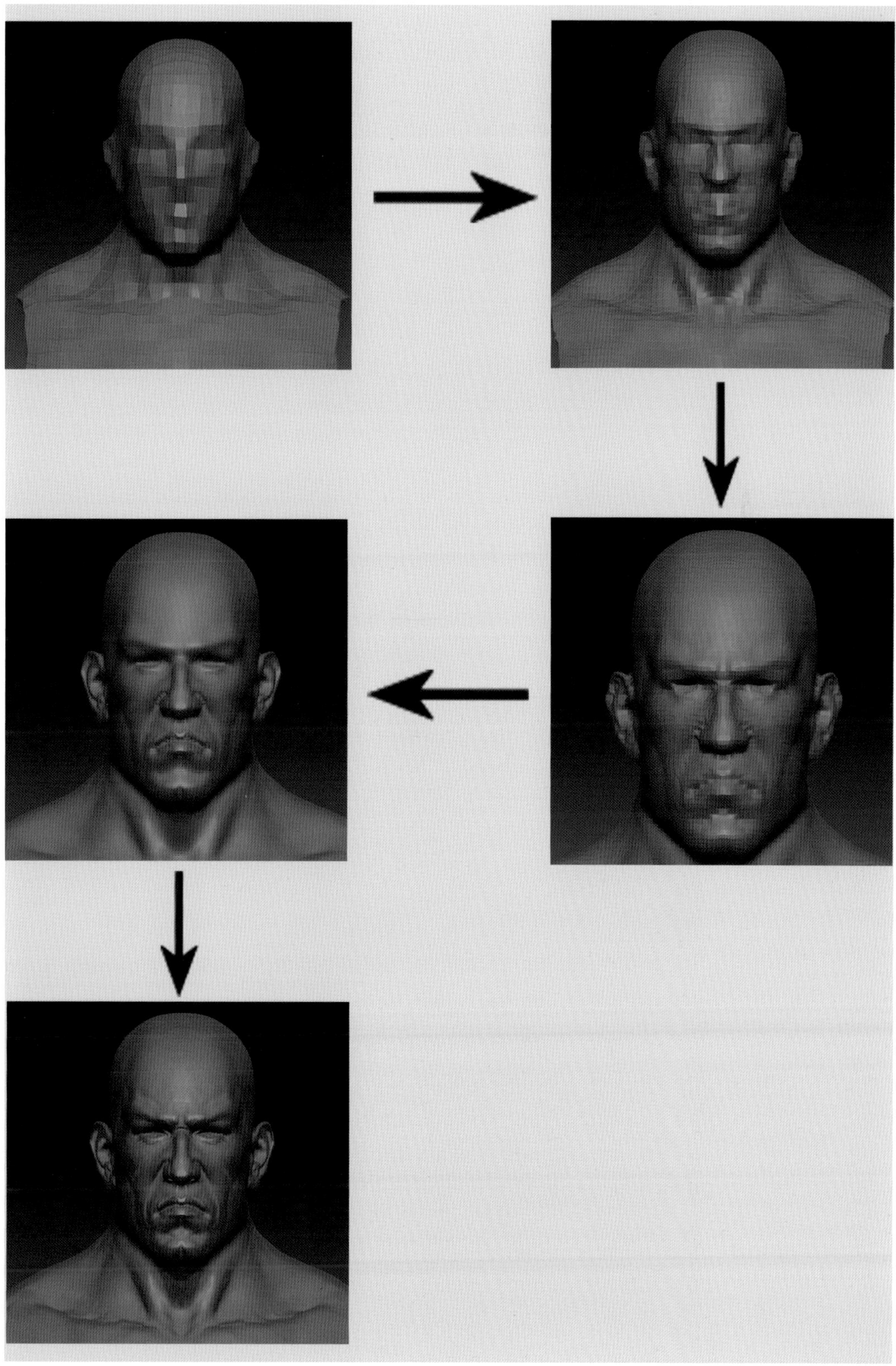

图 3-121 对模型进行稍微细致的雕刻

不同的结构可以通过不同的画笔来完成，例如颧骨部分适合用黏土画笔，耳朵适合用标准画笔，眉骨适合另一种黏土画笔等。这些技巧需要大量的练习才能掌握好。（图 3-122）

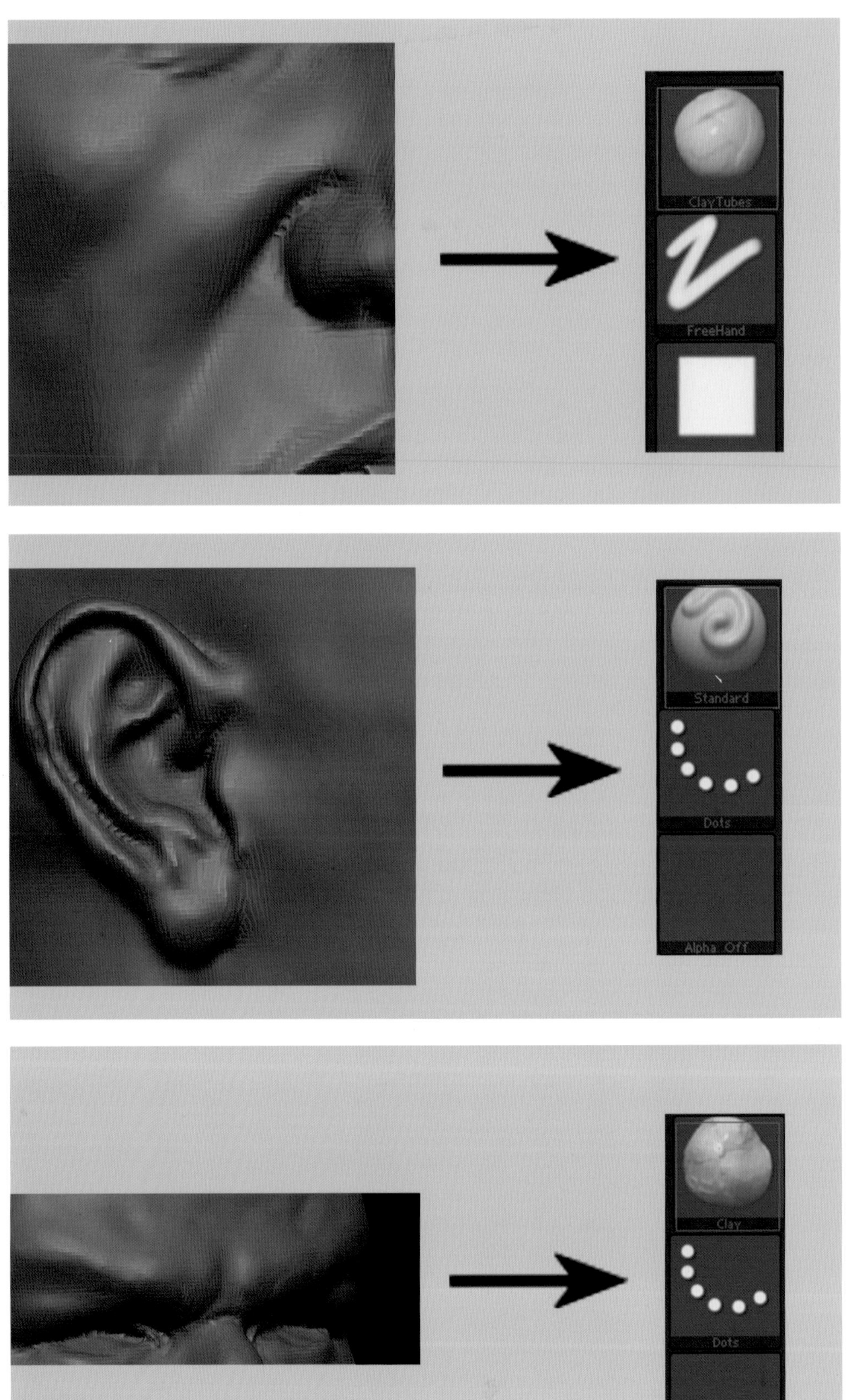

图 3-122 不同的结构可以用不同的画笔来完成

第三节 Photoshop CC 小试牛刀

课程概况			
课程内容	训练目的	重点与难点	作业要求
Photoshop CC 基础 使用 Photoshop CC 绘制武器贴图及技巧	学会使用 Photoshop CC 绘制模型所需贴图	为贴图叠加材质纹理	使用 Photoshop CC 为建好的模型绘制贴图

3.3.1 Photoshop CC 基础

继 2012 年 Adobe 推出 Photoshop CS6 版本后，Adobe 又在 Max 大会上推出了最新版本的 Photoshop CC (Creative Cloud)。在主题演讲中，Adobe 宣布了 Photoshop CC (Creative Cloud) 的几项新功能，包括相机防抖动功能、Camera RAW 功能改进、图像提升采样、属性面板改进、Behance 集成、同步设置以及其他一些有用的功能。

Photoshop CC 的工作界面

打开 Photoshop CC 后，就会进入到 Photoshop CC 的工作界面，上面包含了标题栏、菜单栏、工具箱、工具属性栏、面板、图像窗口和状态栏组等内容。如图 3-123 所示。

图 3-123 进入 Photoshop CC 的工作界面

菜单栏介绍

菜单栏位于工作界面的最上端，它包含了 Photoshop CC 中的所有命令，由文件、编辑、图像、图层、类型、选择、滤镜、3D、视图、窗口和帮助组成，其中包含上百个命令，通过这些命令可以对图像进行任意编辑处理。

工具箱介绍

工具箱位于工作界面的左侧。工具箱是工作界面中最重要的面板，使用其中的工具可以完成绘制图像、编辑图像、修饰图像、制作选区等操作。

在工具箱中，部分工具的右下角有小三角图标，这表示该工具组中隐藏多个子工具。在此类工具上单击鼠标右键，则会显示出该工具组中所有的工具。

工具属性栏介绍

工具属性栏位于菜单栏下方。选择不同的工具时，属性栏也会随之改变。例如选择画笔工具时，属性栏则显示相关的参数控制选项。（图 3-124）

图 3-124 选择不同的工具时，属性栏也会随之改变

面板介绍

面板位于工作界面的右侧。Photoshop 具有多个面板，例如“图层”面板、“路径”面板等。通过这些面板，可以编辑图层、通道、路径以及选择颜色、撤销编辑等操作。

当要拆分一个面板时，只需将鼠标放在该面板的图标或名称上，按住鼠标左键，便可以将其拖至工作界面的空白处。（图 3-125）

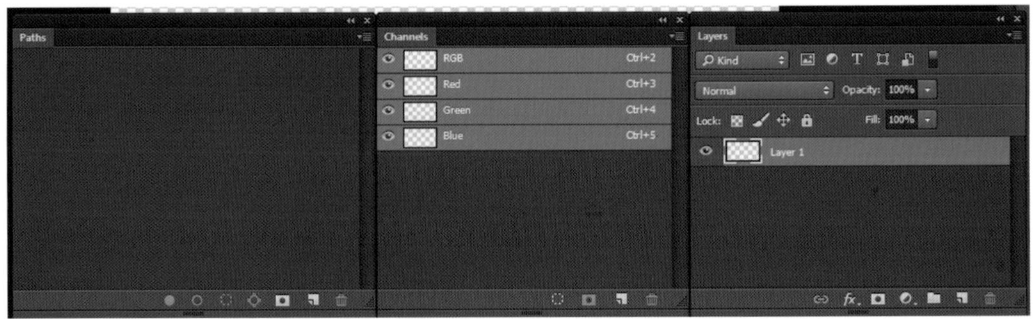

图 3-125 我们需要把所有的面板摆放整齐

图像窗口介绍

图像窗口是对图像进行浏览和编辑操作的主要界面，具有显示图像、编辑和处理图像的功能。窗口上方的标题栏中显示的是文件的名称、格式、比例、色彩模式以及所属通道。（图 3-126）

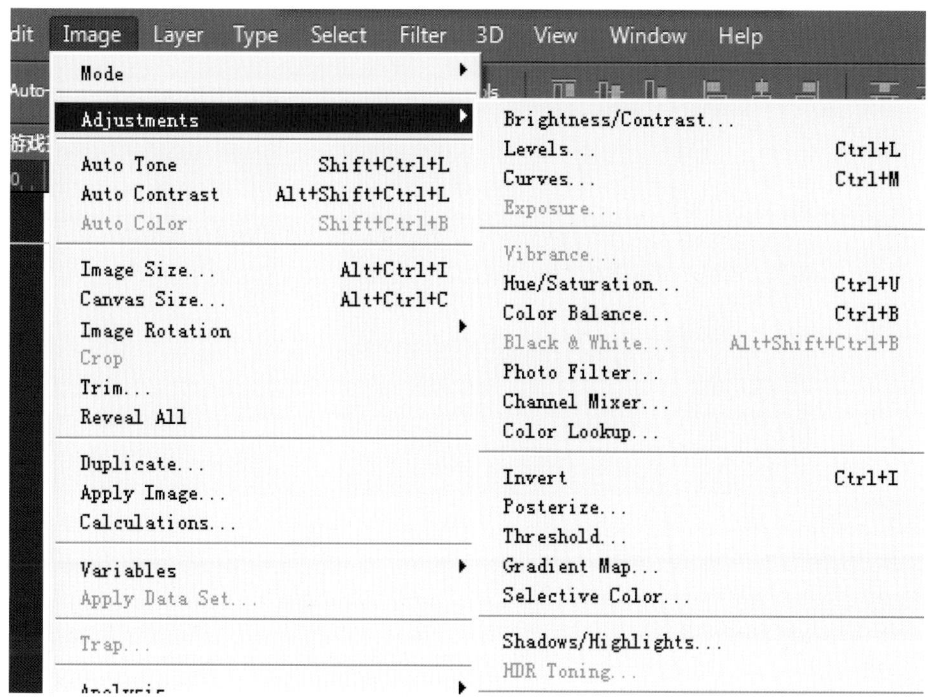

图 3-126 图像窗口是对图像进行浏览和编辑操作的主要界面

状态栏介绍

状态栏位于工作界面的底部。它能够显示当前文件的比例、文件大小以及内存使用率等信息。在显示比例的文本框中输入数值，可改变图像的显示比例。（图 3-127）

图 3-127 状态栏位于工作界面的底部

3.3.2 使用 Photoshop CC 绘制武器贴图及技巧

本节主要介绍如何利用 Photoshop CC 绘制漫反射贴图（Albedo 贴图），通俗来讲，就是颜色贴图。漫反射贴图在游戏中表现为物体表面的反射和表面颜色。换句话说，它可以表现出物体被光照射到而显出的颜色和强度。

绘制底层颜色

在 3ds Max 中，我们可以先烘焙一张 ID 贴图，方便在 PS 中快速选区。在高精度模型上选择某个部分，点击 M，选择材质球，单击宾氏基本参数（Blinn Basic Parameters）菜单中的漫反射（Diffuse），可以改变材质球颜色。（图 3-128）

烘焙步骤和烘焙法线贴图是一样的，在输出（Output）菜单下拾取漫反射贴图（Diffuse Map），输出渲染即可。这样我们就可以得到一张 ID 贴图。（图 3-129）

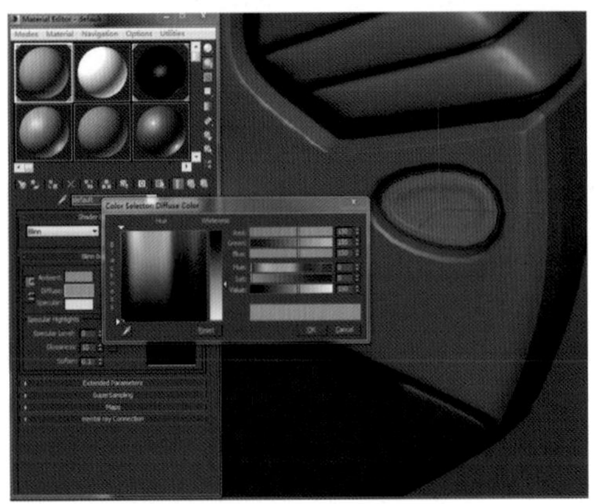

图 3-128 烘培一张 ID 贴图，方便在 PS 中快速选区

图 3-129 在输出（Output）菜单下拾取漫反射贴图（Diffuse Map），得到一张 ID 贴图

叠加材质纹理

将 ID 贴图作为底色后，还需要添加一些纹理使贴图更有质感（图 3-130）。我们可以从网上找一些适合的素材添加到图层中去，叠加方式可以根据效果改变。（图 3-131）

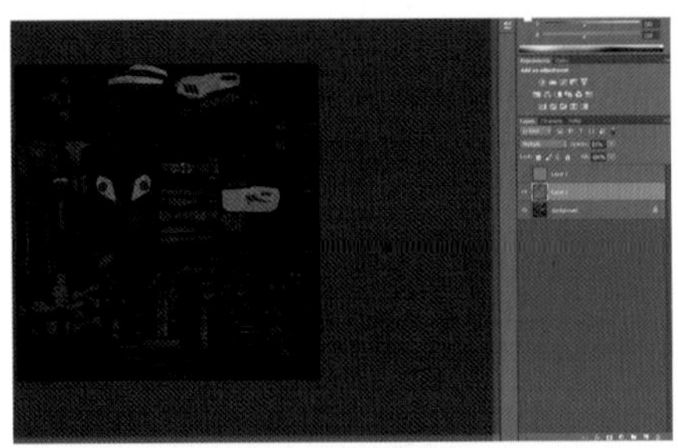

图 3-130 添加一些纹理使贴图更有质感

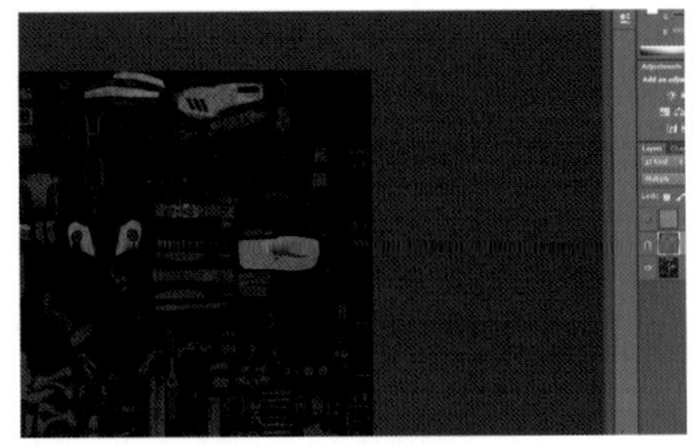

图 3-131 叠加方式可以根据效果改变

另外，利用一些特殊画笔也可以达成不同的效果。（图 3-132、图 3-133）

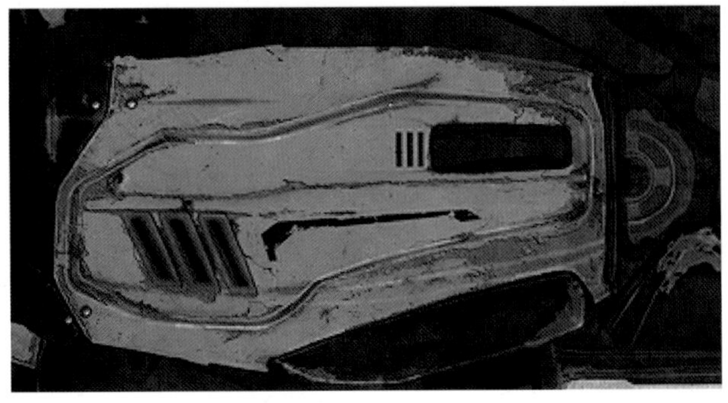

图 3-132 特殊画笔也可以达成不同的效果 1

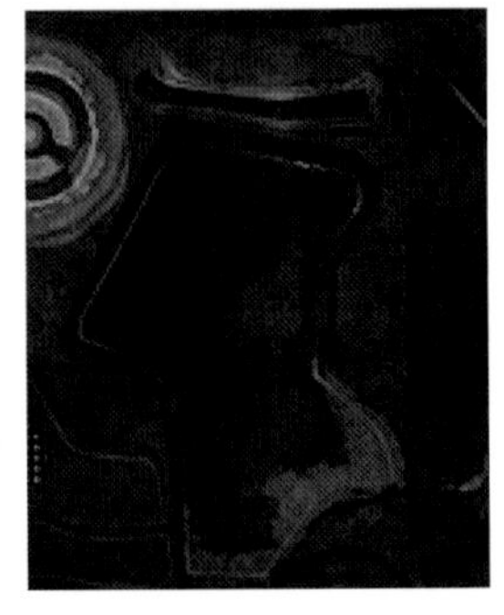

图 3-133 特殊画笔可以达成不同的效果 2

第四章

游戏设计中期（三）

辅助软件及插件部分

第一节 学习 Marmoset Toolbag 在次世代制作技术中的应用

课程概况

课程内容	训练目的	重点与难点	作业要求
Marmoset Toolbag 的工作界面 导入模型及贴图 视图窗口 场景编辑器 渲染编辑器 动画编辑器	利用 Marmoset Toolbag 进行实时模型观察、材质编辑和动画预览	掌握 Marmoset Toolbag 的基本功能	下载安装并实际操作该软件

Marmoset 是 8Monkey 公司所拥有的游戏引擎和工具集合的总称，而这款 Marmoset Toolbag 是该公司推出的收费软件。该软件的主要特征功能是可以进行实时模型观察、材质编辑和动画预览，它能给游戏艺术家提供一个快速、简单、实用的应用平台来为观者展示他们的辛勤劳动成果。

Marmoset Toolbag 的工作界面

图 4-1 实时渲染为 3D 艺术家提供了强大的高品质的渲染平台

Marmoset Toolbag 是一个全功能的实时渲染工具，其中包含了材质编辑器、摄像机系统、灯光系统等以及最先进的 PBR 工作流程，为 3D 艺术家提供了强大的高品质的渲染平台。（图 4-1）

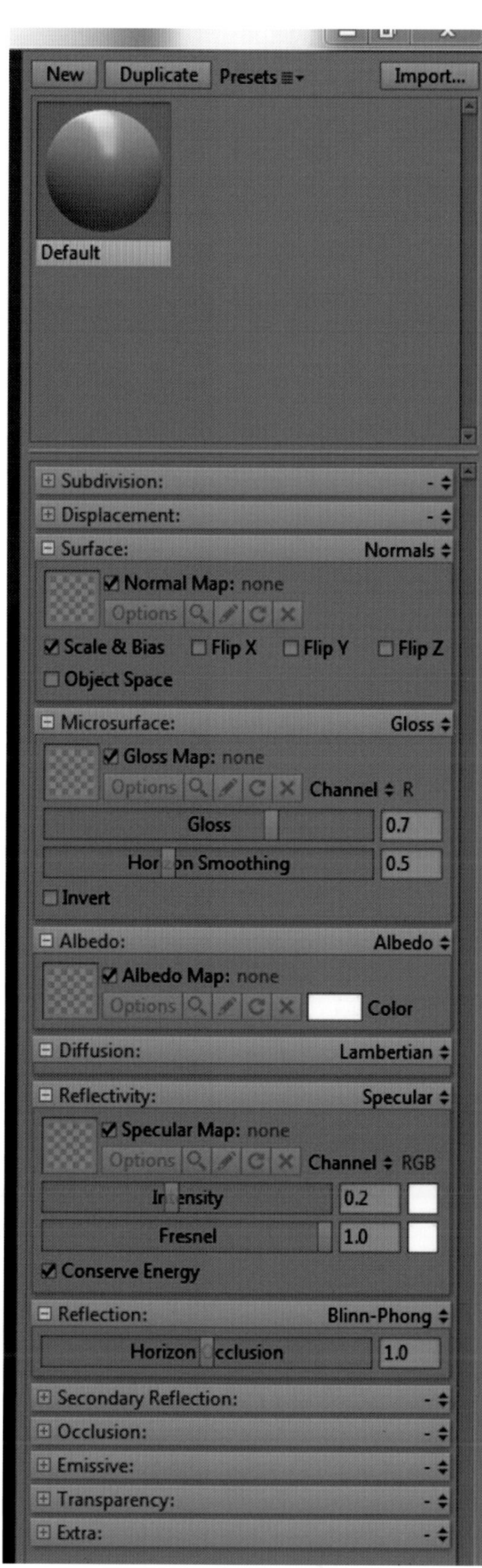

图 4-2 材质编辑器可以导入模型以及贴图

导入模型及贴图

工作界面右侧的材质编辑器可以导入模型以及贴图。将模型的obj 拖到右上角的空白材质球上，单击表面（Surface）下法线贴图（Normal Map）旁的棋盘格，选择该模型的法线贴图。在反照率（Albedo）下的反照率贴图（Albedo Map）旁的棋盘格选择该模型的反照率（Albedo）贴图。（图 4-2）

视图窗口

视图窗口所显示的即为当前模型在自然环境下的状态。按住“Alt+ 鼠标左键”，可以旋转摄像头，按住“Alt+ 鼠标中轮”可以移动摄像头，滚动鼠标中轮可以缩放摄像头，按住“Shift+ 鼠标左键”可以旋转天空球。（图 4-3）

图 4-3 滚动鼠标中轮可以缩放摄像头

场景编辑器

场景编辑器（Scene Edit）位于工作界面的左侧，包含了天空球和摄像机编辑器。

点击天空球（Sky）的时候，会出现下拉菜单，包括天灯和背景。在天空光（Sky Light）菜单下的预设（Presets）里可以更换视图场景，也可以在光源编辑器（Light Editor）中增加光源。在背景（Backdrop）菜单下，单击模式（Mode）旁的三角形，可以将背景换成纯色或虚影。（图 4-4）

图 4-4 场景编辑器，包含了天空球和摄像机

点击主摄像机（Main Camera）的时候同样会出现下拉菜单，可以任意改变编辑器中的数值来达到不同效果。

渲染编辑器

渲染编辑器（Render）位于场景编辑器右侧。下拉菜单中，视区（Viewport）可以调整输出画面质量，场景（Scene）下可以显示模型线框，照明（Lighting）下可以调整环境光以及编辑AO，建议全部勾选。水印（Watermark）可以调整输出时水印的大小以及位置等。（图 4-5）

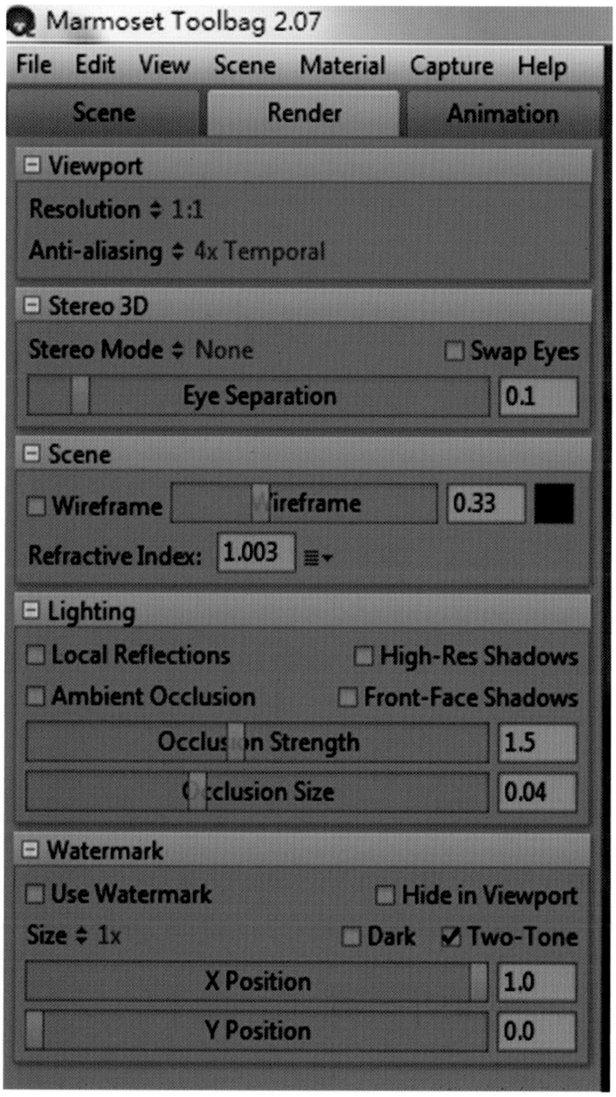

图 4-5 渲染编辑器（Render）位于场景编辑器右侧

动画编辑器

动画编辑器（Animation）位于渲染编辑器右侧，可以根据三个不同的中心点对模型进行旋转动画。（图 4-6）

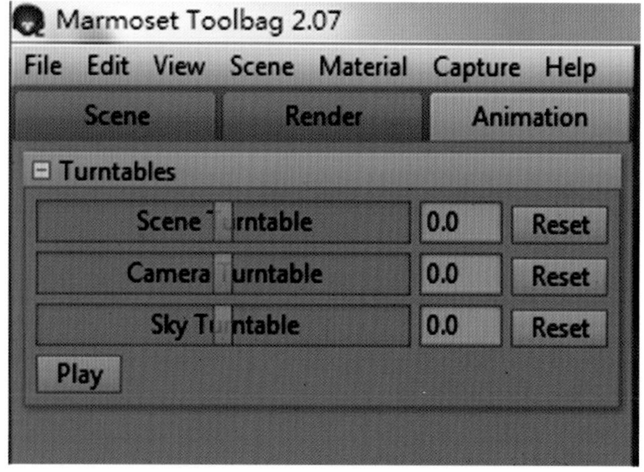

图 4-6 动画编辑器（Animation）位于渲染编辑器右侧

第二节　学习 Quixel Suite 在次世代制作技术中的应用

课程概况

课程内容	训练目的	重点与难点	作业要求
预览引擎 3DO 绘制法线贴图的插件 NDO 快速生成贴图的插件 DDO	利用 Quixel Suite 提高贴图制作效率	掌握 NDO、DDO 以及 3DO 的使用方法	尝试使用 Quixel Suite 制作所需贴图

Quixel Suite 是 Quixel 公司推出的次世代游戏制作工具，其中包含了 NDO、DDO 以及 3DO。它们以 Photoshop 插件的形式存在。NDO 负责法线效果的绘制与生成，DDO 负责快速产生纹理与污渍，3DO 负责预览变化万千的贴图绘制效果。该软件可以极大地提高贴图制作效率，并且效果惊人，现在已经成为大型主流工作室的标配流程工具。

预览引擎 3DO

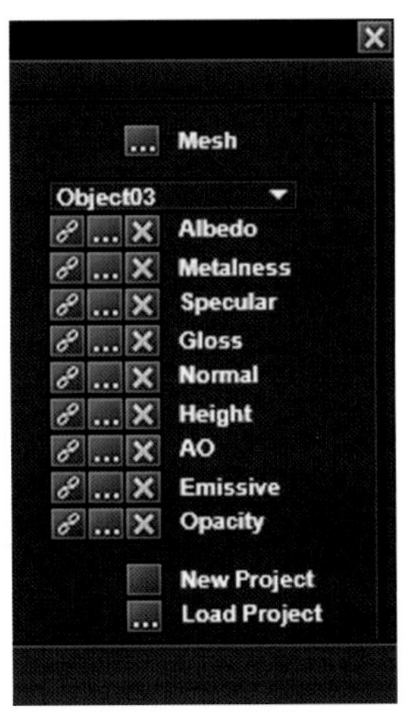

图 4-7 3DO 能即时显示游戏工作者在 NDO 或 DDO 中编辑后的效果

3DO 是 Quixel Suite 中自带的预览引擎，它能即时显示游戏工作者在 NDO 或 DDO 中编辑后的效果，并且可以通过左侧的编辑器调整视觉效果。

例如我们要增加法线贴图的细节，打开 3DO，点击 3DO 上方的三角，导入模型，将已有的法线贴图打开，点击导入对话框中法线（Normal）旁的链接。（如图 4-7）

绘制法线贴图的插件 NDO

NDO 是 Quixel 中一款绘制法线贴图的插件，它不需要在 3D 软件中烘焙，只需在 Photoshop 中以绘制的方式（包括文字）得到模型的法线，也可以直接将图片转换成法线。

我们将一张图片转换成法线贴图，只需点击转换按钮。（图 4-8）

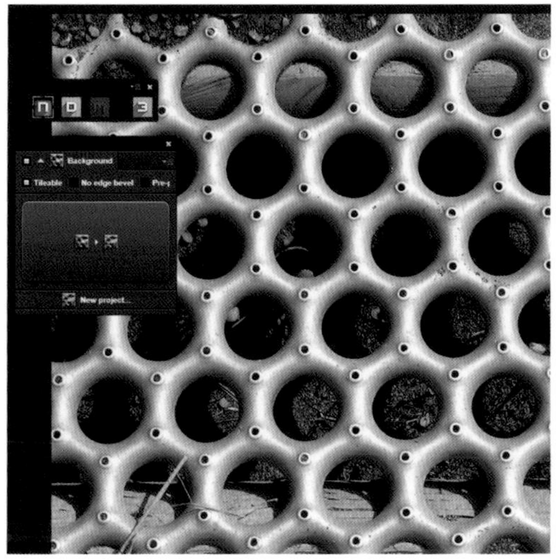

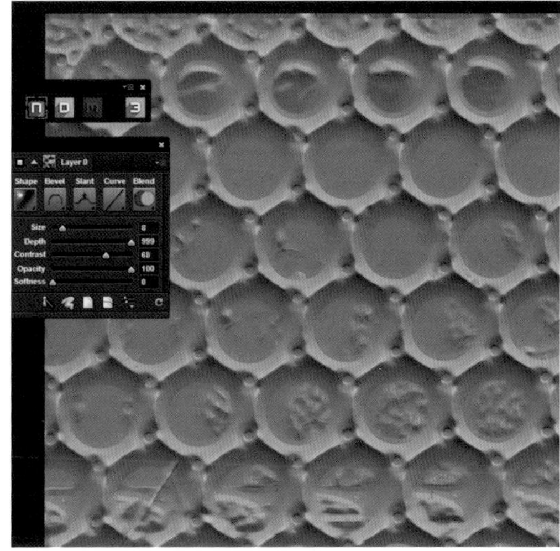

图 4-8 我们将一张图片转换成法线贴图，只需点击转换按钮

新建一层图层，在法线贴图中用选区框选长方形，再点击转换按钮，即可在 3DO 中看见编辑效果。（图 4-9、图 4-10）

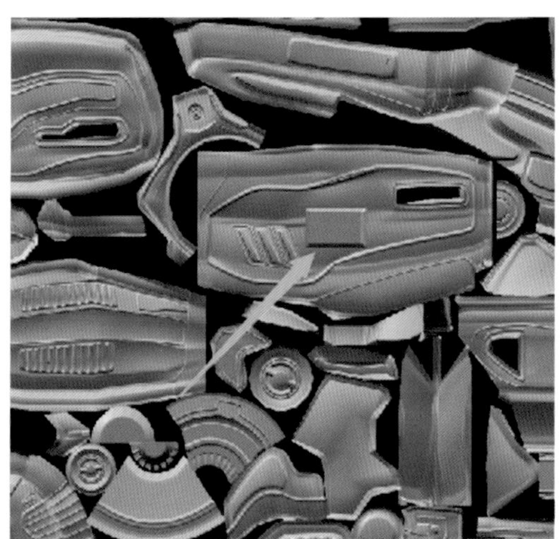

图 4-9 在法线贴图中用选区框选长方形

图 4-10 可在 3DO 中看见编辑效果

快速生成贴图的插件 DDO

DDO 是 Quixel 中一款绘制快速生成贴图的插件，它可以一次性生成 Albedo 贴图、高光贴图、法线贴图以及光泽度贴图等，大大地提升了工作效率。它包含了上百种材质球，可以满足我们大部分的贴图需求。当我们点击某个材质球时，在 3DO 中就会即时看到该材质球的效果。（图 4-11）

我们需要将模型以及它的法线贴图和 ID 贴图导入进来。点击 DDO，在下拉菜单中将模型（Mesh）、ID 贴图以及法线贴图和 AO 贴图导入进来，点击创建基础（Create Base），再将 3DO 打开，即可在 3DO 中看见所编辑的模型及贴图。

按住 C，可以看见模型的 ID 颜色分布。按“Shift+C”，可以选中一种颜色的 ID，将材质只赋予这种颜色；松开“Shift+C”，会出现材质球选项，我们可以随意选择一种材质球，点击后即可在 3DO 中看到。

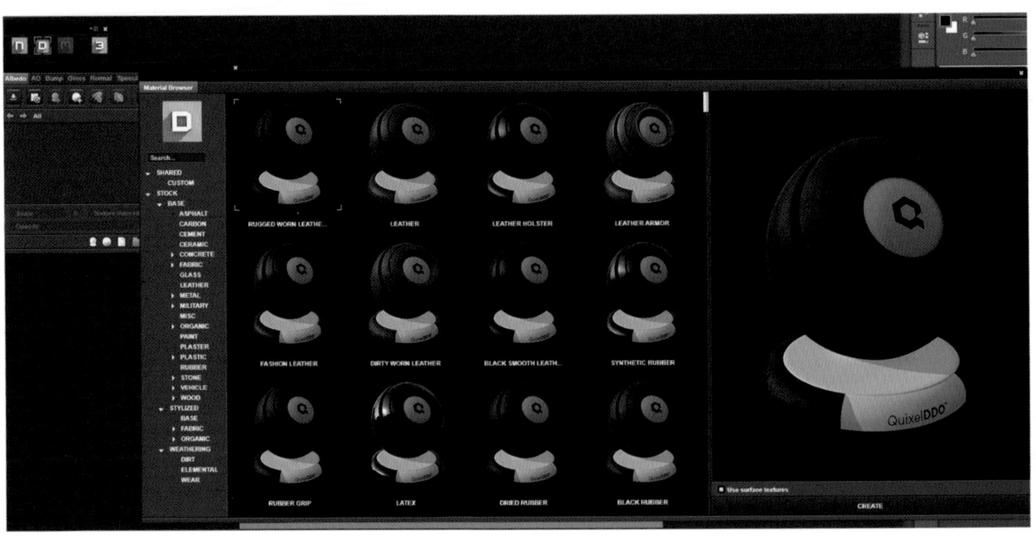

图 4-11 DDO 是 Quixel 中一款绘制快速生成贴图的插件

第三节 学习 CrazyBump 在次世代制作技术中的应用

课程概况

课程内容	训练目的	重点与难点	作业要求
CrazyBump 的操作界面	将图片转法线贴图，使低精度的模型达到高精度的效果	制作法线贴图并运用	学习并实际操作 CrazyBump

CrazyBump 是一个将图片转法线贴图的小工具，操作起来非常方便，可调节参数不是很多，但效果比 PS 插件的细节要丰富点，并且能同时导出法线、置换、高光和全封闭环境光贴图，并有即时浏览窗口，是利用普通的 2D 图像制作出带有 Z 轴（高度）信息的法线图像，可以用于其他 3D 软件里，使一个低精度的模型具有高精度的效果，大量用于游戏制作中。

CrazyBump 的操作界面

图 4-12 CrazyBump 的操作界面非常简洁

CrazyBump 的操作界面非常简洁。（图 4-12）

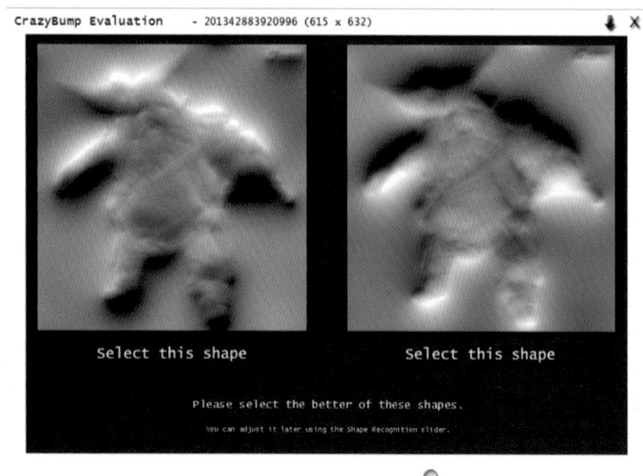

图 4-13 选择一张图片，会出现凹或凸两个选项

例如我们将图片转成法线，点击第一项，选择一张图片，会出现图 4-13 所示的两个选项：凹或凸。

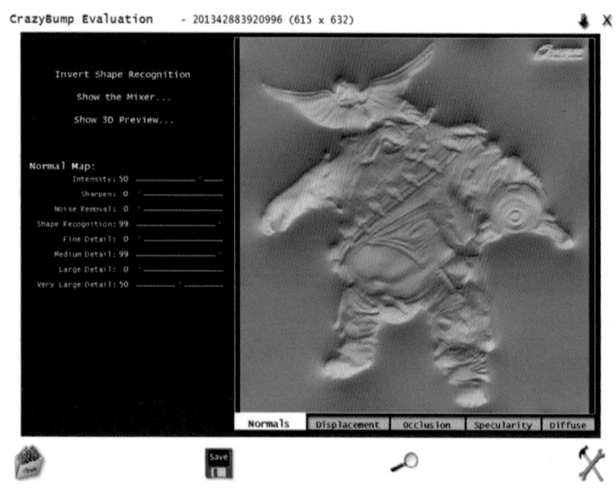

图 4-14 选择后即可得到一张法线贴图

选择后即可得到一张法线贴图，同时生成了置换、高光和全封闭环境光贴图。（图 4-14）

在左侧的编辑栏中可以调节法线的高度、软硬度等。点击下方的保存（Save）即可保存贴图。首页中的其他选项同理。

第四节　学习 Sculptris 在次世代制作技术中的应用

课程概况

课程内容	训练目的	重点与难点	作业要求
Sculptris 的工作界面 笔刷 绘图(Paint)	利用 Sculptris 进行建模	适应 Culptris 与 ZBrush 的区别，并掌握基本功能	下载安装并实际操作该软件

Sculptris 是 Pixologic 旗下正在孵化的 Alpha 版本的又一款小巧、独特、非常酷的艺术雕刻软件。第一个对外发布的版本是 Sculptris Alpha 5。Sculptris 与 ZBrush 最大的区别在于前者的建模方式（或者说体积计算方式）不是以多边形面数计算，而是按体积形状的改变而自适应改变模型面数及分布。

Sculptris 的工作界面

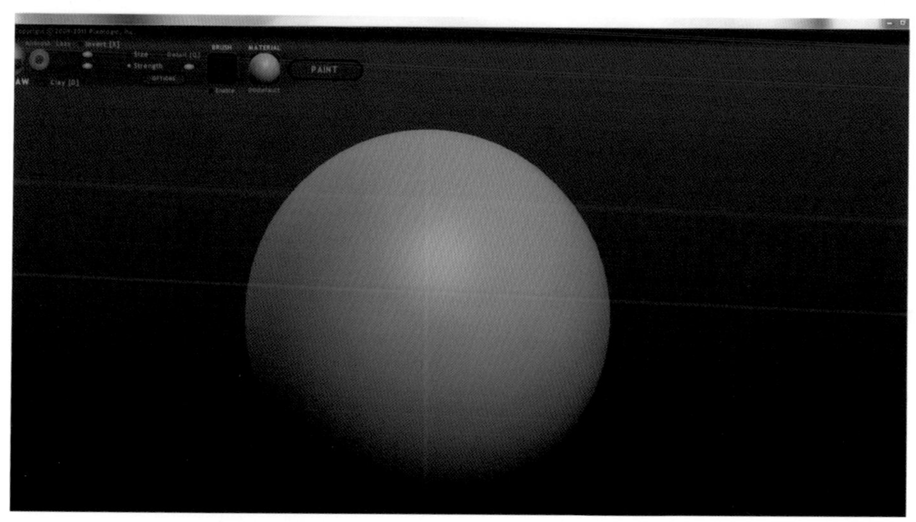

图 4-15 Sculptris 的工作界面非常简洁

Sculptris 的工作界面非常简洁，左侧最上方九个选项是笔刷，中间部分是模型的网格分布类型，最下方左侧两个选项是切换模型形状（球或片）以及导入导出和保存等功能。笔刷右侧是工具属性栏，显示当我们选择一个工具时该工具的状态。（图 4-15）

笔刷

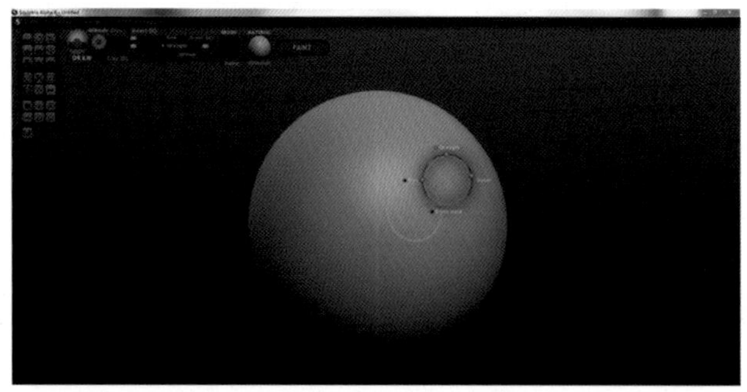

图 4-16 选择笔刷，在操作界面出现的调节滑块中进行改变

我们任意选择一个笔刷，右侧的滑块代表该笔刷的大小、力度，可以通过调节滑块来改变，也可以按住空格键，在操作界面出现的调节滑块中进行改变。（图 4-16）

绘图（Paint）

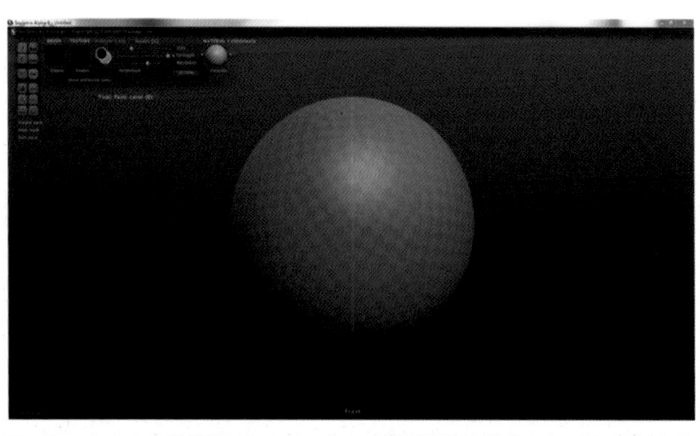

图 4-17 点击上方的绘图（Paint）可以对模型进行简单的上色以及改变材质

完成建模后，点击上方的绘图（Paint），调整好分辨率后，可以对模型简单地上色以及改变材质。（图 4-17）

这时工作界面会发生改变。点击上方的色块可以改变笔刷颜色，点击右侧的材质球可以更换更多的材质。（图 4-18）

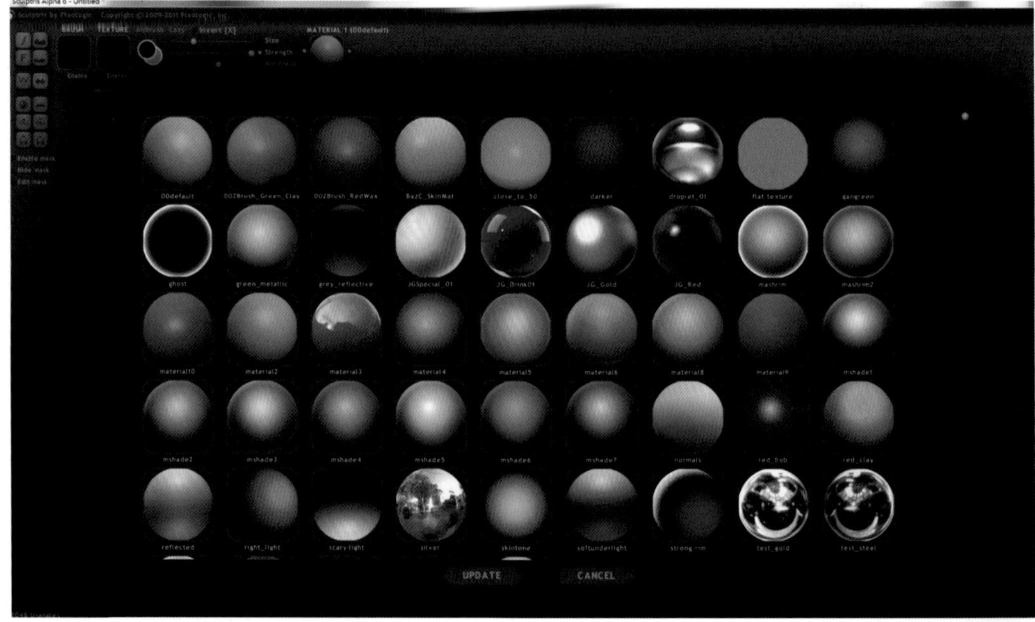

图 4-18 点击右侧的材质球可以更换更多的材质

第五章

游戏设计后期

次世代游戏引擎部分

第一节　了解次世代游戏引擎

Unreal Engine 4

课程概况

课程内容	训练目的	重点与难点	作业要求
推荐硬件配置 最低软件要求 使用引擎进行开发 为 iOS 开发	了解 Unreal Engine 4 基本信息	熟悉版本安装条件	安装并了解该软件

虚幻引擎（Unreal Engine）是目前世界最知名、授权最广的顶尖游戏引擎，占全球商用游戏引擎 80% 的市场份额。基于它开发的无数大作，除《虚幻竞技场 3》外，还包括《战争机器》《彩虹六号维加斯》《镜之边缘》《荣誉勋章：空降兵》《质量效应》《生化奇兵》等。在美国和欧洲各国，虚幻引擎主要用于主机游戏的开发。在亚洲，中国和韩国众多知名游戏开发商购买该引擎主要用于次世代网游的开发，如《剑灵》《TERA》《战地之王》《流星蝴蝶剑 Online》《一舞成名》等。在 iPhone 上运行的用该引擎开发的游戏有《无尽之剑》（1、2）、《蝙蝠侠》等。本章节我们要了解的是当今 Unreal Engine 4，从 2015 年 3 月开始，Epic Games 宣布该引擎对开发者免费开放，开发者只需要在实现一定程度的盈利后按比例支付版权费即可。Epic Games 甚至还开放了引擎的源代码，吸引了众多粉丝为之添砖加瓦。（图 5-1、图 5-2）

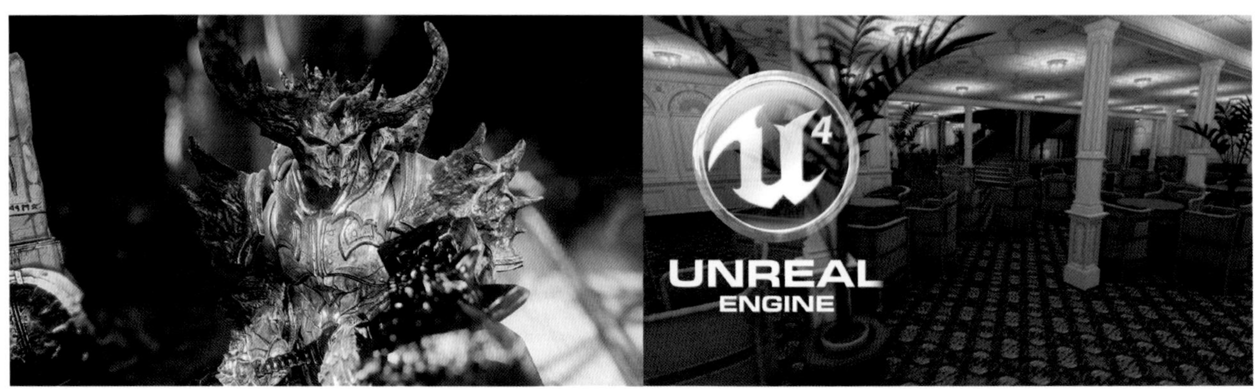

图 5-1 虚幻引擎是目前世界最知名、授权最广的顶尖游戏引擎

图 5-2 虚幻引擎 4（Unreal Engine 4）

推荐硬件配置

◇◇◇◇◇◇◇◇◇◇◇◇

操作系统 --- Windows 7/8 64-bit

处理器 ------------------------------------ 2.5 GHz 或更快的 Intel 或 AMD 四核处理器

内存 -- 8 GB RAM

显卡 / DirectX 版本 -- 支持 DirectX 11 的显卡

最低软件要求

◇◇◇◇◇◇◇◇◇◇◇◇

运行引擎

操作系统 -------------------------------------64 位的 Windows 7/8

DirectX 运行库 ---------------------------- DirectX 终端用户运行环境（2010 年 6 月版）

使用引擎进行开发

◇◇◇◇◇◇◇◇◇◇◇◇◇◇◇◇

所有“运行引擎”的需求（会自动安装）------------------------------------ 8 GB RAM

Visual Studio 版本 ------- Visual Studio 2015 Pro 版 或 Visual Studio 2015 Community 版

为 iOS 开发

◇◇◇◇◇◇◇◇◇◇

iTunes 版本 -- iTunes 11 或更高版本

第二节　学习 Unreal Engine 4 基础

课程概况

课程内容	训练目的	重点与难点	作业要求
编辑器视口 视口操作 选择操作 变换操作 视口工具条 项目浏览器 创建新项目	掌握 Unreal Engine 4 基本操作	熟悉操作界面及对应功能	安装并实际操作该软件

编辑器视口

编辑器视口是进入虚幻编辑器中创建世界的窗口，可以像在游戏中导航那样来导航视口，或者像在建筑物蓝图中进行方案设计那样来应用视口。虚幻引擎视口包含了个各种不同工具和可视查看器，能帮助操作者精确地查看所需要的数据。（图 5-3）

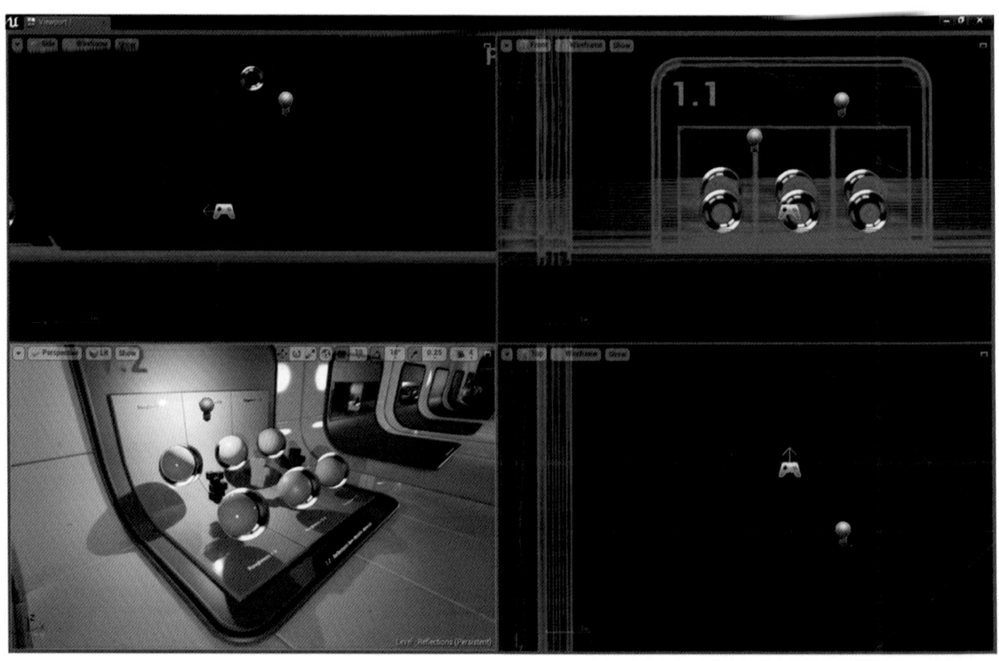

图 5-3 虚幻引擎视口包含了个各种不同工具和可视查看器

虚幻编辑器中有两种主要的视口类型：透视视口和正交视口。透视视口是游戏世界的三维窗口。正交视口（顶视口、前视口及侧视口）是顺着每个主要坐标轴(X、Y或Z)看到的二维视口。(图5-4)

可以通过按下Alt和G、H、J或K键来循环调换视口类型。这些操作将会把视口分别设置为透视口、前视口、顶视口或侧视口。

透视视口(3D)

图5-4 透视视口

前视口(X-轴)

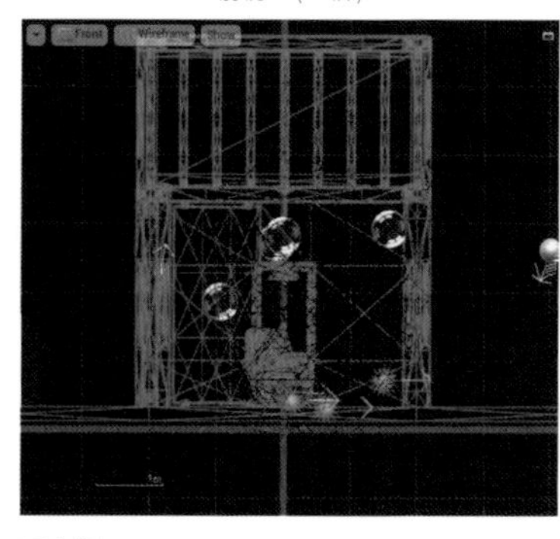

正交视口

前视口(X-轴)

正交视口

视口操作

在视口中工作时，可以使用各种操作来导航场景、选择及操作对象（Actor）以及修改显示选项。以下为操作方法及缩写：

操作	缩写
鼠标左键	LMB
鼠标右键	RMB
鼠标中键	MMB

操作	动作
透视口	
鼠标左键+拖拽	前后移动相机，及左右旋转相机。
鼠标右键+拖拽	旋转视口相机。
鼠标左键+鼠标右键+拖拽	上下移动。
正交视口(透视口、前视口、侧视口)	
鼠标左键+拖拽	创建一个区域选择框。
鼠标右键+拖拽	平移视口相机。
鼠标左键+鼠标右键+拖拽	拉伸视口相机镜头。
F	将相机聚焦到选中的对象上。这对充分利用相机是非常必要的。

选择操作

可以通过简单点击它们来独立地在视口中选择对象（Actor），也可以通过在二维视口中使用区域选择框来按组选择对象（Actor）。（图 5-5、图 5-6）

简单的选择

图 5-5 简单点击，在视口中选择对象（Actor）

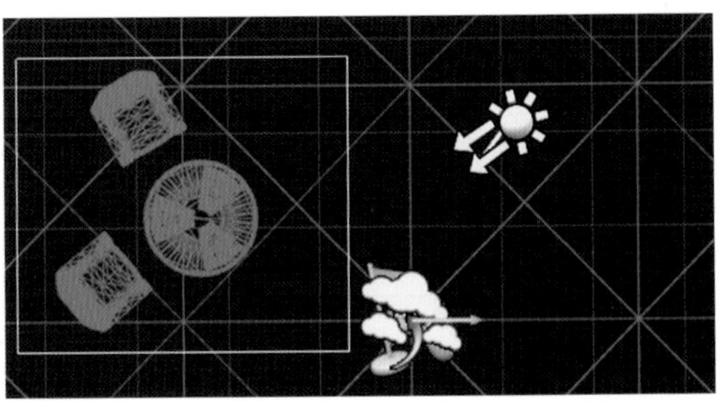

区域选择

图 5-6 区域选择框按组选择对象（Actor）

变换操作

变换操作是使用变换工具来移动、旋转及缩放视口中的对象（Actor）。（图 5-7）

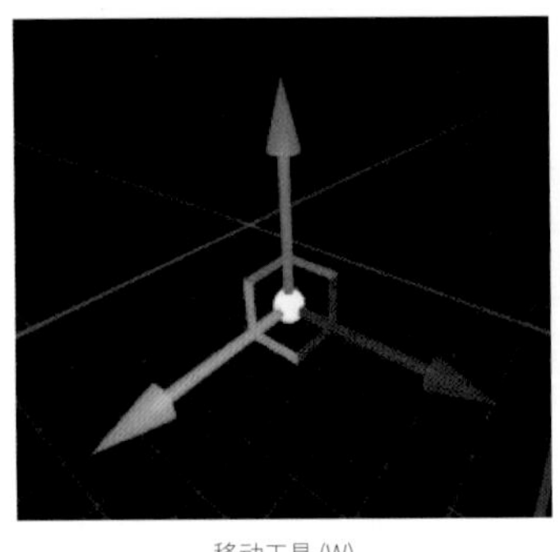

移动工具 (W)

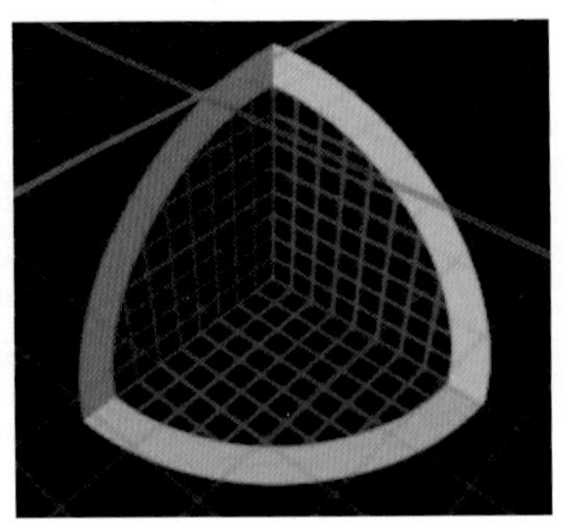

旋转工具 (E)

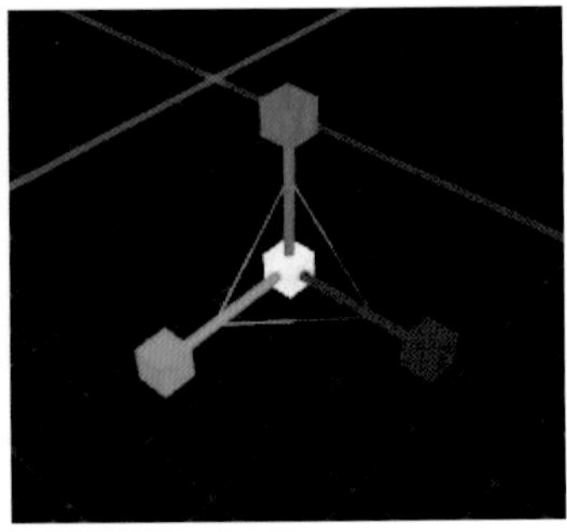

缩放工具 (R)

图 5-7 使用变换工具进行变换操作

视口工具条

图 5-8 视口工具条包含了变换工具和针对这些工具的对齐控件

视口工具条中包含了变换工具和针对这些工具的对齐控件，使用者在整个关卡设计过程中都将会使用到这些变换工具。使用者还可以找到控制相机速度的工具，以及将视口分成四个视图的工具。（图 5-8）

视口工具条从右至左顺序依次为变换工具、坐标系、网格对齐、旋转对齐、缩放对齐、相机速度、最大化视口。

项目浏览器

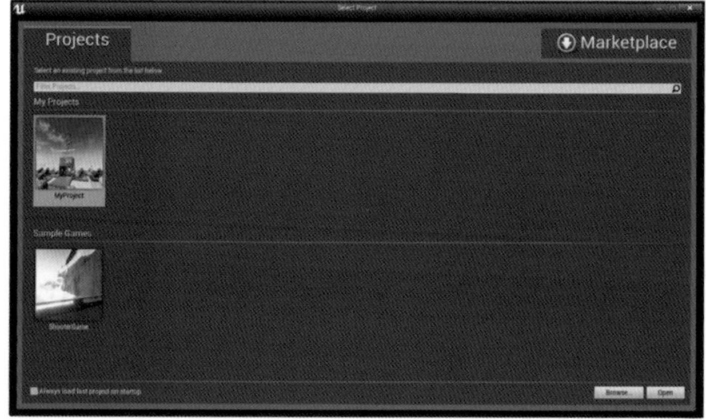

图 5-9 打开项目浏览器获得的项目缩略图，退出编辑器时将会自动获得一个屏幕截图

当您首次运行虚幻编辑器时，将会显示项目浏览器（Project Browser）。项目浏览器提供了一个入口点，使用者可以通过它创建项目、打开现有项目，或者打开示例游戏和演示项目。项目浏览器还能显示编辑器所发现的所有项目的缩略图列表。默认情况下，该列表包含了安装文件夹中的所有项目、使用编辑器创建的任何项目或者之前打开的任何项目。双击任何缩略图可以打开任何项目。

项目缩略图是一个 分辨率为 192×192 的后缀名为 png 的文件，其名称和项目文件夹中的项目名称一样。使用者可以给更新项目缩略图（Update Project Thumbnail）功能绑定一个按键来快速地拍摄一个屏幕贴图作为该项目缩略图。如果没有为项目提供缩略图，那么使用者每次退出编辑器时将会自动获得一个屏幕截图。（图 5-9）

创建新项目

图 5-10 右侧新建项目（New Project） 选卡

项目浏览器中的第二个选卡是新建项目（New Project）选卡。（图 5-10）

新建项目（New Project）选卡可以为使用者的项目提供起始模板。空白（Blank）项目可创建一个完全空白的项目。其他模板被分为两类：仅使用蓝图（Blueprints Only）和 C++，其中有横向卷轴（仅使用蓝图）【Side Scroller（Blueprints Only）】模板和横向卷轴（C++）【Side Scroller （C++）】模板。由这两种模板生成的游戏游玩方式一样，关卡设计、角色行为及相机布局也一样。使用蓝图，可以在虚幻编辑器中创建游戏行为， 且不需要写任何 C++ 代码。然而，使用仅使用蓝图（Blueprints Only）的起始模板并不意味着不能将 C++ 代码加入使用者的项目中。这表示提供的初始示例将会被包含在蓝图中。

第三节　场景关卡编辑器

课程概况

课程内容	训练目的	重点与难点	作业要求
选卡栏 菜单栏 工具栏 视口 详细信息 世界大纲视图 图层 模式	放置、变换及编辑Actor的属性来创建、查看及修改关卡	放置一系列的对象和几何体来定义玩家将要体验的世界	在 Unreal Engine 4 中实际操作场景关卡编辑器

关卡编辑器为虚幻编辑器提供了关卡创建方面的核心功能。其中，主要通过放置、变换及编辑对象（Actor）的属性来创建、查看及修改关卡。在虚幻编辑器中，创建游戏体验所在的场景一般被称为关卡 。可以把关卡想象为一个三维场景，在该场景中可以放置一系列的对象和几何体来定义玩家将要体验的世界。放置到世界中的任何对象都被认为是对象（Actor），无论该对象是一个光源、网格物体还是一个角色。从技术上讲， 对象（Actor） 是虚幻引擎中使用的一个编程类，用于定义一个具有三维位置、旋转度及缩放比例数据的对象。然而，出于方便，最简单的方法是将对象（Actor）当成一个可以放置到任何关卡中的对象 。

从最基本的层次来说，创建关卡可以归结为在虚幻编辑器中向地图中放置对象。这些对象可能是世界几何体、以画刷形式出现的装饰物、静态网格物体、光源、玩家起点、武器或载具。什么时候添加哪些对象通常是由关卡设计团队使用的特定工作流程规定的。

由于虚幻编辑器的界面可以进行高度化自定义，所以可能每次启动时看到的界面是不一样的。以下可以看到默认的界面布局（图 5-11）。

图 5-11 默认的界面布局

选卡栏

◇◇◇◇◇

关卡编辑器的顶部有一个选卡，提供了当前正在编辑的关卡的名称。其他编辑器窗口的选卡可以停靠在该选卡的旁边，以便快速地、方便地进行导航，这和网页浏览器类似。

菜单栏

◇◇◇◇◇

编辑器的菜单栏对每个曾经使用过 Windows 应用程序的人应该都是很熟悉的。 它提供了在编辑器中处理关卡时所需的通用工具及命令。

工具栏

◇◇◇◇◇

和大部分工具栏面板一样，这里提供了一组快速访问常用工具和操作的命令。

视口

◇◇◇

视口（Viewport）面板是进入虚幻编辑器中创建世界的窗口。（图 5-12）

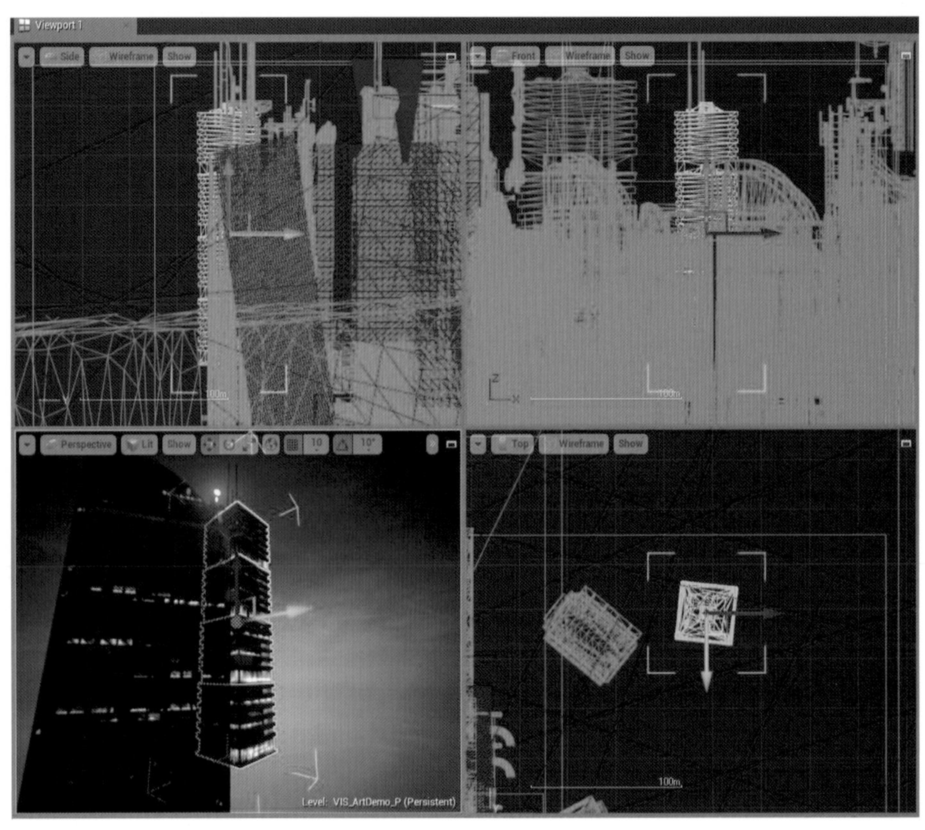

图 5-12 视口（Viewport）面板是进入到虚幻编辑器中创建世界的窗口

详细信息

图 5-13 面板包含了关于视口中当前选中对象的信息、工具及功能

面板包含了关于视口中当前选中对象的信息、工具及功能。它包含用于移动、旋转及缩放对象（Actor）的变换编辑框，显示选中对象（Actor）的所有可编辑属性，并提供了和视口中选中对象（Actor）类型相关的其他编辑功能。比如，选中的对象（Actor）可以导出到 FBX 文件中，并可以转换为另一种兼容类型。选项详情面板还允许查看这些选中的对象（Actor）所使用的材质（如果存在），并可以快速地打开它们进行编辑。（图 5-13）

世界大纲视图

世界大纲视图（World Outliner）面板以层次化的树状图形式显示了场景中的所有对象（Actor）。可以从世界大纲视图中直接选择及修改对象（Actor），也可以使用信息 (Info) 下拉列表来打开额外的竖栏来显示关卡、图层或 ID 名称。（图 5-14）

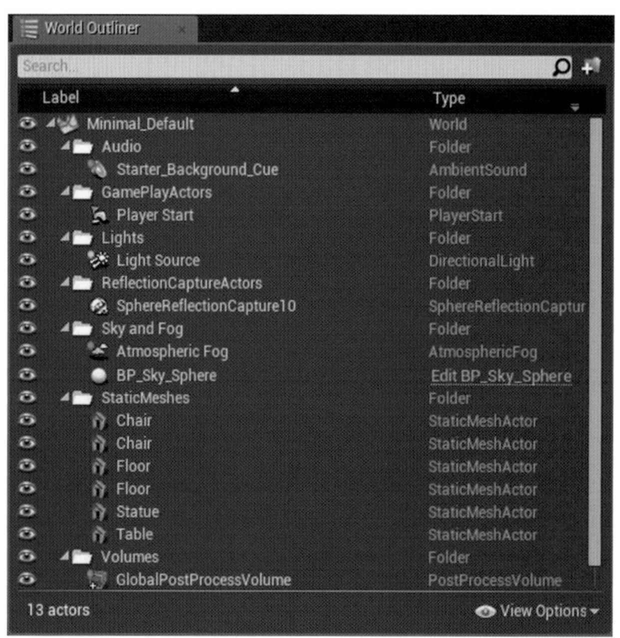

图 5-14 世界大纲视图以层次化的树状图形式显示了场景中的所有对象（Actor）

图层

图层面板允许使用者组织管理关卡中的对象（Actor）。图层提供了快速选择一组相关对象（Actor）和控制其可见性的功能。使用者可以使用自己的图层快速地整理场景，仅留下几何体和正在使用的对象（Actor）。比如，使用者可能正在处理一个多层建筑，但是它由很多模块组成。通过将每个地面分配给一个图层，可以隐藏使用者当前没有处理的地面，使得顶视图更加方便管理。（图 5-15）

图 5-15 图层面板允许使用者组织管理关卡中的对象（Actor）

模式

模式面板包含了编辑器的各种工具模式。这些模式会改变关卡编辑器的主要行为以便来执行特定的任务，比如向世界中放置新资源、创建几何体画刷及体积、给网格物体着色、生成植被、塑造地貌等。（图 5-16）

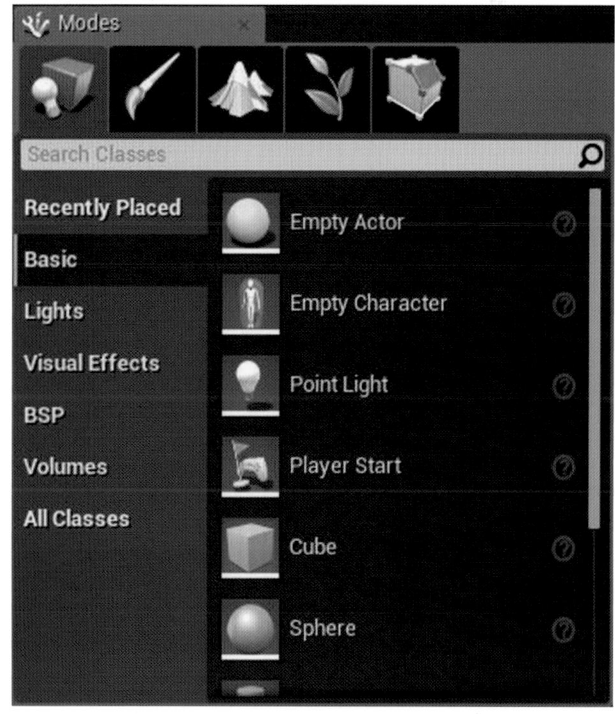

图 5-16 模式面板包含了编辑器的各种工具模式

第四节　创建和保存场景关卡

课程概况			
课程内容	训练目的	重点与难点	作业要求
如何创建场景 设定默认地图	在 Unreal Engine 4 中创建并管理场景所需要知道的所有信息	学会如何创建新场景	在 Unreal Engine 4 中进行实际操作

在玩游戏的过程中，玩家看见的每个东西、交互的每个东西都存在于一个世界，这个世界我们叫作场景关卡（Level）。在 Unreal Engine 4 中，一个场景关卡是由一组静态网格物体（Static Mesh）、体积（Volume），灯光（Light）和蓝图（Blueprint）等物件共同组成，并带给玩家预期的游戏体验。在 Unreal Engine 4 中，一个场景可以大到是巨大的地图世界，也可以小到是小游戏的一个小关卡。（图 5-17）

接下来将会讲解在 Unreal Engine 4 中创建并管理场景所需要知道的所有信息。

图 5-17 游戏世界我们叫作场景关卡（Level）

如何创建场景

要开发游戏的话，必须要学会如何创建新场景。在 Unreal Engine 4 中创建新场景十分简单，描述如下(图 5-18 至图 5-21)：

要创建一个新场景，首先在主工具栏中点开文件（File）菜单。

在文件（File）菜单中，选择新建场景（New Level）项。

在选择新建场景后，将会有一个弹窗，显示可以使用的两种场景类型：默认类型（Default）或者空场景（Empty Level）。

通过点击鼠标左键选择你想要的场景。在此之后，该场景类型将会在编辑器窗口加载。

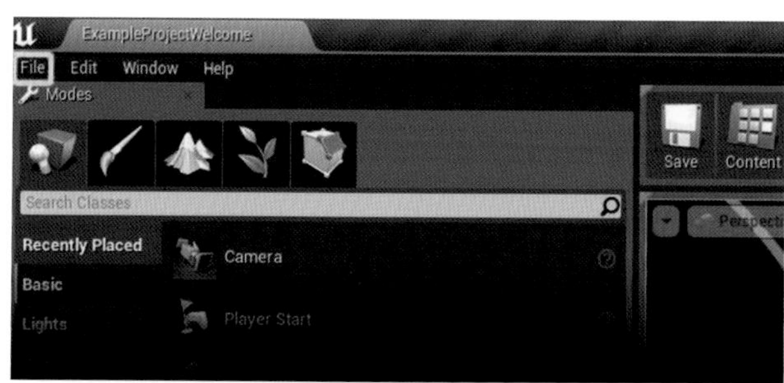

图 5-18 首先在主工具栏中点开文件（File） 菜单创建场景

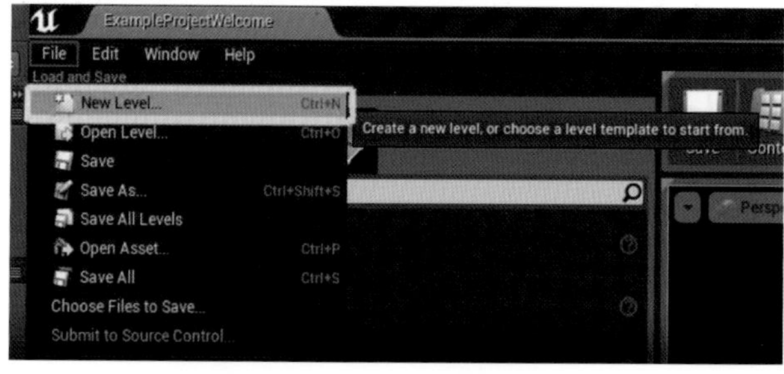

图 5-19 选择新建场景（New Level） 项新建场景

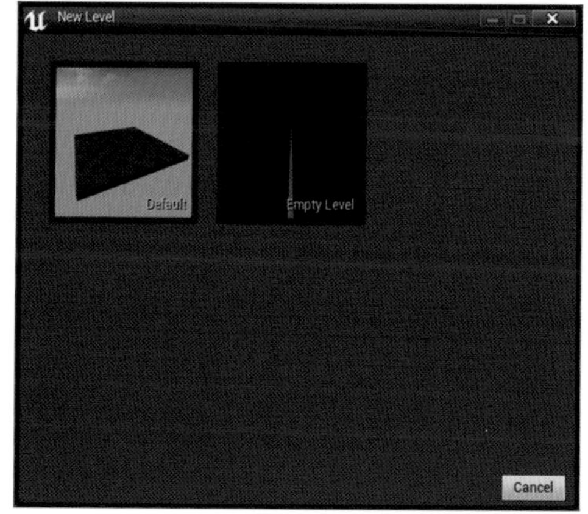

图 5-20 两种场景类型：默认类型（Default）或者空场景（Empty Level）

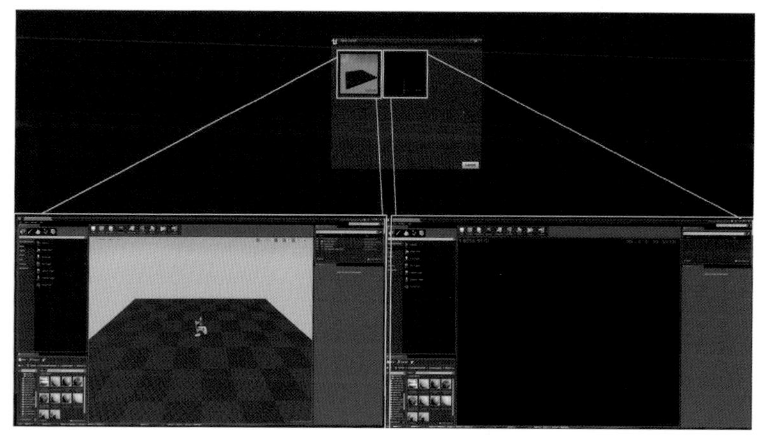
图 5-21 通过点击鼠标左键选择你想要的场景

设定默认地图

在制作游戏时，需要设置一个默认场景地图用于游戏启动时加载使用。Unreal Engine 4 不仅能够设置游戏启动时的默认地图，还可以设定编辑器启动时的默认加载地图。 同其他步骤一样，这个设置过程也是简单明了，在以下描述过程。（图 5-22 至图 5-26）

要修改关于项目的设置，首先打开位于主菜单中的编辑（ Editor）菜单。

在编辑菜单中，需要选择项目设置（Project Settings）选项。

选择项目设置后将会打开一个选项窗口。

点击地图 & 模式切换到该内容，这时可以看到配置画面。

要改变游戏编辑器的默认初始地图，只需要点击地图名右边的下拉箭头，在下拉列表中选择希望的场景关卡即可。

用同样的方法，可以修改编辑器的默认初始地图。

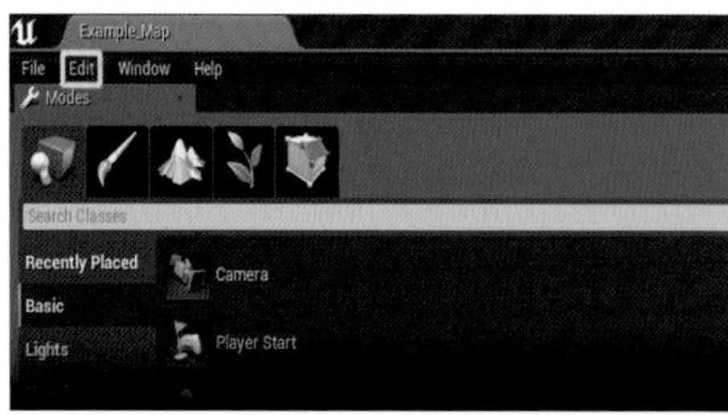

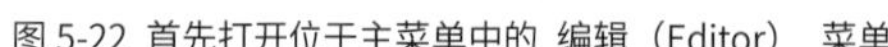
图 5-22 首先打开位于主菜单中的 编辑（Editor） 菜单

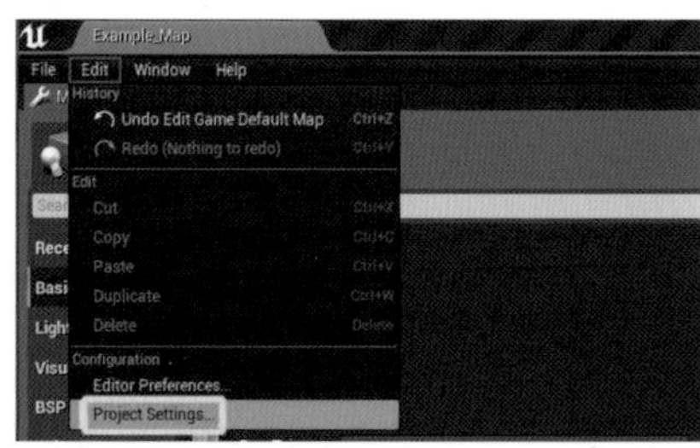

图 5-23 需要选择项目设置 （Project Settings）选项

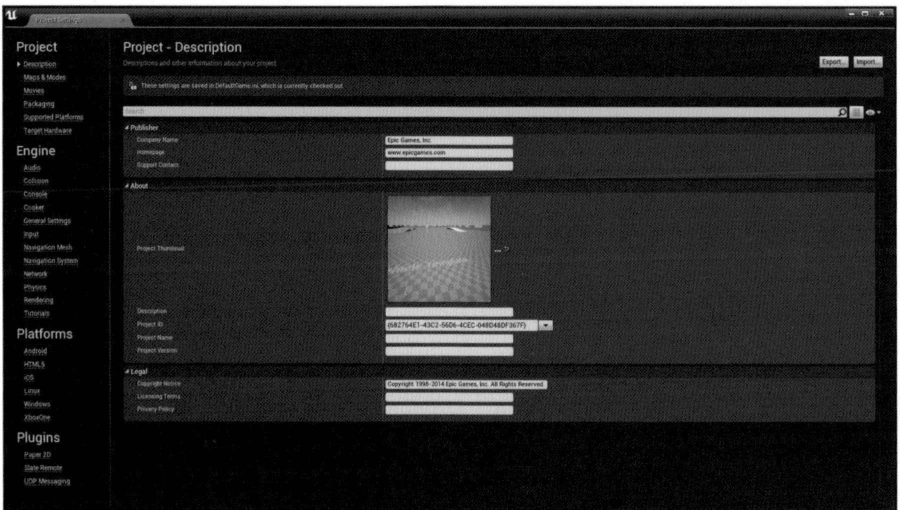

图 5-24 选择项目设置后将会打开一个选项窗口

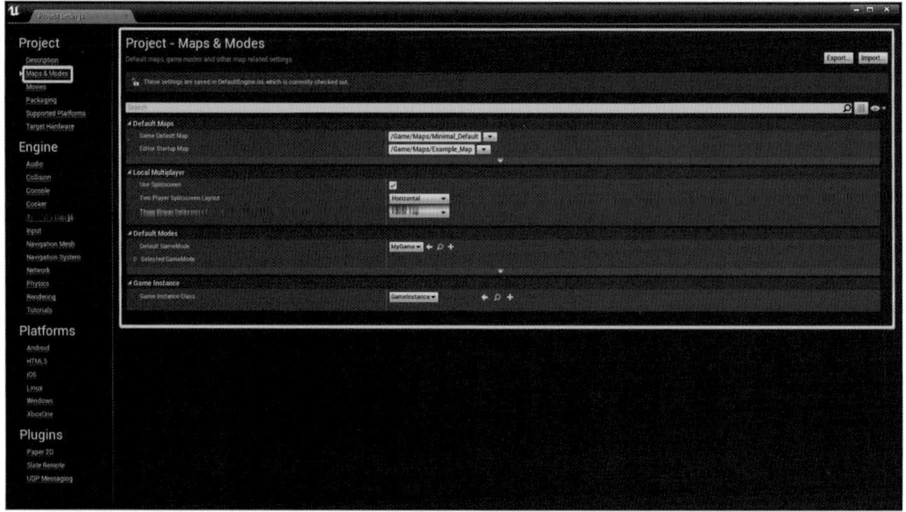

图 5-25 点击地图 & 模式，可看到配置画面

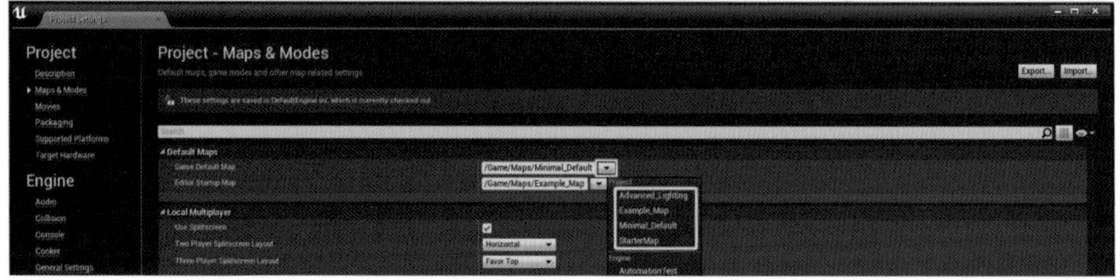

图 5-26 可以修改编辑器的默认初始地图

第五节 学习

Unreal Engine 4 Material

课程概况

课程内容	训练目的	重点与难点	作业要求
主材质节点 如何预览和应用材质 如何创建和使用材质实例	学习创建和使用材质	使用和现实世界更加相关的属性定义材质	实际操作Unreal Engine 4 Material，为模型添加材质

材质是可以应用到网格物体上的资源，用它可控制场景的可视外观。从较高的层面上来说，最简单的方法就是把材质视为对一个物体的“描画”。但这种说法也会产生一点点误导，因为材质实际上定义了组成该物体所用的材料类型。可以定义它的颜色、它的光泽度及透明度等。用更为专业的术语来说，当穿过场景的光照接触到表面后，材质被用来计算该光照如何与该表面进行互动。这些计算是通过对材质的输入数据来完成的，而这些输入数据来自一系列图像（贴图）、数学表达式以及材质本身所继承的不同属性设置。Unreal Engine 4 使用了基于物理的着色器模型 。这意味着不是使用任意属性 (比如漫反射颜色和高光次幂) 定义一个材质，而是使用和现实世界更加相关的属性定义材质。这些属性包括底色、金属色、高光及粗糙度。（图 5-27）

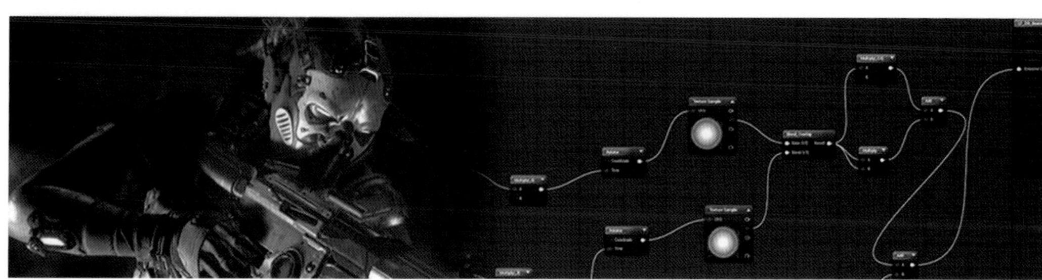

图 5-27 材质包括底色、金属色、高光及粗糙度

主材质节点

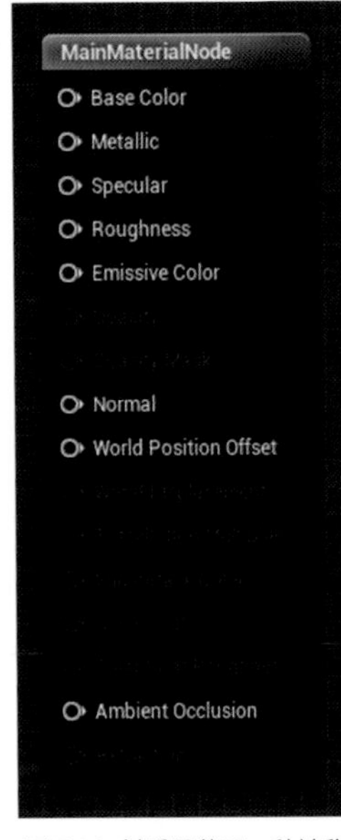

材质是使用一种被称为高级着色语言（简称 HLSL）的专用编码语言来创建的。HLSL 使材质能够直接与图形硬件交互，可以让美工和程序员更好地控制屏幕上显示的内容。在 Unreal Engine 4 中，用来创建材质的材质表达式节点包含这种 HLSL 代码的小片段。为了显示所有这些 HLSL 代码小片段，可以使用主材质节点，可以将主材质节点看作材质图中的终点站。无论材质表达式节点以什么样的组合插入到主材质节点的输入中，它们都会在材质经过编译后使用时显现。（图 5-28）

图 5-28 材质是使用一种被称为高级着色语言的专用编码语言来创建的

在主材质节点的细节（Details）面板中，可以调节与材质使用方式相关的属性。通过更改用来调节可以与材质交互的对象类型的混合模式，可以将主材质节点的细节（Details）面板看作材质的属性。以下是主材质节点的细节（Details）面板中每个部分的作用的简要明细。（图 5-29）

图 5-29 细节（Details）面板可以调节与材质使用方式相关的属性

物理材质（Physical Material）：被用于指定此材质所使用的物理材质类型。

材质（Material）：这是编辑材质时花费最多时间的位置。在材质（Material）部分中，可以更改材质域（Material Domain）、混合模式（Blend Mode）、阴影模型（Shading Model）及许多其他选项。

半透明（Translucency）：这部分被用于调节材质的半透明度。请注意，此部分仅当材质混合模式被设置为半透明（Translucent）时才可编辑。

半透明自身阴影（Translucency Self Shadowing）：被用于调节半透明自身阴影的外观和行为。请注意，此部分仅当材质混合模式被设置为半透明（Translucent）时才可编辑。

用法（Usage）：被用于设置此材质将要运用于哪些类型的对象。用法标志通常由编辑器自动设置。但是，如果知道此材质应该被用于特定对象类型，请务必在此处将其启用，以避免将来发生错误。

移动设备（Mobile）：被用于设置材质在智能手机等移动设备上的工作方式。

铺嵌（Tessellation）：被用于启用材质以使用硬件铺嵌功能。

材质后期处理（Post Process Material）：被用于定义材质如何进行后期处理（Post Process）和色调映射（Tone Mapping）。请注意，此部分仅当材质域（Material Domain）被设置为后期处理（PostProcess）时才可编辑。

光照系统（Lightmass）：被用于调节此材质与光照系统互动的方式。

材质界面（Material Interface）：被用于定义预览材质所使用的静态网格。

缩略图（Thumbnail）：被用于控制内容浏览器中缩略图的显示方式。

如何预览和应用材质

预览和应用材质是材质创建过程中的关键步骤，因为只有通过这些步骤，才能查看并应用材质图中的工作成果。预览材质时，将看到更改后的效果。如果要将预览的更改应用于材质，需要按应用（Apply）或保存（Save）按钮来编辑材质，这样就会更新材质，使其包含刚刚预览的更改。（图 5-30）

图 5-30 预览材质时将看到更改后的效果

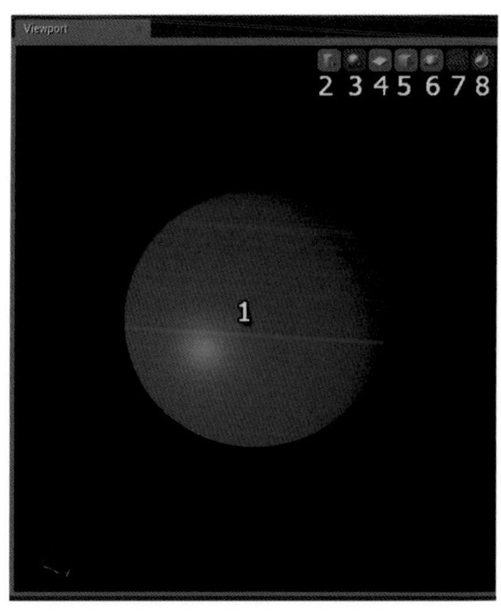

图 5-31 预览材质最简单的方法是使用材质编辑器的视口（Viewport）窗口

在 Unreal Engine 4 中，可以通过多种不同方法来预览材质，但最简单的方法是使用材质编辑器的视口（Viewport）窗口。视口（Viewport）窗口提供了许多不同的选项，能够轻松快捷地预览材质。左图显示此窗口的明细及各种选项的功能。（图 5-31）

预览对象（Preview Object）：这是预览网格，可用于预览材质在不同对象上的显示效果。

圆柱体预览网格（Cylinder Preview Mesh）：将预览网格更改为圆柱体网格。

球体预览网格（Sphere Preview Mesh）：将预览网格更改为球体网格（默认预览网格）。

平面预览网格（Plane Preview Mesh）：将预览网格更改为平面网格。

立方体预览网格（Cube Preview Mesh）：将预览网格更改为立方体网格。

茶壶预览网格（Teapot Preview Mesh）：将预览网格更改为在内容浏览器中当前选择的任何网格。

栅格图标（Grid Icon）：开启或关闭预览栅格。

手表图标（Watch Icon）：启用材质的实时渲染，可查看此材质在游戏运行期间的效果。

如何创建和使用材质实例

在 Unreal Engine 4 中，必须创建、设置和调整标准材质，这是非常耗时的过程。为了帮助加快并简化此过程，Unreal Engine 4 提供了一种特殊材质类型，即材质实例。

材质实例化是这样的一种方法：创建单个材质（称为“父材质”），然后将其作为基础来创建外观不同的各种材质。为了实现这种灵活性，材质实例化使用“继承”概念，意味着将父代的属性提供给子代。以下是作用中的材质继承的示例。（图 5-32）

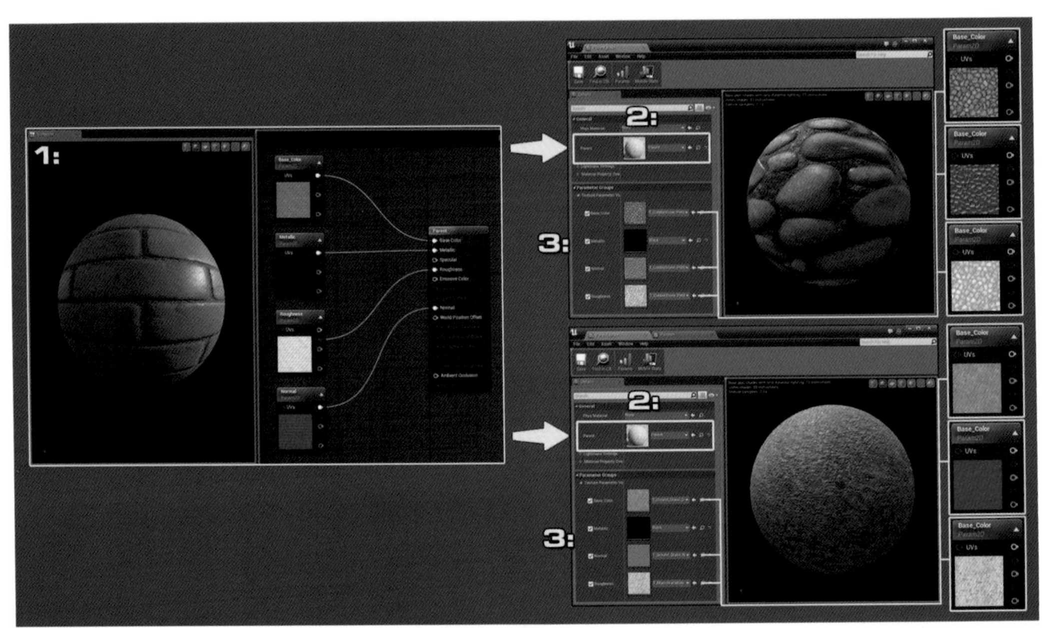

图 5-32 材质实例化使用“继承”概念

图中左侧是父材质，右侧两个材质实例的属性继承自这个材质。请注意，在这个材质中使用了四种纹理。

材质实例中设置应该用作父材质的材质的位置。对此处使用的材质进行更改，可能会彻底改变材质实例的工作方式。

通过更改使用的纹理，可以更改材质实例的整体外观。请注意这里的四个纹理输入，使用这四个输入是因为材质实例从左侧的父材质继承该功能。

第六节 学习Unreal Engine 4 Light

课程概况

课程内容	训练目的	重点与难点	作业要求
光照快速入门指南 光源类型 关于光源移动性的说明	通过所有必要步骤来创建一个基本的房间，并使用多种类型的光源照亮它	使用一个点光源和一个静态网格物体创建一个顶棚吊灯，使用一个聚光源为角色创建一个手电筒，使用 Light Profile 来模拟从光源设备发出的光照，并且使用定向光源来添加环境中的月光	实际操作 Unreal Engine 4 Light 添加光照

光照快速入门指南

图 5-33 通过所有必要步骤来创建一个基本的房间

在本小节中，将通过所有必要步骤来创建一个基本的房间，并使用多种类型的光源照亮它。将使用一个点光源和一个静态网格物体创建一个顶棚吊灯，使用一个聚光源为我们的角色创建一个手电筒，使用光照概述文件（Light Profile）来模拟从光源设备发出的光照，并且使用定向光源来添加环境中的月光。（图 5-33）

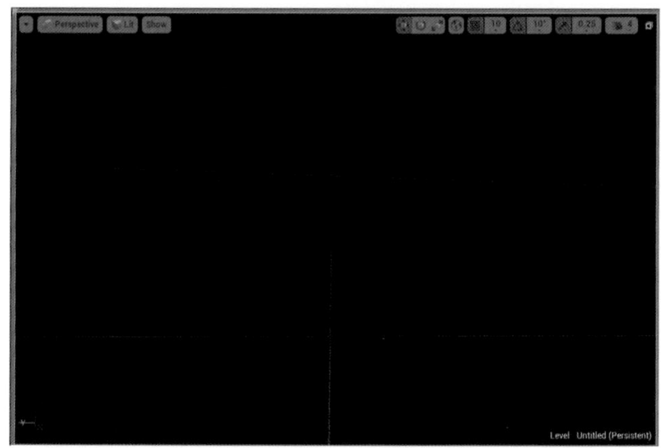

图 5-34 从关卡编辑器窗口的文件菜单中选择新建关卡

从关卡编辑器窗口的文件菜单中选择新建关卡选项，新建关卡，如图 5-34 所示。

从 模式（Modes）菜单的几何体（Geometry) 选卡中，左击并拖拽一个盒体画刷到关卡中。(图 5-35)

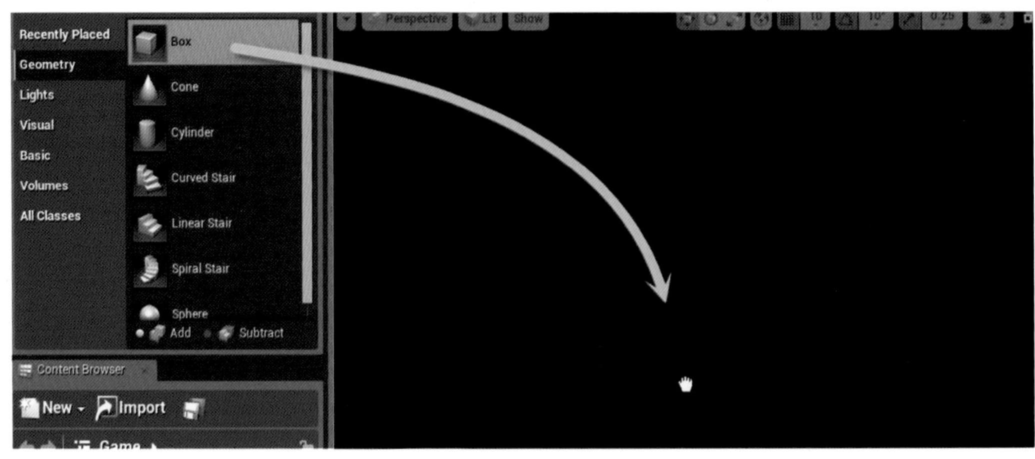

图 5-35 左击并拖拽一个盒体画刷到关卡中

选中该盒体画刷，在画刷设置的详细信息面板中，设置 X 、Y 和 Z 的值为 1024，墙壁的厚度设置为 64，并启用空心（Hollow）项。（图 5-36）

选中该盒体，按下 “Ctrl + W” 来复制它。在盒体画刷 _2 （克隆的画刷）的详细信息面板中的画刷设置下，取消选中空心（Hollow）项，然后设置 Z 值为 50，将其作为我们的地面。在关卡视口中仍然选中盒体画刷 _2， 左击并按住蓝色平移箭头，将盒体向下拖拽一点，然后释放鼠标。（图 5-37）

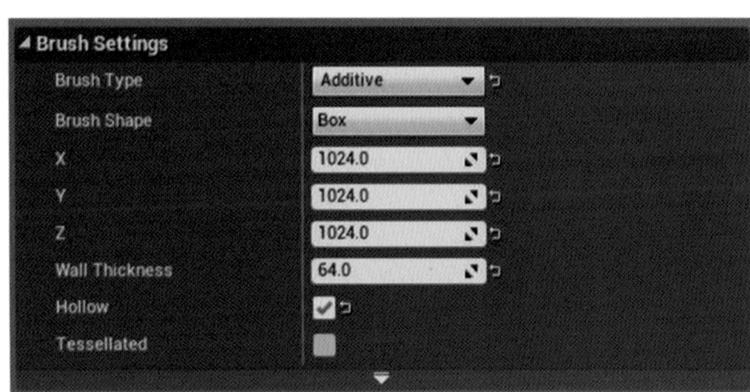

图 5-36 选中该盒体画刷

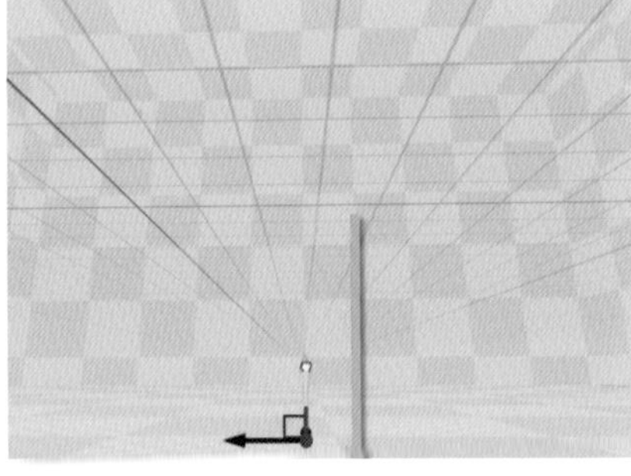

图 5-37 选中该盒体，按下 Ctrl + W 来复制它

接下来，在模式菜单的基本选卡中，通过左击玩家起点（Player Start），然后将其拖拽到关卡中来添加一个玩家起点 。（图 5-38）

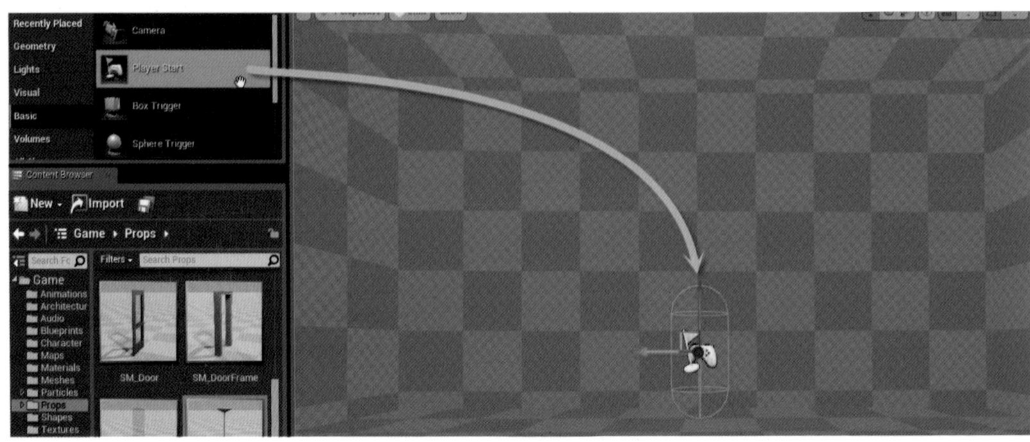

图 5-38 添加一个玩家起点 （Player Start）

图 5-39 光源类型的列表

光源类型

由于关卡中已经有了玩家起点，所以将通过放置第一个光源来照亮房间。然而，在执行这个步骤之前，需要先介绍一下 Unreal Engine 4 中可用的各种光源类型。

左面图片是可以从编辑器的模式菜单中选择的所有光源类型的列表。（图 5-39）

定向光源：模拟从一个无限远的源头处发出的光照。这意味着这个光源投射的所有阴影都是平行的，从而使它成了模拟太阳光的理想选择。

点光源：和现实世界中灯泡的工作原理类似，灯泡从灯泡的钨丝向各个方向发光。然而，为了获得更好的性能，点光源简化为仅从空间中的一个点向各个方向均匀地发光。（图 5-40）

聚光源：从一个点发出锥形光照。它为用户提供了两个锥体来塑造光源——内锥角和外锥角 。在内锥角中，光源达到最大亮度，形成一个亮盘。而从内锥角到外锥角，光照会发生衰减，并在亮盘周围产生半影区（或者说是软阴影）。

天空光源：捕获关卡中非常遥远的一部分，并将其应用到场景中作为一个光源。这意味着，天空的外观和其光照 / 反射将相匹配。

在模式菜单的光源选卡中，通过左击并拖拽一个点光源到关卡中来添加一个点光源。

图 5-40 点光源简化为仅从空间中的一个点向各个方向均匀地发光

从工具菜单中点击构建按钮来生成及构建光照。（图 5-41）

一旦光照构建完成，点击工具条上的 Play（运行）按钮来在编辑器中运行该关卡，此时房间中充满了光亮。（图 5-42）

图 5-41 点击构建按钮来生成及构建光照

图 5-42 在编辑器中运行该关卡

要做的第一件事是将光源的颜色调整为更加柔和、更加诱人的金色。在关卡中选中点光源，在详细信息面板中，点击光源颜色条。（图 5-43）

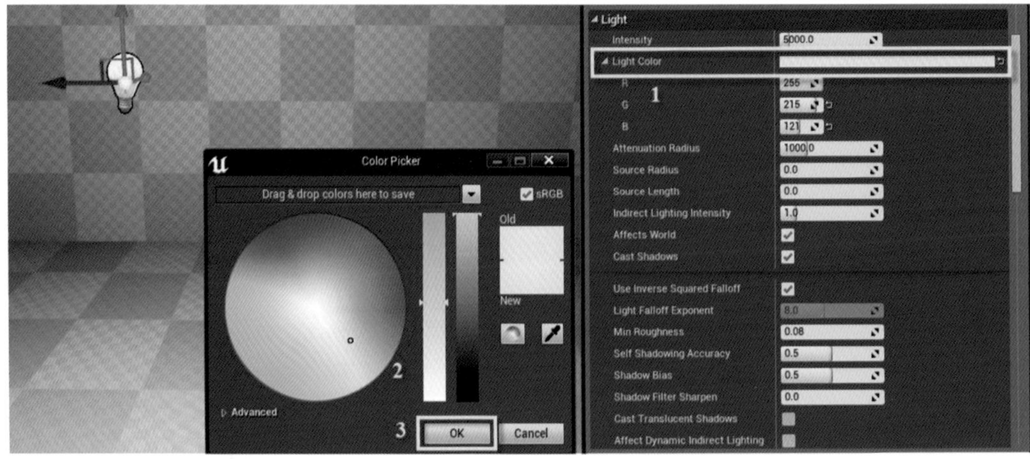

图 5-43 点击光源颜色条

在光源详细信息面板中，设置衰减半径为 700，设置亮度（Intensity）为 2500 ，取消选中平方反比衰减（Use Inverse Squared Falloff）选项。（图 5-44、图 5-45）

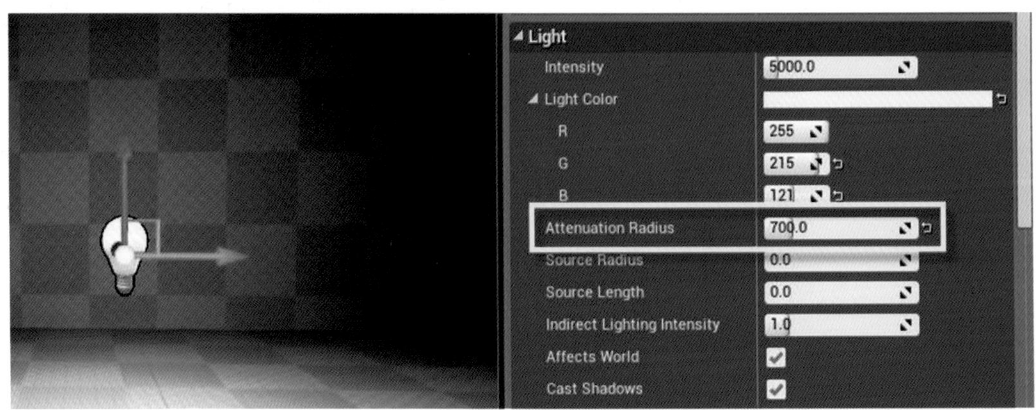

图 5-44 在详细信息面板中设置衰减半径，设置亮度（Intensity）

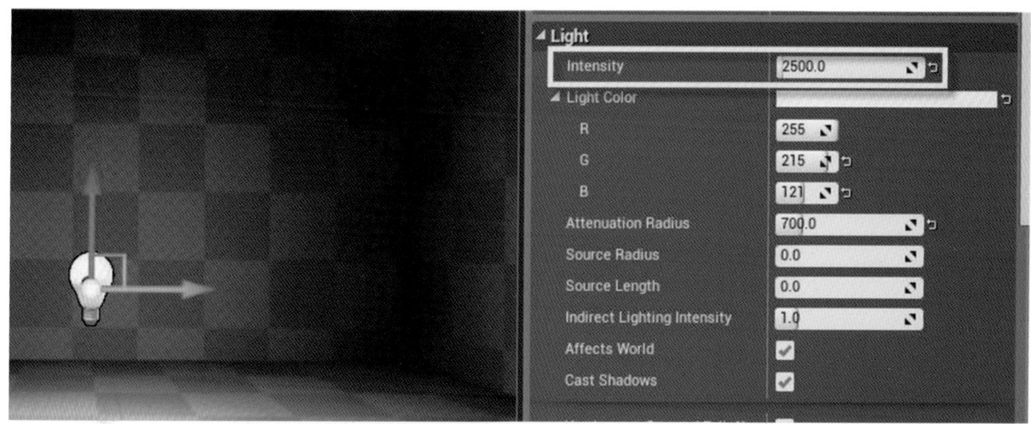

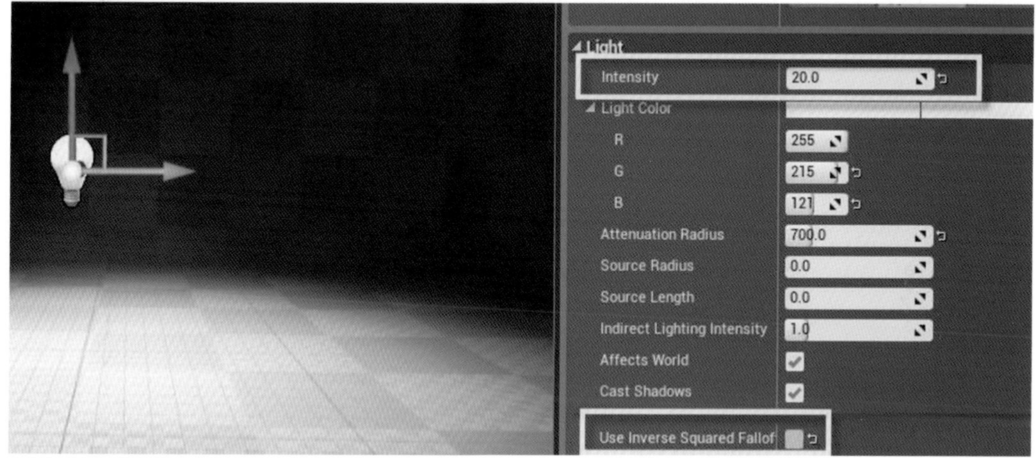

图 5-45 取消平方反比衰减（ Use Inverse Squared Falloff）选项

在内容浏览器中的 Game/Props 文件夹内，定位到 SM_Lamp_Ceiling 网格物体并将其拖拽到点光源上（这将会使物体在点光源上居中）。（图 5-46）

图 5-46 在点光源上居中

选中该灯泡，并按下 W 进入到平移模式，然后左击获得蓝色箭头，并将它向上拖拽，从而将电灯向顶棚方向移动。

从工具条中选择构建图标，然后选择运行（Play）图标来，在编辑器中运行关卡。（图 5-47）

图 5-47 选择运行 （Play）图标来，在编辑器中运行关卡

现在有了一个光源，该光源看上去就像是从一个电灯发出的光照，在房间内投射出漂亮、均匀的阴影。

在内容浏览器中的蓝图（Blueprints）文件夹下，双击左键打开我的角色蓝图（My Character Blueprint）。接下来在蓝图（Blueprints）内，点击窗口右上角的选卡。在组件（Components）选卡中，点击组件（Components）窗口的添加组件（Add Component）按钮。这时将出现一个下拉菜单，找到并点击聚光源（Spot Light）。这将会添加一个附加到角色上的聚光源（Spot Light）。要想让光照的朝向和玩家的朝向总是保持一致，在组件窗口中左击聚光源 1（Spot Light 1）并将它拖拽到 Mesh1P 上，这将会把它附加到该角色网格物体上 (游戏中的手臂)。要想完成，请点击窗口左上角的编译（Compile）按钮。返回到主编辑器窗口并点击构建图标，然后点击运行。（图 5-48 至图 5-53）

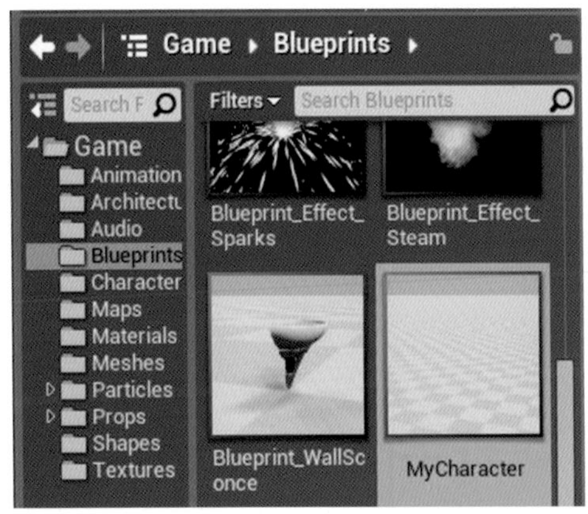

图 5-48 双击左键打开我的角色蓝图（MyCharacter Blueprint ）

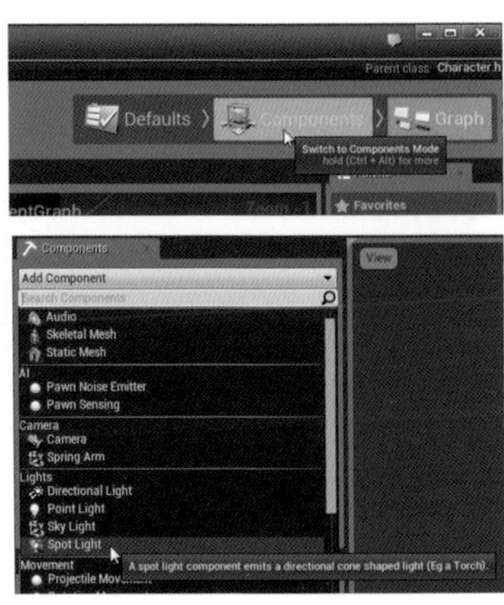

图5-49 点击窗口右上角的组件（Components） 选卡

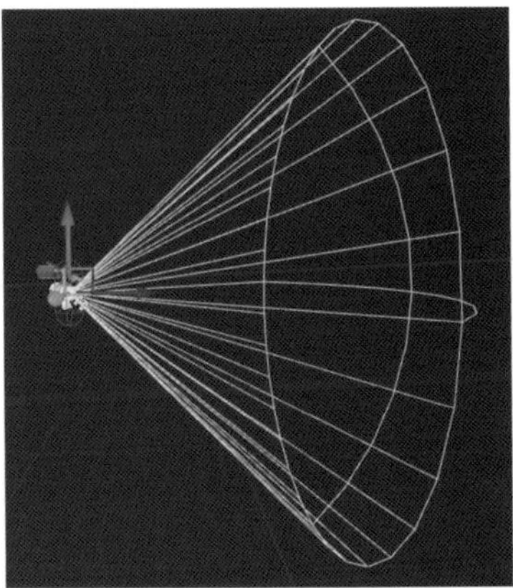

图 5-50 找到并点击聚光源（Spot Light）

图 5-51 附加到角色上的聚光源（Spot Light）

图 5-52 左击聚光源 1（Spot Light 1）并将它拖拽到 Mesh1P 上

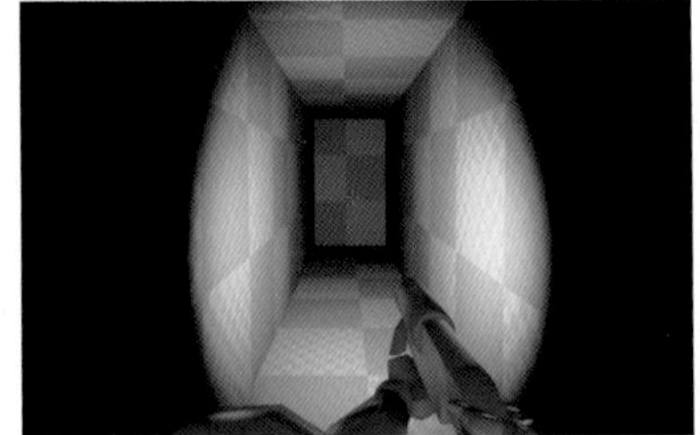

图 5-53 点击运行

在关卡视口中，按下“Alt+3”进入到无光照模式，并把相机推置到房间外面来查看走廊的顶部。（图 5-54）

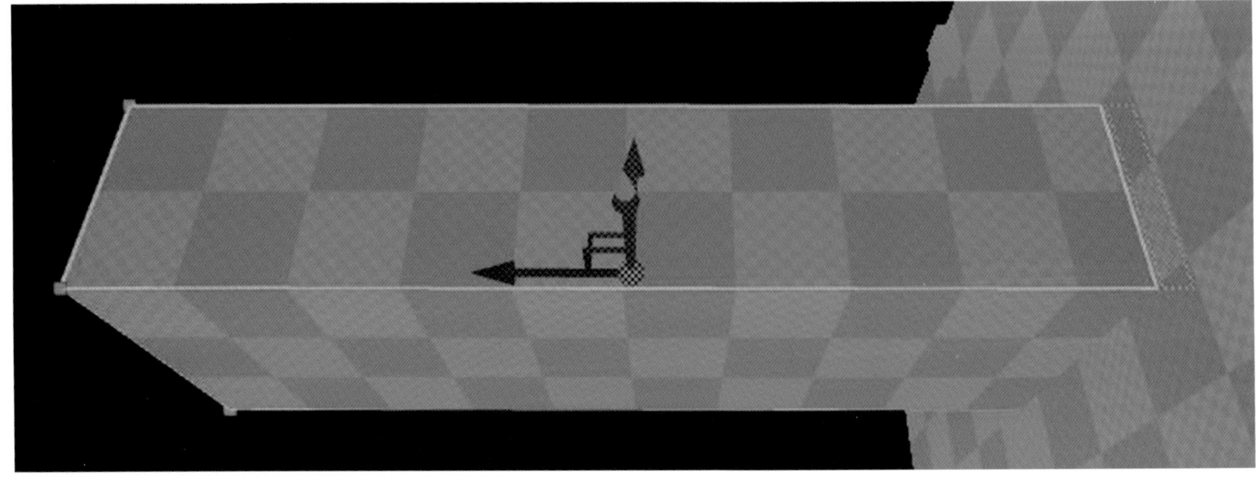

图 5-54 把相机推置到房间外面查看走廊的顶部

在复制的画刷内，在其详细信息面板的画刷设置部分下，设置 X 为 200、设置 Y 为 150 、设置 Z 为 25 ，设置画刷类型为挖空型（Subtractive）。按下 W 键来进入到平移模式，并使用箭头控件来将挖空型画刷移动到房顶内，创建一个开口。（图 5-55）

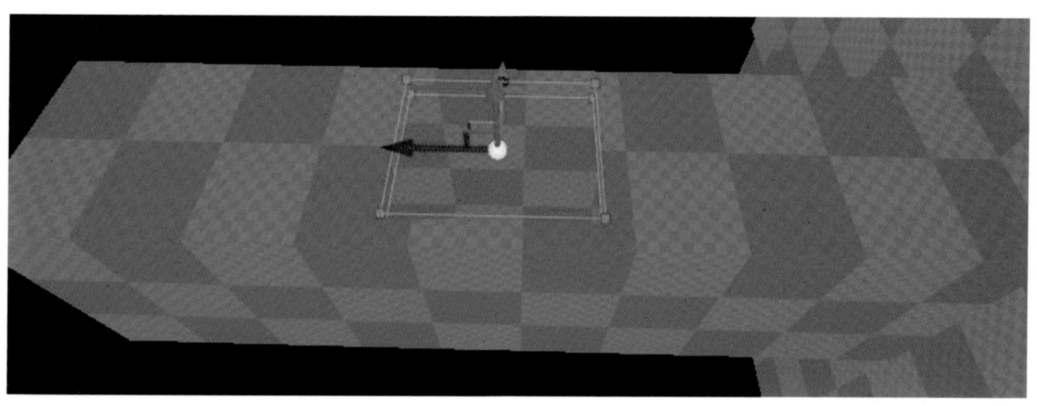

图 5-55 画刷类型为挖空型（Subtractive）

按下“Ctrl + W”两次，复制两次该挖空型画刷，然后将这些画刷移动到适当位置处，在房顶上创建另外两个洞。（图 5-56）

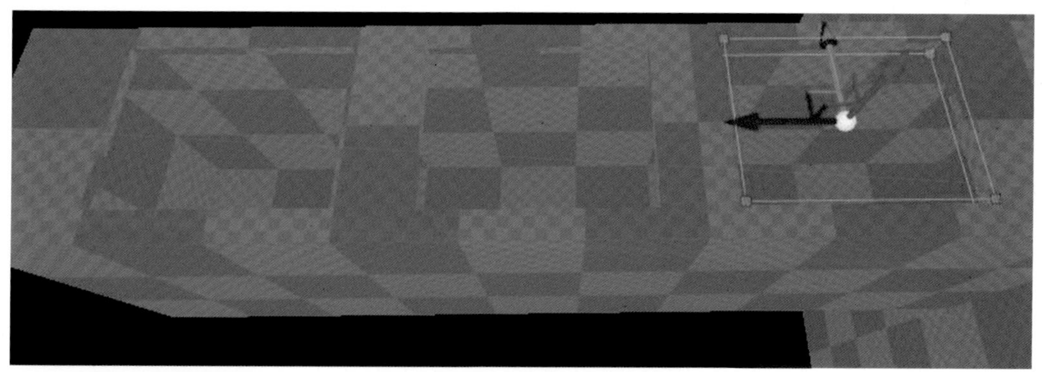

图 5-56 复制两次该挖空型画刷

图 5-57 拖拽一个定向光源并将其放置到场景中

现在添加一个定向光源到场景中，该光源将作为月光照亮走廊。在模式菜单的光源选卡中拖拽一个定向光源并将其放置到场景中，然后按下“Alt + 4”，返回到带光照模式。（图 5-57）

接下来，我们将调整定向光源的设置，以产生月光照亮走廊的效果。在该定向光源的详细信息面板中的光源设置下，设置 R 和 G 值为 81，设置 B 为 101，同时，将亮度（Intensity）降低为 5。

点击构建图标来构建光照，然后点击运行图标来在编辑器中运行。（图 5-58、图 5-59）

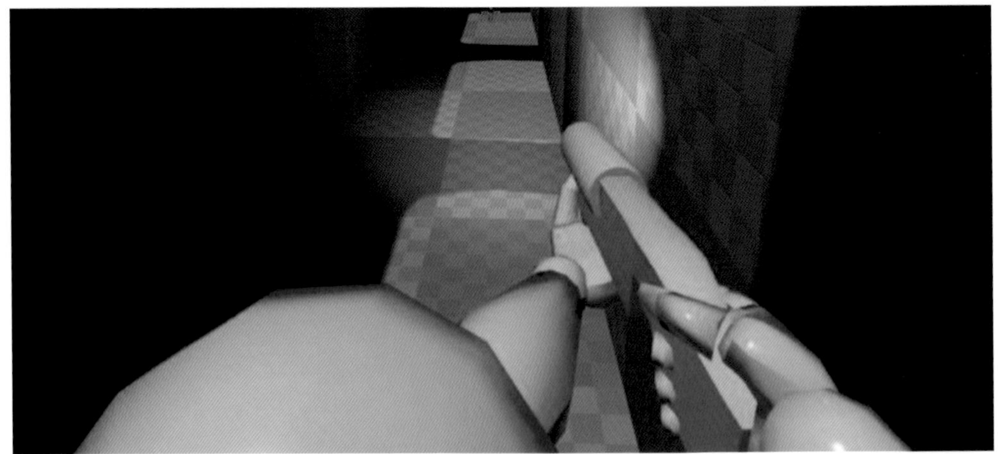

图 5-58 点击构建图标来构建光照

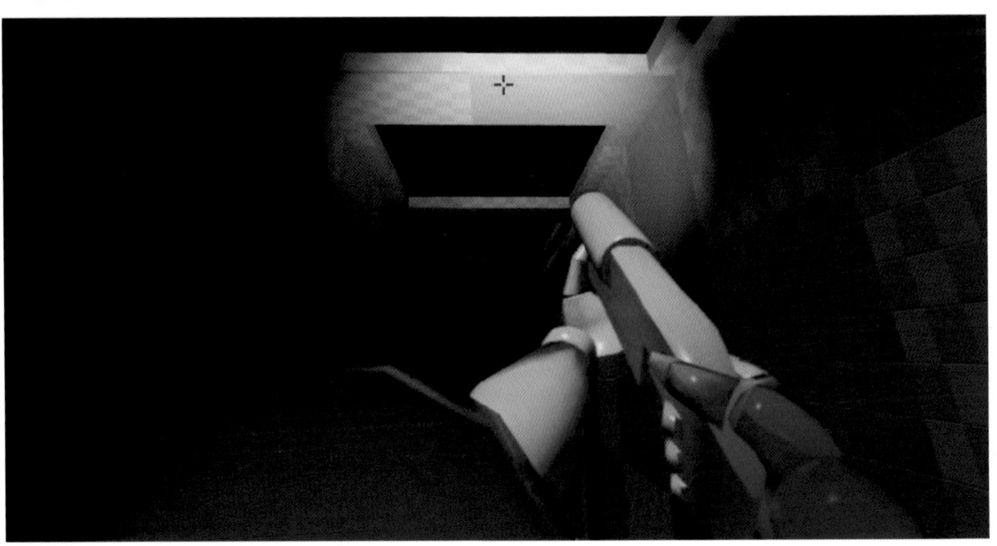

图 5-59 点击运行图标来在编辑器中运行

关于光源移动性的说明

光源的可移动性（Mobility）设置不仅影响游戏过程中光源是否可以被移动，还影响所投射的阴影类型以及性能。

可移动（Movable）光源投射完全动态的光照和阴影，可以在游戏运行过程中改变位置或者改变其自身的任何设置(这使得可移动的定向光源非常适合模拟移动的太阳)。然而，从性能角度讲，它们是性能消耗最大的，所以要少量应用。

固定（Stationary）光源在游戏过程中根本不能被移动，但是，它们仍然可以在游戏过程中被改变亮度或颜色。该设置为光源提供了最高的质量和最佳的性能，但是要求结合具有有效光照贴图 UV 的网格物体构建光照。

静态（Static）光源大部分都被用于手机游戏中。这类型的光源不会有任何性能消耗，但是它们也不能和角色光照进行交互，在游戏过程中是完全静态的。它们要求结合具有有效光照贴图 UV 的网格物体构建光照。

第七节 学习

Unreal Engine 4 Post Process Volume

课程概况

课程内容	训练目的	重点与难点	作业要求
抗锯齿 颜色分级 虚光效果	Post Process Volume 是一种特殊的体积，用于放置在场景关卡中	每个 Post Process Volume 实质上是一个类型的混合层，每个混合层都能有自己的权重值，这样混合效果容易被控制	理解并掌握 Post Process Volume 的使用

Post Process Volume 是一种特殊的体积，被用于放置在场景关卡中。由于 Unreal Engine 4 不再使用后处理链，这些体积目前是用于控制后处理参数的唯一手段。这套新系统目前尚未完全完成，但它将会更多地开放可编程能力，希望大部分情况都能被这套系统妥善地处理。这将让美术策划人员更容易使用，并让程序员更容易来优化。

在 Unreal Engine 4 中，每个 Post Process Volume 实质上是一个类型的混合层。其他混合层可以来自游戏代码（比如命中特效）、UI 代码（比如暂停菜单）、摄像机（比如暗角效果）或旧胶片效果（Matinee）。每个混合层都能有自己的权重值，这样混合效果更容易被控制。（图 5-60）

图 5-60 每个 Post Process Volume 实质上是一个类型的混合层

Post Process Volume 的属性说明如下：

设置（Settings）：体积的后处理设置，大部分属性前的勾选框定义了该行的属性是否使用该体积的 Blend Weight 参与混合。

优先（Priority）：当多个体积重叠时定义它们参与混合的次序，高优先级的体积会被当前重叠的其他体积更早计算。

混合半径（Blend Radius）：体积周围基于虚幻单位的距离，用于该体积开始参与混合的起始位置。

混合权重（Blend Weight）：该体积的影响因素，0 代表没有效果，1 代表完全的效果。

启用（Enabled）：定义该体积是否参与后处理效果。如果勾选的话，该体积则参与混合计算。

未绑定（Unbound）：定义该体积是否考虑边界。如果勾选的话，该体积将作用于整个场景而无视边界。如果没有勾选，该体积只在它的边界内起效。

后处理设置都是一些被用于后处理效果的属性，可以控制这些属性或者覆盖这些属性。这些属性在 UScene 类中定义。Post Process Volume 包含了一个 F 后处理设置（ F Post Process Settings）的结构体作为设置属性，其中包含了每个属性定义，并能够在体积中对它们进行覆写。

对于每个可用设置的描述，主要有下列特效：抗锯齿、光溢出、颜色分级、景深、人眼适应、镜头眩光、场景边纹、虚光效果。

抗锯齿

◇◇◇◇◇

抗锯齿 (AA) 指的是对电脑显示器中显示的失真或锯齿线性图形进行平滑处理。（图 5-61）

不启用抗锯齿

启用抗锯齿

图 5-61 抗锯齿（AA）指的是对电脑显示器中显示的失真或锯齿线性图形进行平滑处理

Unreal Engine 4 中的抗锯齿是在后期处理中使用 FXAA 来执行的，它是由高效的 GPU MLAA 来实现的。 这种方式可以解决大多数的锯齿失真，但无法完全防止时间性锯齿。

光溢出是真实世界中的一种光照现象，当我们用裸眼看非常暗的背景上非常亮的对象时就会看到这种光溢出现象。光溢出可以使得渲染出的图像在感觉上更加真实，它的渲染性能消耗为中等级别。尽管更亮的对象也会产生其他的效果（条纹、镜头眩光），但是经典的光溢出效果不包括这些。因为显示器（比如 TV、TFT 等）通常不支持高动态范围（HDR），所以实际上不能渲染非常亮的对象。取而代之的是，当光源射到薄膜（薄膜表面散射）或者相机（乳白玻璃滤镜）前时，我们模拟在眼睛中出现的效果（视网膜表面散射）。从物理上说可能这个效果并不总是正确，但是它可以帮助表现对象的相对亮度或者给屏幕上显示的低动态范围（LDR）图片添加真实性。（图 5-62）

图 5-62 光溢出是真实世界中的一种光照现象

颜色分级

在 Unreal Engine 4 中，颜色分级包含了色调映射功能（从 HDR 到 LDR 的转换）和进一步的颜色校正功能（从 LDR 颜色到屏幕颜色的转换）。

色调映射函数的功能是把大范围的高动态范围（HDR）的颜色映射为小范围的低动态范围（LDR）颜色，以便显示器可以显示该颜色。这个过程是在后期处理过程中正常渲染之后完成的。全局色调映射器是一个具有三个输入 (RGB) 和三个输出（RGB）的函数。局部色调映射器也会在计算时将邻近像素作为计算因素，但其运算强度会更高（意味着处理速度更慢）。一个良好的色调映射器函数即使像素颜色非常亮，也会尝试保留该像素的颜色。明亮的颜色渐渐地变得更亮，但是要比暗颜色变亮的程度小得多。黑色部分仍然是黑色，并且曲线会有一个几乎呈线性的部分，会比没有进行色调映射的曲线更加陡峭。那会导致对比度的提高。当使用色调映射器时，这是正常的，并且会获得一个不同的外观，因而为了获得更好的效果。源图片需要在亮度上更加具有动态性（更高的 HDR），这样就可以呈现出更加真实的电影般的效果。

下图所示为被应用为 HDR 场景颜色的过滤器颜色（乘积）。（图 5-63、图 5-64）

(1.0, 1.0, 1.0)

图 5-63 应用为 HDR 场景颜色的过滤器颜色（乘积）1

(0.25, 0.25, 0.25)

图 5-64 应用为 HDR 场景颜色的过滤器颜色（乘积）2

用于颜色校正查找表的 LUT 贴图。（图 5-65）

图 5-65 用于颜色校正查找表的 LUT 贴图

获得想调整的场景的具有代表性的屏幕截图，把它们放到一个 Photoshop 文档中。

加载中性色的 256×16 LUT 到 Photoshop 中。

把 LUT 插入到具有屏幕截图的 Photshop 文档中（在 LUT 文档中选择所有进行复制，切换到屏幕截图文档进行粘贴）。

应用颜色处理操作（最好通过添加调整层来实现，否则需要提前使得所有东西都变平，这会使得稍后的 256×16 大小的图片裁剪变得更加复杂），复制已合并的 LUT 内容。

在编辑器中导入该贴图，然后定义颜色查找表（Color Lookup Table）贴图组。

Color Grading LUT, 用于颜色校正查找表的 LUT 贴图示例。（图 5-66 至图 5-68）

图 5-66 用于颜色校正查找表的 LUT 贴图示例 1

图 5-67 用于颜色校正查找表的 LUT 贴图示例 2

图 5-68 用于颜色校正查找表的 LUT 贴图示例 3

人眼适应或自动曝光，会让场景曝光自动调整以重建犹如人眼从明亮环境进入黑暗环境（或相反）时所经历的效果。（图 5-69）

图 5-69 人眼适应或自动曝光

人眼自动适应功能会使用柱状图（Histogram）属性，它会查找场景颜色的柱状图以使摄像机或眼睛适应于场景。此柱状图可以在激活显示标识可视化 HDR（Visualize HDR）时被看到。

百分比谷值：人眼将会适应从场景颜色的亮度柱状图中提取的值。该值定义了为寻找平均场景亮度而设计的柱状图的谷值百分比值。我们想要防止对明亮图像部分的限定，这样最好能忽略大部分黑暗区域，例如，80 表示忽略 80% 的黑暗区域。这个值的范围是 [0, 100]， 在 70 至 80 之间的值能返回最佳效果。

百分比峰值：人眼将会适应从场景颜色的亮度柱状图中提取的值。该值定义了为寻找平均场景亮度而设计的柱状图的峰值百分比。我们可以舍去一些百分比，因为有一些明亮的像素是没问题的（一般为太阳等物体）。这个值的范围是 [0, 100]。在 80-98 之间的值能返回最佳效果。

最小亮度值（Min Brightness）：此值限制了人眼适应的亮度值下限。该值必须大于 0 且必须 <= EyeAd

人眼适应最大亮度值（Aptation Max Brightness）：实际值取决于该内容使用的 HDR 范围。

最大亮度值（Max Brightness）：此值限制了人眼适应的亮度值上限。该值必须大于 0 且必须 >= EyeAd

人眼适应最小亮度值（Aptation Min Brightness）：实际值取决于该内容使用的 HDR 范围。

加速（Speed Up）：从黑暗环境到明亮环境后对环境的适应速度。

减速（Speed Down）：从明亮环境到黑暗环境后对环境的适应速度。

曝光偏移（Exposure Offset）：控制曝光设置的偏移。

该值有对数意义：

值　效果

0　没有改变

-1　一半亮度

-2　四分之一亮度

1　一倍亮度

2　四倍亮度 分数值，例如 1.5，或示例以外的数字也同样可行。如果眼部适应被激活，该值会被添加到自动曝光中。

镜头眩光（Lens Flare）特效是一种基于图像的技术，它可以模拟在查看明亮对象时的散射光，此模拟的目的是为了弥补摄像机镜头缺陷。（图 5-70）

图 5-70 镜头眩光（Lens Flare），一种基于图像的技术

场景边纹（Scene Fringe）模拟真实世界摄像机镜头颜色变换的色差特效。此特效在图像的边缘处最为明显。（图 5-71）

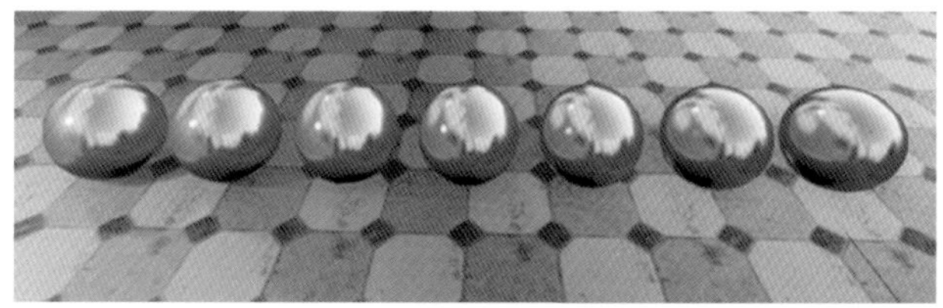

图 5-71 场景边纹（Scene Fringe）模拟真实世界摄像机镜头颜色变换的色差特效

虚光效果

虚光效果是模拟真实世界中摄像机镜头变暗的特效。高质量镜头可对此特效进行补偿。此特效在图像的边缘处最为明显。（图 5-72）

图 5-72 虚光效果是模拟真实世界中摄像机镜头变暗的特效

第八节 学习使用 Unreal Engine 4 设计完整关卡

课程概况

课程内容	训练目的	重点与难点	作业要求
导入模型 制作模型材质 设计关卡拼合场景 灯光部分	从头开始了解一个效果图级别的虚拟漫游是怎么制作出来的,还包含了项目管理、常见问题的解决方法等	完成一个效果图级别的游戏关卡，使用软件 Unreal Engine 4、3ds Max 等软件制作	用 Unreal Engine 4 设计完整关卡

在本课里，我们能够从头开始了解一个效果图级别的虚拟漫游是怎么制作出来的，还包含了项目管理、常见问题的解决方法等，手把手地教会你使用 Unreal Engine 4 、3ds Max 2014 等软件制作一个效果图级别的游戏关卡。

导入模型

打开引擎，编辑正方体，单击几何体工具窗口，使用窗口中命令可以编辑模型。窗口打开的同时可以选择正方体的点、线和面。先移动对象位置并选择一个面。接下来在几何体工具窗口选择挤压工具，将高度数值调节为256，单击应用按钮确认操作，这时正方体被选中的面会向正轴方向挤出。（图5-73）

制作模型材质

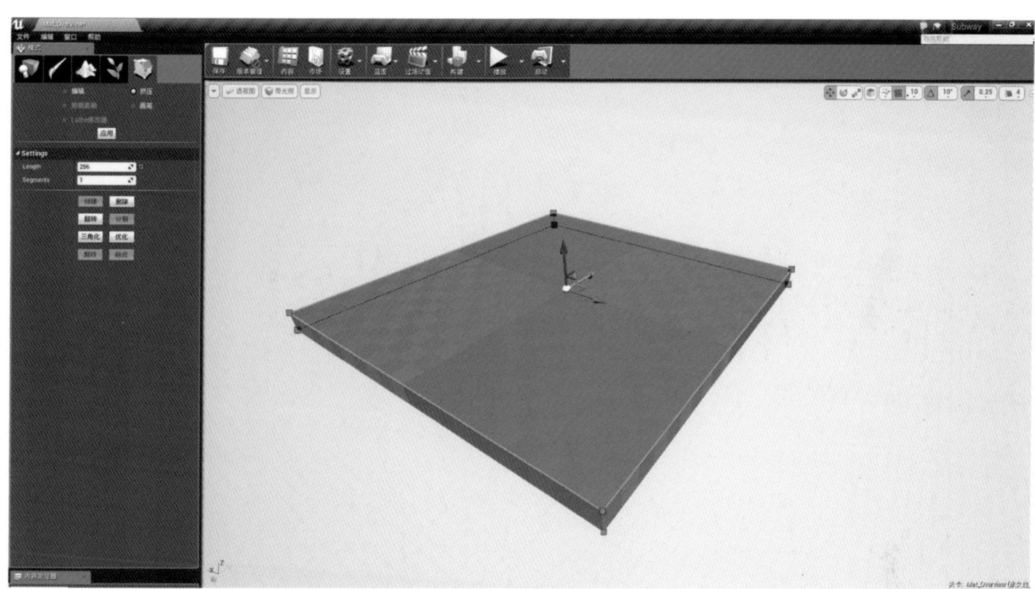

图 5-73 单击应用按钮确认操作，这时正方体被选中的面会向正轴方向挤出

导入模型到 Unreal Engine 4 虚拟引擎内，点击导入图标。（图 5-74）

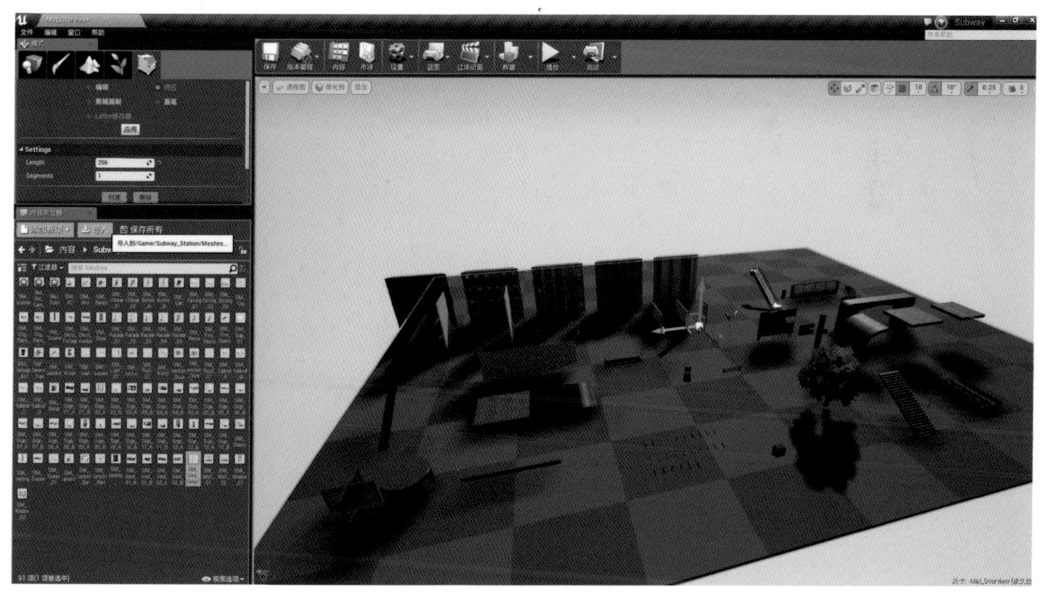

图 5-74 导入模型到 Unreal Engine 4 虚拟引擎内，点击导入图标

材质部分主要使用的节点材质类型是纹理采样（Texture Sample），这是一个最基本以及最基础的节点材质类别之一。除此以外，还会用到多种类别的节点材质，以下是包含了纹理采样（Texture Sample）以外的所有常用节点材质类别。（图 5-75）

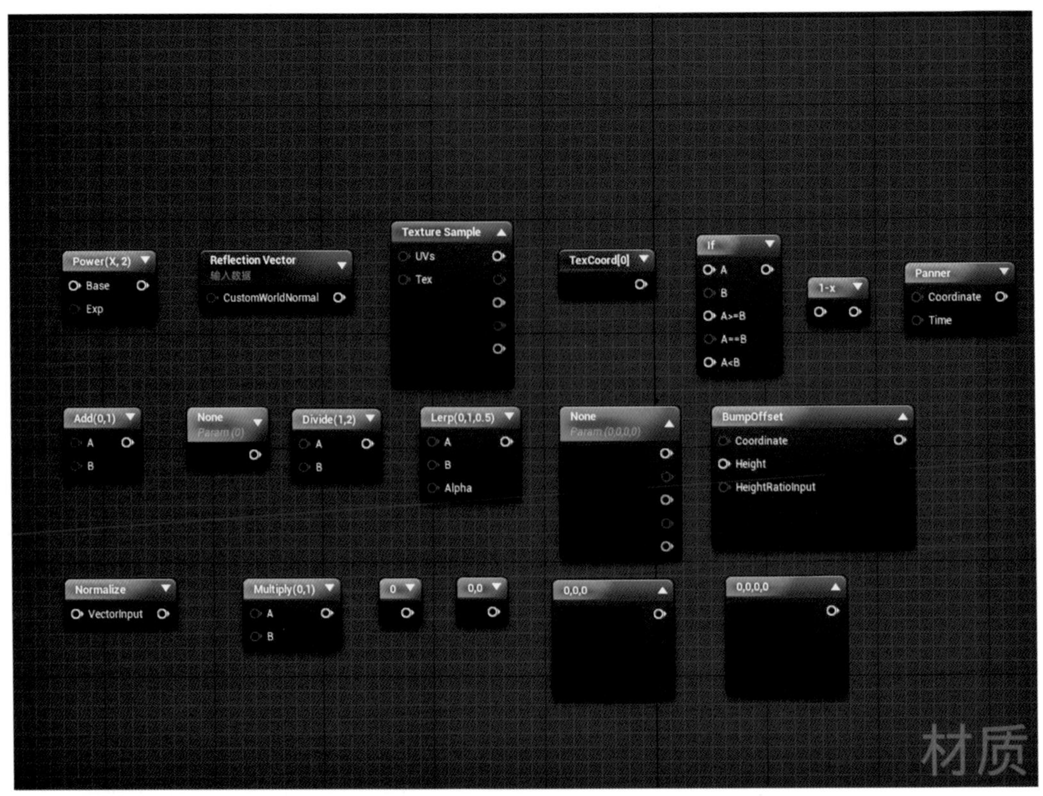

图 5-75 纹理采样（Texture Sample）以外的所有常用节点材质类别

这些节点材质主要是用来赋予贴图或增加更多的表达式，再将其关联给材质主面板的各个通道上建立链接。不同的节点材质配合会产生不同的效果，以下是一个比较基本的墙体材质表达式设置。（图 5-76）

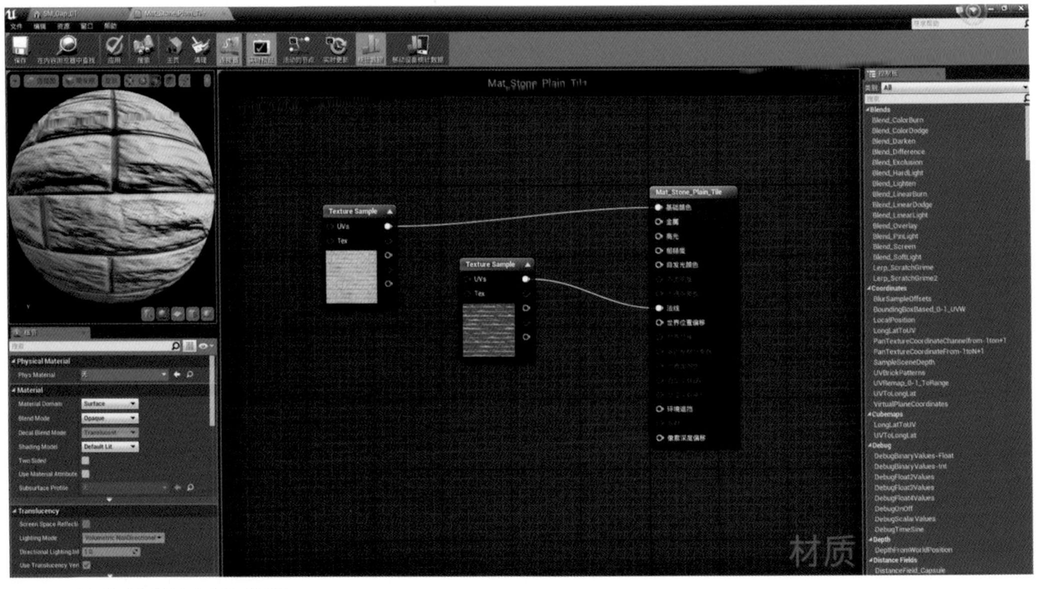

图 5-76 基本的墙体材质表达式设置

当双击资源状态里面的模型文件后，会弹出模型资源浏览查看器窗口，有的时候需要赋予多个材质以一个模型，所以需要事先在 3ds Max 软件里面设置好材质 ID，之后导入引擎就可以创建多维材质了。（图 5-77）

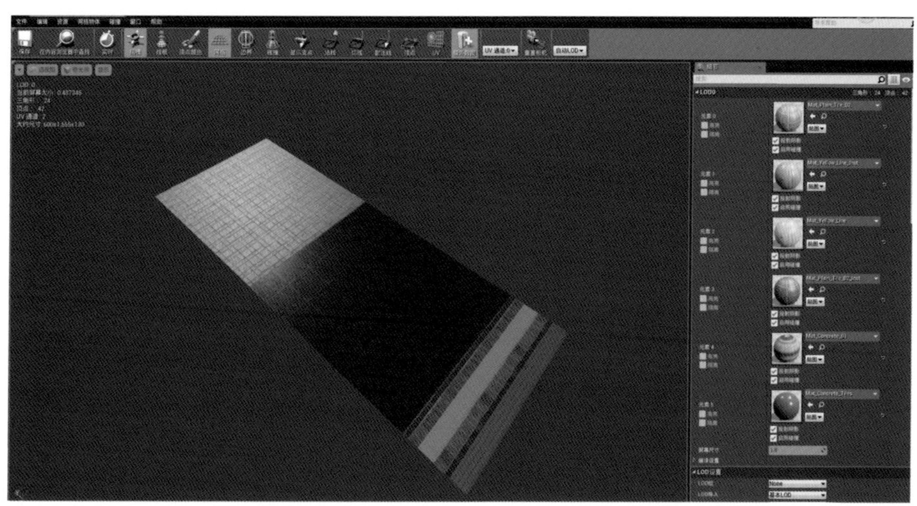

图 5-77 赋予多个材质以一个模型

下面是地面材质节点表达式，在主材质面板里主要使用的是乘法、加法以及一维常量数组和纹理采样（Texture Sample）等节点材质。其他材质节点以此类推，都不算特别复杂，相对来说初级一些。（图 5-78）

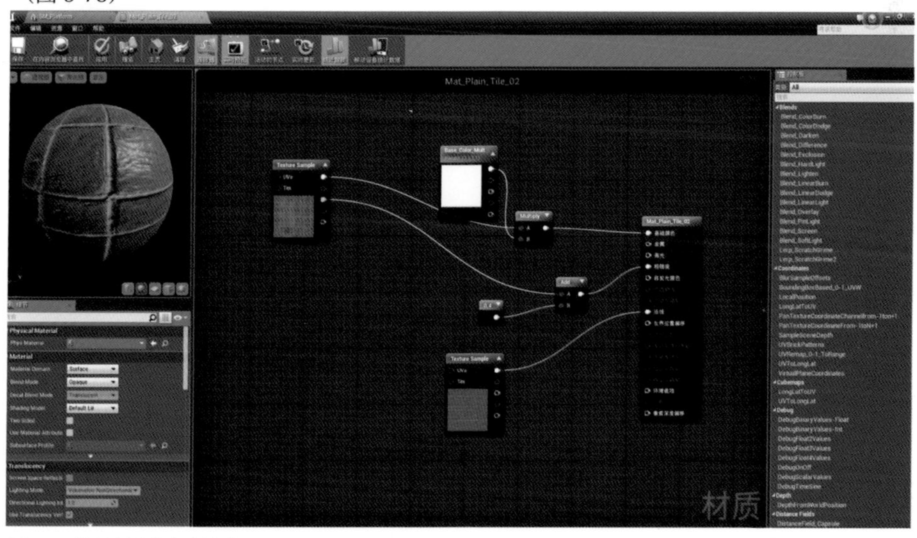

图 5-78 地面材质节点表达式

流水的材质表达式案例。（图 5-79）

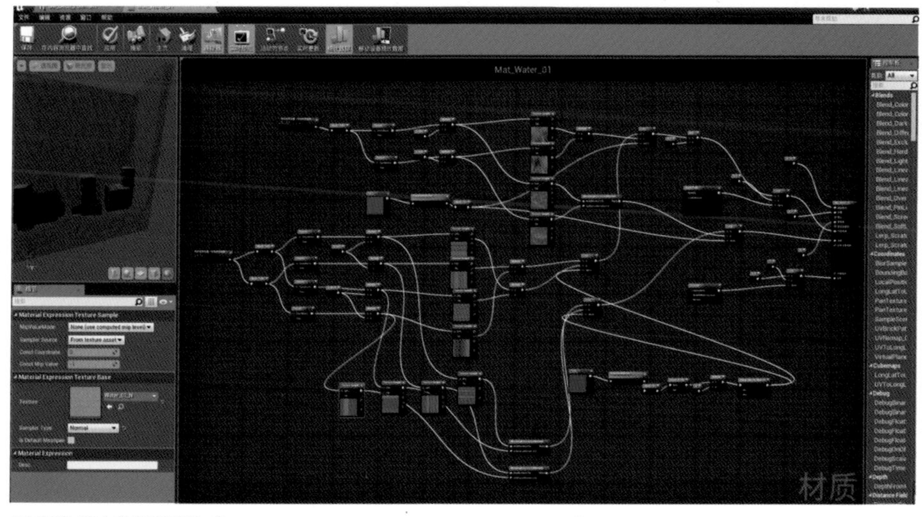

图 5-79 流水的材质表达式

设计关卡拼合场景

下面根据设定来设计一个地铁站的关卡。前面已经提到过模型部分，根据事先的设定，已经制作好了模型贴图与材质部分，引擎的导入工作也已经就绪，接下来需要把这些场景物件规划好，合理地利用资源分配最大化地重复拼接。在一个游戏内，所有的关卡部分都是由一些重复的元素构成的，而且这些重复的资源要产生琳琅满目的效果，让玩家在游戏内不会感到特别疲惫。如果玩家看到一个关卡内有大量的重复资源而且每个关卡都相同的话，游戏就失去了新鲜感。（图 5-80）

图 5-80 地铁站关卡里所有的关卡部分都是由一些重复的元素构成

首先我们拼合下面几个物件，看能否拼合出一个隧道出来。（图 5-81）

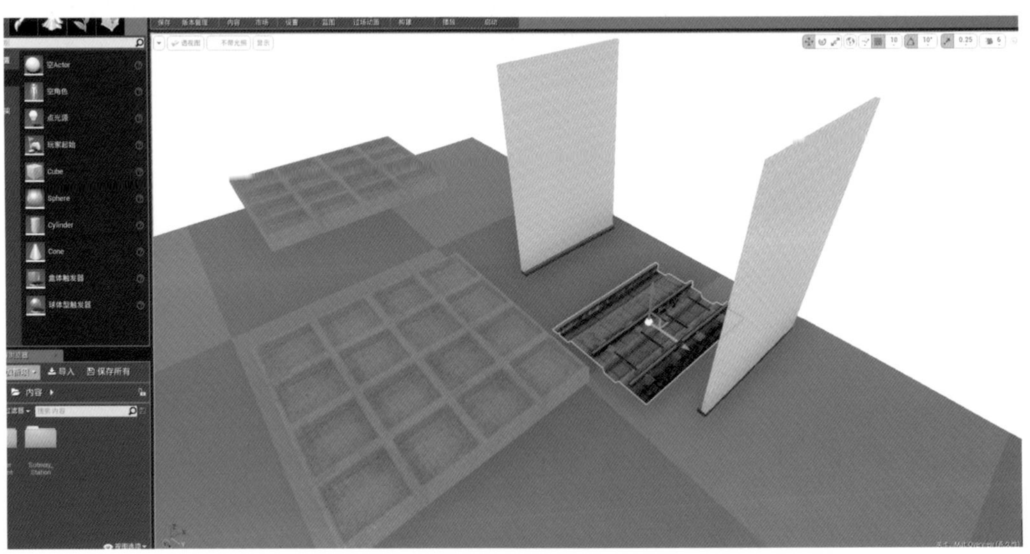

图 5-81 拼合几个物件

利用移动、旋转、缩放以及复制功能制作如下效果。（图 5-82、图 5-83）

图 5-82 利用移动、旋转、缩放以及复制功能制作效果图 1

图 5-83 利用移动、旋转、缩放以及复制功能制作效果图 2

下面来制作站台，也基本利用重复资源去制作。后面我们将会用一些场景道具来打破这些规则的复制体。（图 5-84、图 5-85）

图 5-84 用一些场景道具来打破这些规则的复制体效果图 1

图 5-85 用一些场景道具来打破这些规则的复制体效果图 2

被选中的部分为重复的资源。（图 5-86）

图 5-86 被选中的部分为重复的资源

以下为站台外侧场景，基本也是大量的资源被反复复制拼接。（图 5-87 至图 5-89）

图 5-87 大量的资源被反复复制拼接 1

图 5-88 大量的资源被反复复制拼接 2

图 5-89 大量的资源被反复复制拼接 3

下面加入大量的站牌、烟头、易拉罐、广告灯箱等物品来充实场景，打破重复边界，完善关卡。（图 5-90）

图 5-90 打破重复边界，完善关卡

加入物件前的关卡。（图 5-91）

图 5-91 加入物件前的关卡

加入物件后的关卡。（图 5-92）

图 5-92 加入物件后的关卡

继续完善关卡。（图 5-93）

图 5-93 继续完善关卡

完善外景场景。（图 5-94）

图 5-94 完善外景场景

完善站台外侧。（图 5-95）

图 5-95 完善站台外侧

灯光部分

灯光的设置主要使用了灯光阵列，用这种阵列来模拟室内的灯管照明效果。室外加入了天光，又加入了一些辅助光源来尽量营造真实的氛围，把灯光和声音加入了继承模式。（图 5-96 至图 5-98）

图 5-96 用这种阵列来模拟室内的灯管照明效果

图 5-97 室外加入了天光

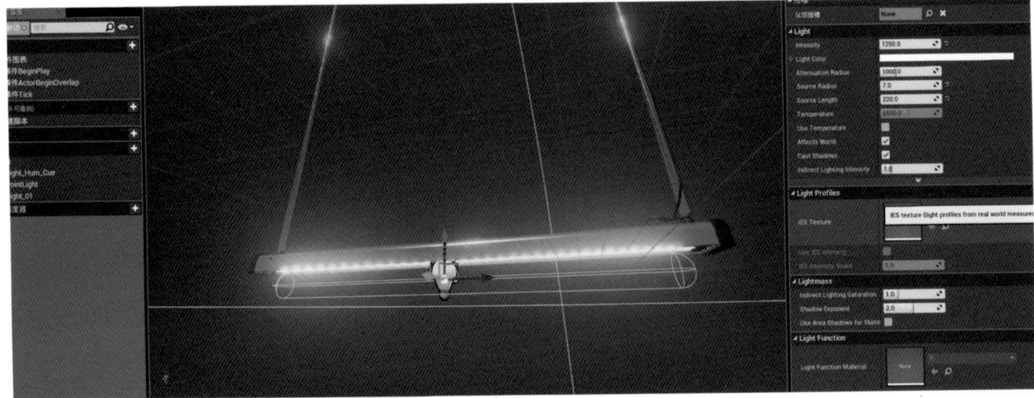

图 5-98 把灯光和声音加入了继承模式

设置灯光的光照贴图分辨率（Light Map Resolution）的值。数值越大颜色越亮，第二套灯光贴图的分辨率就越大，数值一般设置在 64 至 1024 之间。（图 5-99）

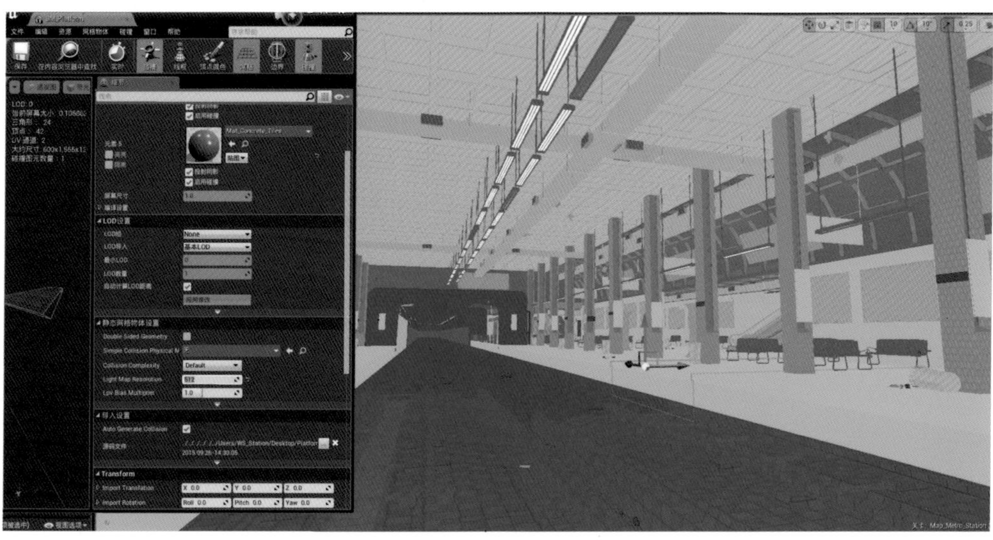

图 5-99 设置灯光的光照贴图分辨率（Light Map Resolution）的值

全部设置完毕之后点击构建菜单里面的构建并提交，级别设置为最高制作级别。（图 5-100、图 5-101）

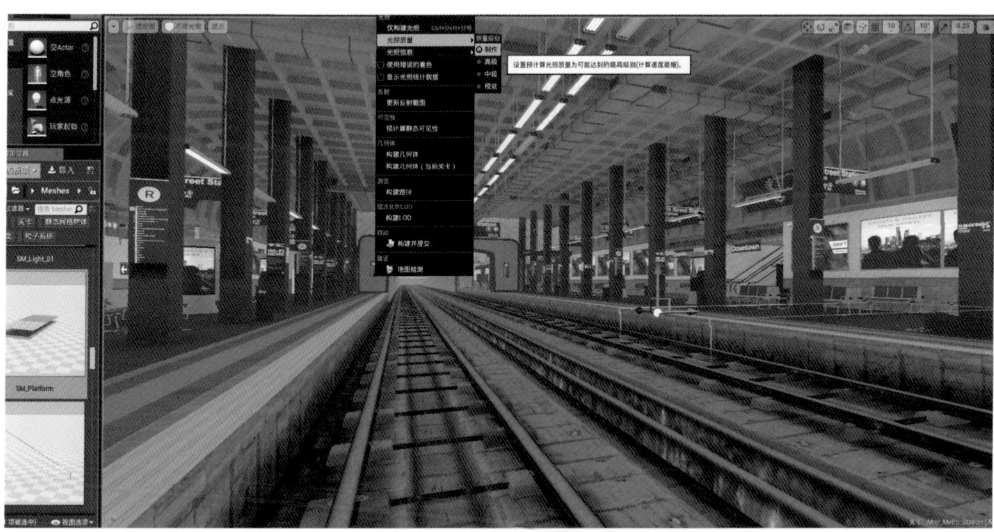

图 5-100 级别设置为最高制作级别 1

图 5-101 级别设置为最高制作级别 2

最终关卡构建完成后的效果。（图 5-102 至图 5-104）

图 5-102 最终关卡构建完成后的效果 1

图 5-103 最终关卡构建完成后的效果 2

图 5-104 最终关卡构建完成后的效果 3

最终过场动画的效果。（图 5-105）

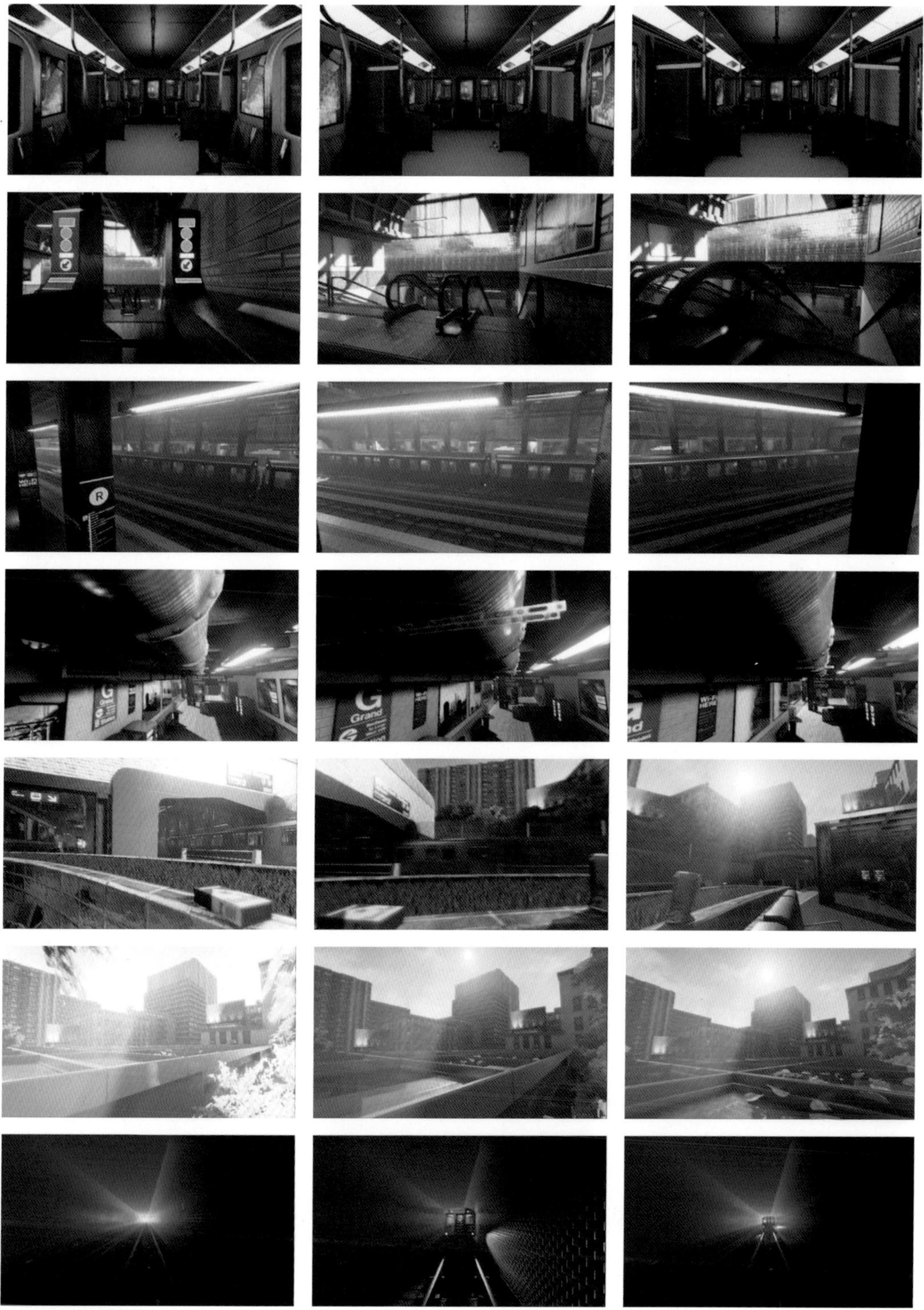

图 5-105 最终过场动画效果图